機械加工学の基礎

工学博士 奥山　繁樹
工学博士 宇根　篤暢　共著
工学博士 由井　明紀
博士(工学) 鈴木　浩文

コロナ社

茶川竜の芥川

序

　材料の一部を除去して目的とする形状と表面を創成する加工法の代表例に，研磨と切削がある．前者は硬度の高い鉱物質で表面を磨くもの，後者は刃物で材料を削るものである．これらの技術は，人類が営々と受け継いできたもので，その起源は猿人が石器を手にした頃にさかのぼる．つまり，人類は加工技術の進歩とともにその歴史を刻んできたといえる．紀元前3500年頃には繊細な研磨作業が必要な銅剣や銅鏡がつくられ，紀元前1000年頃には鉄製の剣もつくられている．その後の加工技術の進歩は緩やかであったが，1700年代後半に蒸気機関が発明されると，加工が人間の手作業から機械を使ったものに移りはじめた．同時に，加工技術は格段の進歩を遂げ，生産性の大幅な向上が図られた．1800年代に入ると，旋盤の原型が，次いで研削盤の原型がつくられ，工具も急速に発達した．

　第2次大戦までは，機械加工技術は列強が富国強兵を実現するための中核技術であった．資源のない日本は，加工貿易によって国を支えていたことから，加工技術の重要性がとりわけ大きかった．戦後，加工技術は日本の復興とその後の高度成長を支えたが，バブル景気の到来とともに，若者の理系離れ，製造業離れが進み，情報，金融，サービスに多くの人的・物的資源がつぎ込まれた．バブルの崩壊，円高と産業の空洞化，中進国の急追と日本の工業製品シェア急落を受けて，日本における「ものづくり」の重要性が見直され，ものづくり技術の伝承・革新が急務であるとの共通の認識ができた．このようななか，政府は「ものつくり大学」を2001年に設立し，生産技術・技能に関わる中核的人材の育成を始めた．

　一方，科学的管理法の父といわれ，また機械加工技術が学問として発達する基礎を築いたテイラー博士（Frederick W. Taylor, 1856〜1915）の出現を機に，

多くの研究者が加工を科学するに至り，機械加工が技能から工学に姿を変えてきた。しかし，加工現象に関わる因子は非常に多く，その関係も複雑であるため，加工現象が科学的に解明されている部分はいまだ少なく，継続的な研究が不可欠である。しかしながら，大学における機械加工技術の教育・研究は年々低調になっており，ものづくり技術を基盤としているわが国製造業の将来を危うくしている。

　本書は，機械加工のなかで最も多用されている切削，研削，研磨をおもに取り扱うが，これらに関わる事項を知識として提供するばかりでなく，加工を学ぶ学生の科学する力の向上を期する立場から，重要な問題については理論的側面の記述を重視した。また，工学的素養を有しながら加工を学んでこなかった諸兄に，機械加工をわかりやすく解説するとともに，加工を科学できる素地を養うことを目指している。すなわち

　1章では，機械加工の意義と分類，切削・研削・研磨加工の概要，および工作機械と基本的な加工原理について概説している。

　2章では，機械加工を科学するのに最小限必要と考えられる，材料の変形と破壊，固体の接触と摩擦，摩耗，潤滑，および熱伝導と熱伝達について概説している。これらの知識は，3章以下の理解を助けるものであるので，適宜参照願いたい。

　3～5章では，それぞれ，切削，研削，研磨の概要と，これらを取り巻く諸問題の理論的解釈，および最新の工具と加工技術などについて述べている。

　本書は，現代工学社から出版されていた『理論切削工学』（小野浩二，河村末久，北野昌則，島宗　勉　共著）を基礎にしつつも，内容的には大幅な見直しを行って，コロナ社より出版することになったものである。これによって，前著に多々見られた難解な理論展開を省き，加工を学ぶ学部生に理解できるよう努めた。また，前著でほとんど触れなかった研磨加工の章を新たに設けるとともに，最近の加工技術の発達と，これにまつわる諸問題の記述を追加した。とはいえ，被削材，工具，工作機械，そして加工技術は日進月歩である。諸兄には，これらの動向と最新の情報に絶えず注意を払っていただきたい。

前述のように，加工に関わる諸問題の理解については，いまだ途上のもの，相対する説のあるものも多い．このため，本書には不完全な記述が多々あると思われる．読者諸兄のご叱正をいただき，今後さらに完全なものに近づけてゆきたい．

　終わりに，本書の記述にあたっては，規格類，多くの出版物，論文，ホームページなどを参考にさせていただいた．また，図表についても多数引用させていただいた．この場をお借りして，原著者の方々に心からの敬意と感謝の意を表する次第である．

2013 年 6 月

著　　者

目　　次

1章　概　　論

1.1　加工の分類と機械加工の原理 ·· 1
1.2　強制切込み加工における表面の創成 ·· 3
1.3　圧力切込み加工における表面の創成 ·· 5
1.4　固体表面の幾何学的創成方式 ·· 6
1.5　おもな工作機械とその適用例 ·· 8

2章　金属材料の機械的・熱的性質

2.1　材料の変形と破壊 ··· 13
　2.1.1　金属材料の結晶構造と変形 ·· 13
　2.1.2　弾性理論 ·· 15
　2.1.3　塑性理論 ·· 17
　2.1.4　材料の破壊現象 ··· 19
2.2　固体の接触，摩擦，摩耗，および潤滑 ··· 20
　2.2.1　固体の接触機構 ··· 20
　2.2.2　金属の摩擦機構と潤滑 ··· 22
　2.2.3　金属の摩耗現象 ··· 26
2.3　固体の熱伝導 ·· 27
　2.3.1　熱伝導と熱伝達 ··· 27
　2.3.2　熱量の蓄積と温度上昇 ··· 28
　2.3.3　固体の摩擦面温度 ·· 30

3章 切削加工

- 3.1 金属材料の切削機構 ·· 35
  - 3.1.1 切りくずの形態 ·· 36
  - 3.1.2 切りくずの生成機構 ·· 37
  - 3.1.3 構成刃先 ·· 38
  - 3.1.4 切りくずの湾曲 ·· 40
- 3.2 2次元切削の力学 ··· 41
  - 3.2.1 流れ形切削における切りくずの生成と切削力 ······················ 41
  - 3.2.2 せん断角の理論 ·· 45
  - 3.2.3 せん断領域の降伏せん断応力 ·· 49
  - 3.2.4 すくい面の摩擦現象 ·· 51
  - 3.2.5 切削抵抗と切削条件 ·· 53
- 3.3 3次元切削 ··· 55
- 3.4 切削温度 ·· 57
  - 3.4.1 切削温度の定義 ·· 57
  - 3.4.2 切削温度の解析 ·· 58
  - 3.4.3 切削温度の測定 ·· 64
- 3.5 切削工具の摩耗と寿命 ·· 67
  - 3.5.1 工具材料 ·· 67
  - 3.5.2 工具の損耗形態 ·· 71
  - 3.5.3 工具の摩耗機構 ·· 73
  - 3.5.4 工具寿命の判定基準と寿命方程式 ···································· 74
  - 3.5.5 工具寿命に影響する因子 ··· 76
  - 3.5.6 材料の被削性 ·· 79
  - 3.5.7 経済的切削速度 ·· 80
- 3.6 切削液 ·· 81
  - 3.6.1 切削液の機能 ·· 81
  - 3.6.2 添加剤とその機能 ·· 82
  - 3.6.3 切削液の種類と用途 ·· 84
  - 3.6.4 切削液の供給法 ·· 86
- 3.7 切削仕上面 ·· 86
  - 3.7.1 送り方向の仕上面粗さ ·· 87

3.7.2　切削方向の仕上面粗さ………………………………………… 88
　3.7.3　加工変質層…………………………………………………… 89
　3.7.4　加工バリ……………………………………………………… 93
3.8　切削加工における振動…………………………………………… 93
　3.8.1　びびり振動…………………………………………………… 93
　3.8.2　自励びびり振動……………………………………………… 94
　3.8.3　びびり振動の防止法………………………………………… 97
3.9　各種切削加工法…………………………………………………… 98
　3.9.1　旋削加工……………………………………………………… 98
　3.9.2　平削り加工…………………………………………………… 102
　3.9.3　フライス加工………………………………………………… 102
　3.9.4　穴あけ加工…………………………………………………… 104
　3.9.5　その他の切削加工…………………………………………… 106
3.10　最近の切削加工技術……………………………………………… 107
　3.10.1　超精密切削…………………………………………………… 107
　3.10.2　振動切削……………………………………………………… 109
　3.10.3　難削材の切削加工…………………………………………… 111
　3.10.4　セミドライ加工，ニアドライ加工………………………… 113

4章　研　削　加　工

4.1　砥粒および研削砥石……………………………………………… 117
　4.1.1　砥粒の種類と性質…………………………………………… 117
　4.1.2　研削砥石の構造と表示……………………………………… 121
　4.1.3　砥石のツルーイングおよびドレッシング………………… 127
　4.1.4　砥石のバランシング………………………………………… 129
4.2　研削液とその供給方法…………………………………………… 129
　4.2.1　研削液の選定方法…………………………………………… 130
　4.2.2　研削液の供給方法…………………………………………… 131
4.3　研削機構…………………………………………………………… 132
　4.3.1　研削の幾何学………………………………………………… 132
　4.3.2　砥粒切れ刃の形状と分布…………………………………… 138
4.4　研削抵抗…………………………………………………………… 141
　4.4.1　研削抵抗の実験式…………………………………………… 142

4.4.2　研削抵抗の理論 ·· 143
　4.4.3　比研削抵抗と比研削エネルギー ·· 145
　4.4.4　研削抵抗の時間的変化 ··· 148
4.5　研　削　温　度 ·· 149
　4.5.1　研削温度の分類と意義 ··· 150
　4.5.2　工作物の平均温度上昇 ··· 151
　4.5.3　砥石と工作物の接触面温度上昇 ·· 154
　4.5.4　研削熱による加工表面の損傷 ··· 156
4.6　研削仕上面粗さ ·· 158
　4.6.1　仕上面粗さの実験式 ·· 159
　4.6.2　仕上面粗さの理論 ··· 159
　4.6.3　ドレッシング条件と仕上面粗さ ·· 166
4.7　研削砥石の損耗と寿命 ·· 167
　4.7.1　砥粒の破砕と脱落 ··· 168
　4.7.2　砥　粒　の　摩　滅 ·· 168
　4.7.3　研削性能の劣化と研削抵抗の変化 ······································· 170
　4.7.4　砥石寿命の判定方法 ·· 170
4.8　研削加工の精度 ·· 172
　4.8.1　プランジ研削における寸法の創成過程 ································· 172
　4.8.2　寸法精度の向上 ·· 173
4.9　最近の研削加工技術 ··· 174
　4.9.1　高　能　率　研　削 ·· 174
　4.9.2　スライシングとダイシング ··· 176
　4.9.3　ワイヤソー切断 ·· 176
　4.9.4　ELID　研　削 ·· 177
　4.9.5　自由曲面の超精密研削 ··· 178
　4.9.6　超精密・微細研削加工 ··· 179

5章　研　磨　加　工

5.1　研磨加工の分類と特色 ·· 181
　5.1.1　研磨加工の分類 ·· 181
　5.1.2　研磨加工の特色 ·· 183

viii　目　次

- 5.2 研磨機構……………………………………………………………184
  - 5.2.1 切りくずの生成機構……………………………………………185
  - 5.2.2 形状生成機構……………………………………………………187
  - 5.2.3 研磨理論…………………………………………………………188
- 5.3 研磨資材……………………………………………………………190
  - 5.3.1 砥粒の種類と性質………………………………………………190
  - 5.3.2 研磨液……………………………………………………………192
  - 5.3.3 研磨工具…………………………………………………………194
- 5.4 研磨仕上面…………………………………………………………199
  - 5.4.1 仕上面性状………………………………………………………199
  - 5.4.2 仕上面粗さ………………………………………………………201
- 5.5 研磨機………………………………………………………………203
  - 5.5.1 片面研磨機………………………………………………………204
  - 5.5.2 両面研磨機………………………………………………………205
- 5.6 各種研磨加工………………………………………………………206
  - 5.6.1 遊離砥粒による研磨加工………………………………………206
  - 5.6.2 固定および半固定砥粒による研磨加工………………………211
- 5.7 最近の研磨加工技術………………………………………………215
  - 5.7.1 プナラリゼーション（平たん化）研磨………………………215
  - 5.7.2 磁気研磨…………………………………………………………216
  - 5.7.3 数値制御曲面研磨（非球面研磨）……………………………216

引用・参考文献……………………………………………………………218

索　　引……………………………………………………………………223

概論

1.1 加工の分類と機械加工の原理

加工工程（manufacturing process, 広義の**機械工作**）には，溶接，接着などの**付加加工**（プラス加工）と，鍛造，板金などの**成形加工**（ゼロ加工），および本書の主題である**除去加工**（マイナス加工）がある。除去加工は，固体状態にある材料の一部を除去して目的の形状，寸法を得る加工法であり，加工のために投入されるエネルギーが機械的である場合を**機械加工**（machining）といい，その他のエネルギーを用いる場合をまとめて**特殊加工**（unconventional process）と呼んでいる。加工工程全体から見た機械加工の位置付けは**図1.1**に示すとおりである。図の最下段にある，エネルギーを複合的に利用する加工

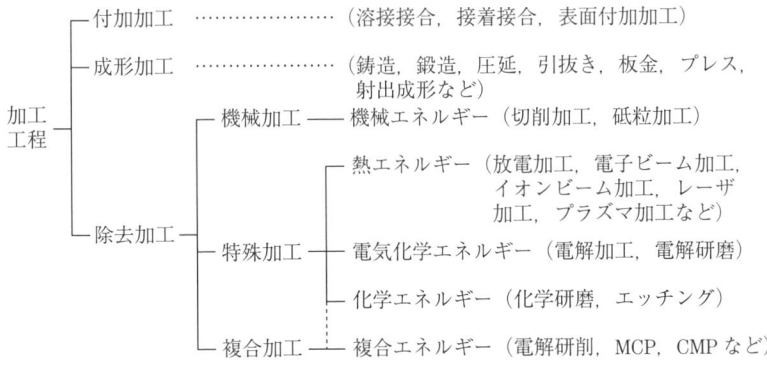

図1.1 機械加工の位置付け

法は**複合加工**（combined process）と呼ばれており，特殊加工に含める場合もあるが，本書では除去加工の一つのカテゴリーとして扱うことにする。

　機械加工では，**工作物**（work, workpiece）の不要部分を機械的に**切りくず**（chip）として除去するために各種の**工具**（tool）が用いられる。**工具材料**（tool materials）は，**被削材**（work materials）よりも十分に硬く，損耗しにくいことが必要である。工具としては，硬質材料を刃物状に成形，加工した**切削工具**（cutting tool）と，不定形の鉱物質である**砥粒**（abrasive grain, abrasives）を用いる場合があり，前者を**切削加工**（cutting），後者を**砥粒加工**（abrasive process, abrasive machining）と呼んでいる。また後者は，工具の形態によって**固定砥粒加工**，**半固定砥粒加工**，**遊離砥粒加工**に分けられる。図 1.2 に機械加工の分類と具体例を示す。

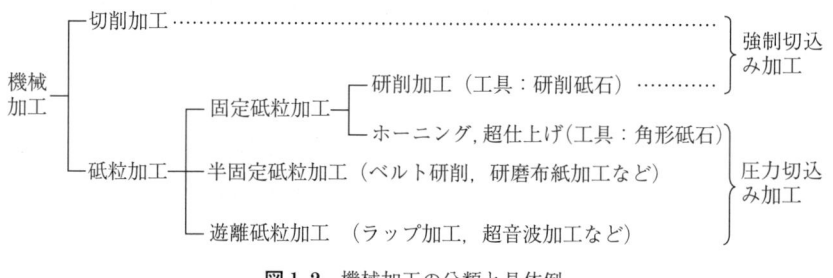

図 1.2　機械加工の分類と具体例

　一方，工具と工作物を幾何学的に干渉させながら，両者を相対運動させて切りくずを排出するのが機械加工であり，この相対運動を行わせる装置が**工作機械**（machine tool）である。機械加工は，工具と工作物との干渉の与え方によって，**強制切込み加工**（controlled depth machining）と**圧力切込み加工**（controlled force machining）に分けられる。前者には，各種形状の切削工具を用いて比較的大きな切りくずを排出しながら加工する切削加工と，高硬度の鉱物質を固めて軸対称形状に成形した**研削砥石**（grinding wheel）を用い，小さな切りくずを排出しながら加工する**研削加工**（grinding）がある。図 1.2 の右側に，強制切込み加工と圧力切込み加工の区分を付記している。また，砥石

または遊離砥粒を用いた場合における強制切込み加工，および圧力切込み加工の概念図を**図1.3**に示す[1]†。

強制切込み加工では，加工形状を制御しやすく加工能率も高いが，加工表面の損傷が大きくなりやすいことから，加工能率を重視する場合に適用される傾向がある。

圧力切込み加工では，個々の砥粒切れ刃の切込みが小さく，微細な加工の集積によって材料の除去が行われることから，おもに仕上面の精度や品質を重視する場合に適用される。

しかし，いずれの加工法においても，切りくずを出すにあたって表面組織の塑性流動や破壊を伴う。このため，結晶組織に乱れのない高品質な表面の創成を行うには，工作物よりも軟らかい材料を工具に選ぶ必要がある。例えば，ガラスの研磨にはこれよりも硬度の低い酸化セリウム（CeO_2）

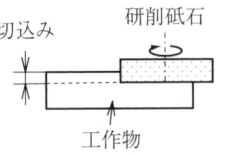
（a）強制切込み（研削砥石）

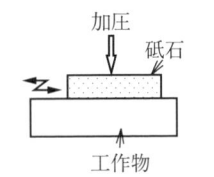
（b）圧力切込み（角形砥石）

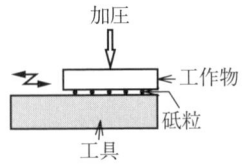
（c）圧力切込み（遊離砥粒）

図1.3 砥石または遊離砥粒を用いた場合における強制切込み加工，および圧力切込み加工の概念図[1]

が用いられており，能率的に高品質な仕上面が創成できる。これは，ガラスと酸化セリウム粒子間に発生する化学的作用が表面の除去に寄与するためとされている。このような加工法は，**メカノケミカルポリシング**（mechanochemical polishing, MCP）と呼ばれている。一方，化学的な研磨作用を主とした**ケミカルメカニカルポリシング**（chemical mechanical polishing, CMP）があり，電子デバイス基板などの超精密加工に適用されている。

1.2　強制切込み加工における表面の創成

強制切込み加工では，工作機械によって工具と工作物を相対運動させ，工具

---

† 肩付き数字は，巻末の引用・参考文献の番号を表す。

の運動軌跡を加工面に転写することで，目的とする形状を創成する。この場合，加工精度は工作機械の運動精度に依存する。このように，加工において相対運動が工作物に写し取られることを**母性原理**（copying principle）という。工作機械は各種の機械部品を生み出すことから**マザーマシン**（mother machine）と呼ばれるが，狭義には工作機械をつくる工作機械がマザーマシンである。加工精度は母性原理に従うので，生産された工作機械は基本的にマザーマシンの精度を上回ることはできない。母性原理を克服してさらに精度を高めるには，高度な技能をもつ職人の手作業や圧力切込み加工などの力を借りる必要がある。

切削加工における工具は，高速度鋼や超硬合金などの高硬度材料でつくられ，その刃先を希望する形状に成形して使用する。切削工具は，切れ刃の数によって**単一刃工具**（single-point tool）と**多刃工具**（multi-point tool, multi-edged tool）に分けられる。

単一刃工具とは，旋削用バイトのようにその先端に1個だけ主切れ刃を備えているもので，多刃工具はドリルやフライスのように2個以上の切れ刃を有するものである。切削加工法の種類と，それらに使用される工具，工作機械，ならびにおもな加工面形状をまとめて**表1.1**に示す。なお，表に掲げた工作機械のうち主要なものの概要と適用例は，後述の1.5節にまとめて示す。

一方，研削加工においては，砥粒を結合剤で固めて軸対称形状に成形した研削砥石を工具として用いる。砥粒は非常に硬いが，その反面もろいので，不規則に劈開あるいは破砕して切れ刃が形成される。砥石の作業面には多数の切れ刃が存在するため，切れ刃当りの切込みは非常に小さく，面粗さも良好で，おもに仕上加工に用いられる。

研削加工は強制切込み方式の加工法であるため，形状の創成能力が高く（前加工面形状の影響を受けにくく），高い寸法・形状精度を必要とする場合に適している。**表1.2**に加工面の形状による研削加工法の分類と工作機械の例を示す。なお，表に掲げた工作機械の概要と適用例は，1.5節に示す。

表 1.1 切削加工法の種類と，それらに使用される工具，工作機械，ならびにおもな加工面形状

分 類	切削法	工 具	工作機械	おもな加工面形状
単一刃工具によるもの	旋 削	旋削バイト	旋 盤	円筒外面，円すい面
	中ぐり	中ぐりバイト	中ぐり盤	円筒内面
	平削り	平削りバイト	平削り盤	平 面
	形削り	形削りバイト	形削り盤	平 面
	立削り	立削りバイト	立削り盤	平面，円筒面
多刃工具によるもの	フライス加工	フライス	フライス盤	平面，溝
	穴あけ	ドリル	ボール盤	丸 穴
	リーマ加工	リーマ	中ぐり盤など	丸 穴
	ブローチ加工	ブローチ	ブローチ盤	異形穴
	ホブ切り	ホブ	ホブ盤	歯車歯面
	ヤスリ仕上げ	ヤスリ	手 動	曲面，平面
	形彫り	形彫り工具	形彫り盤	金型の曲面など

表 1.2 研削加工法の分類と工作機械の例

加工面形状	加 工 法	工作機械
平 面	平面研削	横軸形平面研削盤
		立軸形平面研削盤
円筒面	円筒内面研削	内面研削盤
	円筒外面研削	外面研削盤
自由曲面	自由曲面研削	例えば，多軸 CNC 研削盤
その他特殊形状	歯車研削など	歯車研削盤など

1.3　圧力切込み加工における表面の創成

　圧力切込み加工は，角形の砥石，遊離砥粒などに圧力をかけて工作物に押し付け，工作物の表面を微量ずつ除去するものである。加工速度は，工作物と砥石（あるいは，砥粒の付着したポリシャなど）との相対移動距離と圧力によって支配される。このとき，圧力の高いところは優先的に除去される（選択原則

が働く）が，後述の半固定砥粒加工の場合には，形状の創成能力が低く，前加工面形状の影響を受けやすい。一方，圧力を小さくすれば切れ刃当りの切込みはきわめて小さくなり，滑らかな光沢のある表面を容易に得ることができる。

　圧力切込み加工には，砥粒を結合材で固めた状態で使用する超仕上げ，ホーニング，固定砥粒ラッピングなどと，砥粒をばらばらな状態で用いるラッピング，超音波加工などがある。また両者の中間に，半固定砥粒を工具として用いるベルト研削，研磨フィルム加工，バフ仕上げなどがある。圧力切込み加工の分類と加工機械の例を**表 1.3** に示す（研削加工は，強制切込み加工であるのでこの表からは除いている。一方，バレル加工や噴射加工では加工圧力のコントロールは難しいが，強制切込み加工ではないのでこの表に含めている）。なお表中には，砥粒加工を固定砥粒加工と遊離砥粒加工の二つに区分する場合についても示している。

表 1.3　圧力切込み加工の分類と加工機械の例

加工方式		加工法	加工機械の例
固定砥粒加工	固定砥粒加工	ホーニング	ホーニング盤
		超仕上げ	超仕上装置（旋盤などに装着）
半固定砥粒加工		ベルト研削	ベルト研削盤
		フィルム研磨	フィルム研磨機
遊離砥粒加工	遊離砥粒加工	バフ仕上げ	バフ研磨機
		ラッピング，ポリシング	ラップ盤，ポリシング盤
		超音波加工	超音波加工機
		バレル加工	バレル研磨機
		噴射加工	噴射加工機，ウォータジェット切断機

1.4　固体表面の幾何学的創成方式

　切削加工では，工作物上を工具が掃走運動（スウィープ）することによって表面が創成される。いま切削工具の先端を一つの点要素と考えると，点要素が

運動することによって線要素ができ，この線要素の向きと直行する方向に移動する（送る）ことによって面が出来上がる。線要素の運動形態と創成される面の形状，および該当する切削法を示したのが**表1.4**である。なお，創成面の図中の矢印は線要素が移動する方向を示している。

表1.4 線要素の運動形態と創成される面の形状，および該当する切削法

分類	線要素	送り運動	創 成 面		切 削 法
a	直 線	平 面	平 面		平削り，形削り
b	直 線	回 転	円筒面		立削り
			円すい面		
c	円または円弧	直 線	円筒面		旋削，中ぐり
			円すい面		旋削（テーパ削り）
			平 面		正面フライス加工，正面旋削
d	円または円弧	回 転	球 面		球，ドーナツ面の一部は総形加工で可，全面は不可
			ドーナツ面		
e	曲 線	直 線	2次曲面		総形加工
f	曲 線	回 転	回転体曲面		総形加工
g	円	曲 線	回転体曲面		ならい加工
h	直 線	曲 線	2次曲面		ならい加工

基本的な線要素に直線と円弧がある。工作機械の運動のなかで直線運動と回転運動は単純な機構で実現できるので，精度上もコスト面でも有利である。しかも，機械部品の形状は平面や円筒面を基本にしたものが多い。したがって，切削加工において広く利用されている面形成の様式は，表1.4のa，b，cである。このうちcの場合には，線要素をつくるための点要素の円弧運動，および

面を形成する送り運動は同時に与えられることが多い。この場合，線要素は断絶することなく長く続いた，らせんあるいはアルキメデスらせんとなる。

工具が切れ刃として初めから直線以外の線要素を有しているものを**総形工具**(formed tool, forming tool) といい，曲面などの形状を能率的に創成するために使用される。

切削加工においては，線要素を間欠的に送ることで面を創成することから，全表面をすきまなく掃走運動させることはできない。このため，理想的な面に近づけるには，送りピッチを小さくする必要があるが，反面，加工時間は増大する。

1.5　おもな工作機械とその適用例

前節までに掲げた工作機械のなかで，主要なものの概要（JIS B 0105 参照）を簡単に述べる。

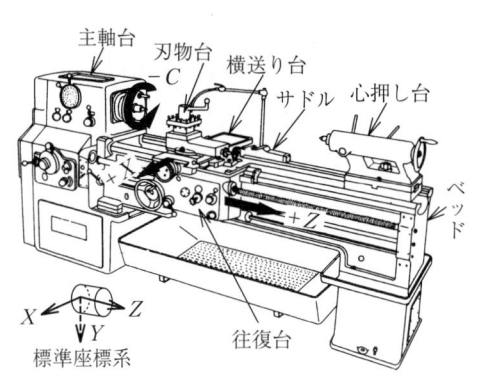

図 1.4　普通旋盤[2)]

図 1.4 に示す**旋盤**（lathe turning machine, lathe）は，円筒状工作物の内・外面および端面の旋削が可能で，溝やねじを創成することもできる。また刃物台を傾斜させれば，円すい面の加工も可能であるなど，万能的な工作機械である。類似した構造の工作機械に，主軸を垂直に配置した**立旋盤**（vertical lathe）があり，大形円形部材の旋削に用いられる。

図 1.5 に示す**ラジアルボール盤**（radial drilling machine）は，おもに**ねじれドリル**（twist drill）を用いた穴あけに使用されるもので，アームの振り回しによる加工位置の設定が可能である。類似した工作機械に**直立ボール盤**(upright

1.5 おもな工作機械とその適用例　　9

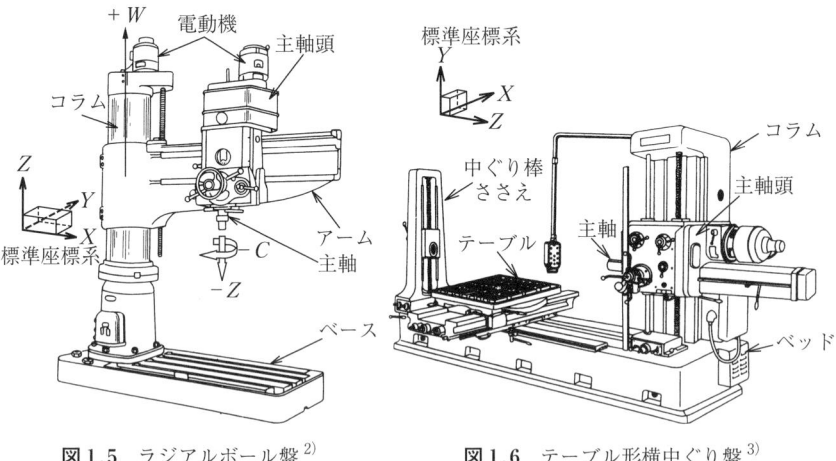

図1.5　ラジアルボール盤[2)]　　　　図1.6　テーブル形横中ぐり盤[3)]

drilling machine）がある。また，**図1.6**に示す**テーブル形横中ぐり盤**（table type horizontal boring machine）は，工作物側面の中ぐりあるいは穴あけに使用される。

　図1.7は，**ひざ形横フライス盤**（knee type horizontal milling machine）であり，平面や各種溝形状の加工に用いられる。なお，主軸を垂直方向に配置したものは**ひざ形立フライス盤**（knee type vertical milling machine）と呼ばれる。

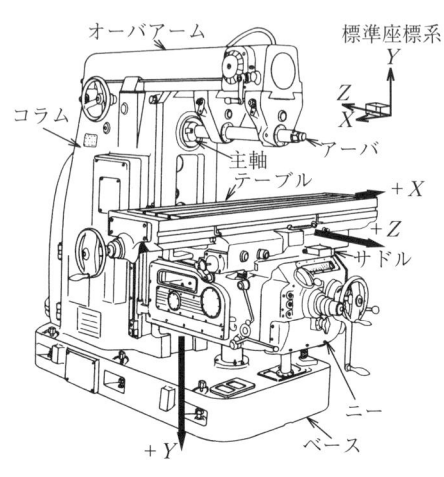

図1.7　ひざ形横フライス盤[2)]

工具に正面フライス（図3.66参照）を用いた場合，能率的に平面を加工できる。

　大形工作機械のベッドなどの平面加工には，**図1.8**に示す**平削り盤**（planing machine, planer）が用いられる。この装置では，工作物を載せたテーブルを刃物台の方向に往復運動させ，刃物台をクロスレールに沿って送ることで，平面や溝な

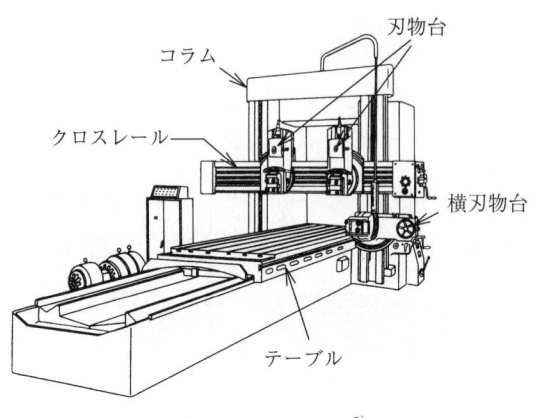

図1.8 平削り盤[3)]

どの加工ができる。一方，図1.9に示す**形削り盤**（shaping machine）は，刃物台を搭載したラムを左右に直線運動させ，テーブル（工作物）を前後に送ることで，平面や各種溝形状の加工ができる。図は省略するが，工具を垂直方向に運動させる方式のものを**立削り盤**（slotting machine）といい，キー溝やスプライン溝などの加工に用いられる。

図1.10は，**ホブ盤**（gear hobbing machine）と呼ばれる歯車の専用加工装置である。図1.11（a）に示すホブと円盤状の工作物を同期しながら回転させて歯形を創成するもので，外歯車の能率的な加工を行うことができる。類似した工作機械に，図（b）に示す細かな切り溝を有する

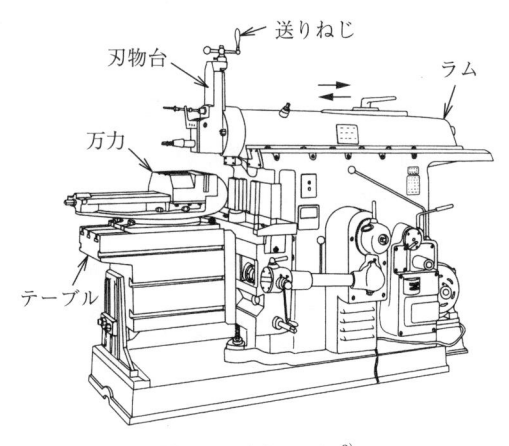

図1.9 形削り盤[3)]

シェービングカッタを用いて内歯車や外歯車の仕上加工を行う，**歯車シェービング盤**（gear shaving machine）がある。さらに高精度の歯車加工には，歯車研削盤，ウォーム研削盤などが用いられる。

図1.12は，**横軸角テーブル形平面研削盤**（horizontal spindle reciprocating table surface grinding machine）である。図1.12に示すサドルタイプの場合，

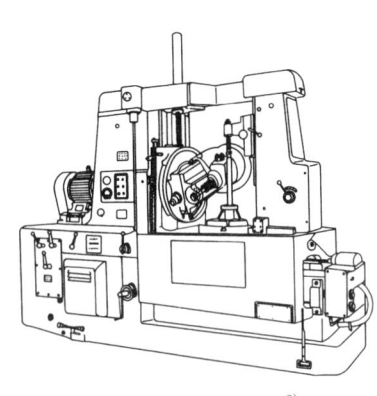

図1.10　ホ ブ 盤[2]

（a）ホ ブ

（b）シェービングカッタ
　　の拡大図

図1.11　ホブとシェービングカッタ

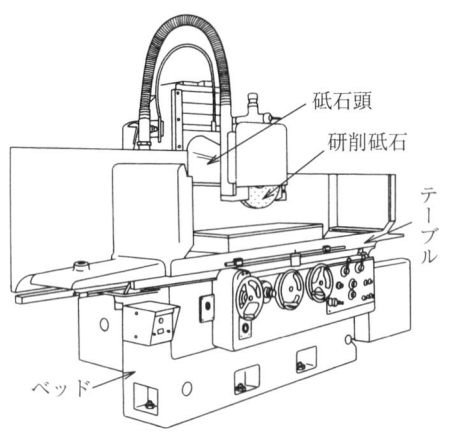

図1.12　横軸角テーブル形平面研削盤
　　　　（サドルタイプ）[2]

テーブルが前後，左右に運動することで平面を高精度に加工できる。図は省略するが，砥石軸を垂直に配置し，円テーブルと組み合わせた**立軸回転テーブル形平面研削盤**（vertical spindle rotary table grinding machine）がある．カップ形の砥石を用いることで，同一高さの工作物を能率的に平面加工できる。また，**図1.13**は**円筒研削盤**（external cylindrical grinding machine）であり，円柱や円すい形状の精密な加工に用いられる。なお，穴の内面を加工する研削盤を，**内面研削盤**（internal cylindrical grinding machine）という。

図1.14は，固定砥粒を用いて，円筒の内面を精密研磨できる**ホーニング盤**（honing machine）である。複数の角形砥石を，ホーンと呼ばれるジグに放射状に取り付けて円筒内面に定圧で押し付け，ホーンを上下に往復運動しながら

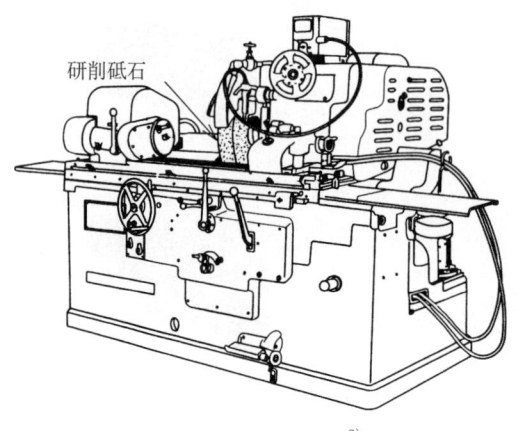

図 1.13 円筒研削盤[3]

回転させることで，精密に円筒内面が仕上げられる。本加工法によって，滑らかで方向性のない良好な仕上面が得られることから，内燃機関のシリンダ加工には不可欠である。

上記のほかに，遊離砥粒を用いて平面や曲面を研磨する各種の**ラップ盤**（lapping machine）や**ポリシング盤**（polishing machine）があるが，これらの解説については5章に譲り，ここでは説明を省略する。

近年では，**ターニングセンタ**（turning center，目的に応じて工具を自動交換し，多種の切削加工が行える数値制御旋盤）と**マシニングセンタ**（machining center，目的に応じて工具を自動交換し，中ぐり，フライス削り，タップ立てなど多種の加工が行える数値制御工作機械）の機能を併せもつ**複合加工機**（multi-tasking machine）が開発され，生産性の向上に寄与している。また従来は，切削用と研削用の

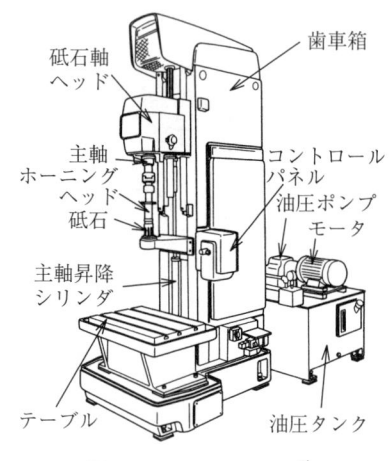

図 1.14 ホーニング盤[2]

工作機械は明確に分かれていたが，機械の高剛性化と運動制御の高精度化が進んだ結果，近年では1台のマシニングセンタで切削と研削をこなせるものが出ている。なお，1.1節で述べた複合加工は，エネルギーを複合的に利用する加工法であり，複合加工機とは分類のカテゴリーが異なる。

金属材料の機械的・熱的性質

　機械要素には，金属材料が多用され，一部にセラミック，グラナイト（花こう岩），プラスチック類が，また最近では，炭素繊維強化プラスチック（CFRP）などの複合材料も用いられるようになった。このような硬脆材料や複合材料の加工は重要な技術課題であるが，本書ではおもに金属材料の加工技術について，その概要を述べている。

　そこで本章では，次章以降の内容を理解するうえで最小限必要と考えられる，金属材料の変形と破壊，固体の接触と摩擦，摩耗，潤滑，および熱伝導，熱伝達について概説する。

2.1　材料の変形と破壊

2.1.1　金属材料の結晶構造と変形

　金属（metal）とは，原子が規則正しく並び，その間を自由電子が動き回りながら，原子が**クーロン力**（Coulomb force）で結び付いている状態を指し，常温下でこのような結合状態にある物質を金属と定義している。金属は一般に，展性，延性（塑性）に富んで加工が容易であり，電気と熱の良導体で，金属光沢を有する。

　固体金属に普通に見られる結晶構造は，**面心立方格子**（face-centered cubic lattice），**体心立方格子**（body-centered cubic lattice），あるいは**稠密六方格子**（close-packed hexagonal lattice）である。**表 2.1** は，金属の結晶構造，およびおもなすべり面とすべり方向を示したものである。いずれの結晶も，原子密度の高い格子面ほど強く，その面に沿ってすべり変形する傾向がある。また，す

表 2.1 金属の結晶構造，およびおもなすべり面とすべり方向

結晶構造	金属	すべり面	すべり方向
面心立方格子	Cu, Ag, Au, Ni	(111)	$[\bar{1}01]$
	Al	(111), (010)	
体心立方格子	α-Fe	(110), (112)	$[\bar{1}11]$
	Mo, Nb	(110)	
	W	(112)	$[11\bar{1}]$
稠密六方格子	Cd, Zn, Mg	(0001)	$[\bar{1}120]$
	Zn, Ti	(0001), $(1\bar{1}01)$	

べりやすい方向はすべり面内にあって原子間隔の最も小さい方向である。

　金属が完全な（欠陥のない）結晶構造を有しているとき，すべり面で上下の結晶を1原子間隔だけすべらせるために必要なせん断応力 τ_m を計算すると，それは剛性率 G のほぼ $1/(2\pi)$ になることが知られている。しかし，実際の金属のせん断強さは τ_m の数千分の一にすぎない。これは，金属の原子配列に乱れがあるためで，**転位**（dislocation）の考えを導入することによって，この隔たりが説明できる。

　転位には，基本的なものに**刃状転位**（edge dislocation）と**らせん転位**（screw dislocation）がある。いま，図 2.1 に示す刃状転位による塑性変形モデルを考える。図（a）では結晶の中央部に刃状転移がある。矢印の方向に力を加えると転移は順次右方向に移動し，最終的に上部の結晶は1原子間隔分右にずれる。つまり，結晶内にこのような転位が多数存在すると τ_m よりもはるかに小さい力で塑性変形できるようになる。

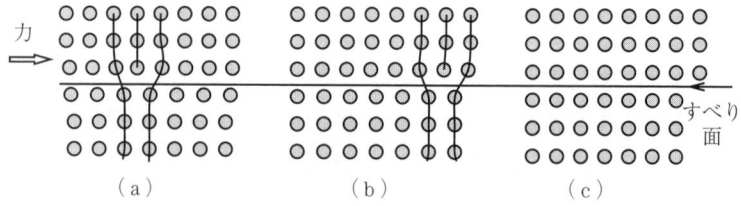

図 2.1 刃状転位による塑性変形モデル

欠陥には，上記のほかに**原子空孔**（vacancy），**格子間原子**（interstitial atom）などの点欠陥，**積層欠陥**（stacking fault）と呼ばれる面欠陥などがある。

実在の金属は，一般に不純物を含む多結晶体であり，応力とひずみの関係は**図 2.2**のようになる場合が多い（図は1軸引張応力とひずみの関係を示している）。図（a）の点Aは，外力を除いたときにひずみが消滅する限界の応力であり，弾性限度という。点Bで外力を除くとOAに平行なBCに沿って弾性回復し，OCが残留ひずみとなる。この状態から再び外力を加えるとCD間は弾性的な挙動を示し，点Dで再び降伏する。この点での降伏応力は当初の降伏点Aより高く（硬く）なることから，この現象を**加工硬化**（work hardening）という。点D以降は，曲線ABの延長線に沿って変形し，点Eで破断する。一般の金属材料では弾性限度や降伏点を厳密に見つけるのは困難で，工業的には $0.001 \sim 0.01\%$ の永久ひずみを生じるときの応力を弾性限度としている。また 0.2% の永久ひずみを生じるときの応力を 0.2% 耐力と呼び，降伏応力のかわりに用いられる。なお，鋼の場合には図（b）に示すように上降伏点と下降伏点が現れることから，上降伏点を弾性限度としている。

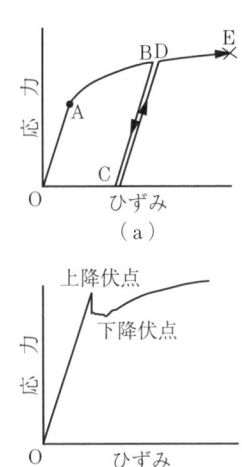

図 2.2 1軸引張応力とひずみの関係

2.1.2 弾 性 理 論

ここでは，弾性限度内で成立する応力の基礎的関係について述べる。いま，**図 2.3**に示すような長方形薄板の相対する2組の辺に垂直な張力 F_x, F_y が作用するとき，x, y 方向に垂直な断面積をそれぞれ A_x, A_y で表

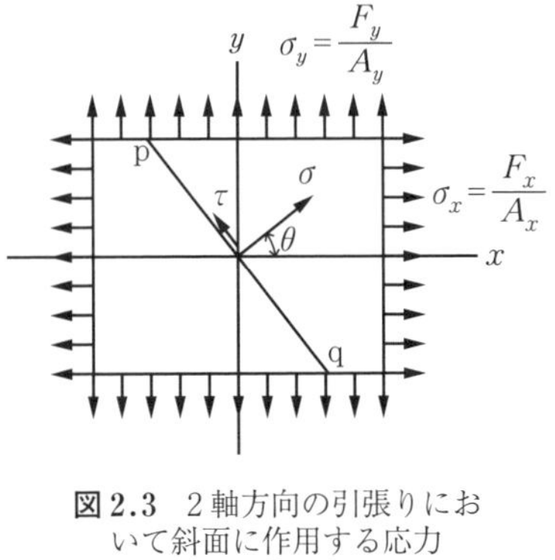

図 2.3 2軸方向の引張りにおいて斜面に作用する応力

すと，2方向の応力は $\sigma_x = F_x/A_x$, $\sigma_y = F_y/A_y$ となる。いま，紙面に垂直な任意の断面 pq に作用する応力を，この面に垂直な成分 σ と平行な成分 τ で表すと

$$\sigma = \sigma_x \cos^2\theta + \sigma_y \sin^2\theta, \quad \tau = \frac{1}{2}(\sigma_x - \sigma_y)\sin 2\theta \tag{2.1}$$

となる。τ が 0 になるような直交する二つの面，すなわち $\theta=0$, $\theta=\pi/2$ では，σ は σ_x または σ_y に一致し，最大値か最小値をとる。このような応力を主応力，主応力を生じる断面を主応力面という。F_x が圧縮力で，$\sigma_y = -\sigma_x$ の場合には

$$\sigma = \sigma_x \cos 2\theta, \quad \tau = \sigma_x \sin 2\theta \tag{2.2}$$

となり，$\theta = \pm\pi/4$ ではせん断応力だけが作用する。

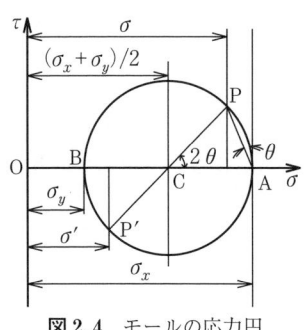

図 2.4 モールの応力円

$\sigma_x > \sigma_y$ のとき，モールの応力円は**図 2.4**のようになり，点 C を中心に点 A より反時計方向に 2θ 回転させた点 P の座標は，先の pq 断面上に作用する σ と τ を与える。また，これと直交する面に作用する応力 σ', τ' は，図 2.4 で点 P より π ラジアン回転させた点 P′ の座標で与えられ，図から式 (2.3) の関係が成り立つ。

$$\sigma_x + \sigma_y = \sigma + \sigma',$$
$$\sigma_x = \frac{1}{2}(\sigma + \sigma') + \sqrt{\left(\frac{\sigma - \sigma'}{2}\right)^2 + \tau^2}, \quad \sigma_y = \frac{1}{2}(\sigma + \sigma') - \sqrt{\left(\frac{\sigma - \sigma'}{2}\right)^2 + \tau^2} \tag{2.3}$$

以上は，平面（2次元）応力の場合であるが，一般に材料の縦弾性係数，横弾性係数（剛性率），ポアソン比がそれぞれ E, G, ν で表される直方体の各面に垂直応力 (σ_x, σ_y, σ_z) とせん断応力 (τ_{xy}, τ_{xz}), (τ_{yx}, τ_{yz}), (τ_{zx}, τ_{zy}) が作用する場合，縦ひずみ (ε_x, ε_y, ε_z) とせん断ひずみ (γ_{xy}, γ_{yz}, γ_{zx}) は式

(2.4) で与えられる。

$$\varepsilon_x = \frac{1}{E}\{\sigma_x - \nu(\sigma_y + \sigma_z)\}, \quad \varepsilon_y = \frac{1}{E}\{\sigma_y - \nu(\sigma_z + \sigma_x)\}, \quad \varepsilon_z = \frac{1}{E}\{\sigma_z - \nu(\sigma_x + \sigma_y)\},$$

$$\gamma_{xy} = \frac{\tau_{xy}}{G}, \quad \gamma_{yz} = \frac{\tau_{yz}}{G}, \quad \gamma_{zx} = \frac{\tau_{zx}}{G} \tag{2.4}$$

2.1.3 塑性理論

〔1〕 **基礎的関係**　図 2.5 に示す，3 辺の長さが l_1，l_2，l_3 である材料が塑性変形して，それぞれ l_1'，l_2'，l_3' になったとき，3 方向のひずみ ε_1，ε_2，ε_3 は式 (2.5) で表される。

$$\varepsilon_1 = \frac{l_1' - l_1}{l_1} = \frac{dl_1'}{l_1}, \quad \varepsilon_2 = \frac{dl_2'}{l_2}, \quad \varepsilon_3 = \frac{dl_3'}{l_3} \tag{2.5}$$

式 (2.5) は弾性変形におけるひずみの記述と同じである。大規模な塑性変形の場合には，時々刻々の長さに対する変形の比を積分した対数ひずみ e が用いられる。e は真ひずみともいわれ，l_1 方向の場合，$e_1 = \log_e(l_1'/l_1)$ で表されるが，この分野の説明は塑性力学の専門書に譲ることにする。

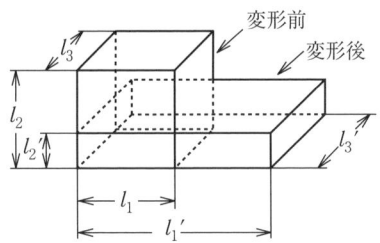

図 2.5 塑性加工における変形

塑性変形では応力とひずみの関係は複雑で，これを厳密に一般化するのは難しい。このため簡単な実験によって主応力 (σ_1, σ_2, σ_3) と主ひずみ (ε_1, ε_2, ε_3) との関係を求めておき，その原則を複雑な場合にも適用している。主応力と主ひずみの間に認められている最も一般的な関係は Levy，Mises らのひずみ増分説（ひずみの増分差と主応力差の比は等しいという説）であり，式 (2.6) のように表される。

$$\frac{d\varepsilon_1 - d\varepsilon_2}{\sigma_1 - \sigma_2} = \frac{d\varepsilon_2 - d\varepsilon_3}{\sigma_2 - \sigma_3} = \frac{d\varepsilon_3 - d\varepsilon_1}{\sigma_3 - \sigma_1} \tag{2.6}$$

〔2〕 **金属材料の降伏理論**　式 (2.6) は単に，応力とひずみの一般的な表記法を示したものにすぎず，重要なのは金属材料がどのような応力条件で降伏するかという問題である。これには長い研究の歴史があるが，おもな説を以下に示す。

（**a**）**最大せん断応力説**　最大主応力と最小主応力の差がある値に達したとき，材料の降伏が起こるという説で，$\sigma_1 > \sigma_2 > \sigma_3$ のとき

$$\tau_{\max} = \frac{1}{2}(\sigma_1 - \sigma_3) = \frac{Y}{2} = k \tag{2.7}$$

となる。この条件では，Y を単軸引張りまたは圧縮における降伏応力とすれば k は降伏せん断応力に相当する。この説は，単純な応力場での降伏条件としては有用で，**Tresca の条件**とも呼ばれる。

（**b**）**最大主応力説**　最大主応力が材料の引張試験の弾性限度に達すると降伏するという説で，Lamé，Rankine らによって提案された。しかし，金属材料は静水圧成分で圧壊することはなく，金属材料の降伏条件としては用いられない。

（**c**）**せん断ひずみエネルギー説**　せん断ひずみエネルギーに比例する $\{(\sigma_1-\sigma_2)^2 + (\sigma_2-\sigma_3)^2 + (\sigma_3-\sigma_1)^2\} = 2\sigma_{\text{mises}}^2$ がある値に達すると降伏するという説で，右辺の σ_{mises} を **Mises の相当応力**と呼ぶ。左辺は主応力で表されているが，この値は座標軸をどのようにとっても変わらない不変量であり，一般性がある。単軸引張りでは $\sigma_1 = Y$（降伏応力），$\sigma_2 = \sigma_3 = 0$ となるので，降伏限界は $2Y^2$ になる。単純せん断では，この値は $6k^2$ であり，降伏条件は式 (2.8) で表される。

$$(\sigma_1-\sigma_2)^2 + (\sigma_2-\sigma_3)^2 + (\sigma_3-\sigma_1)^2 = 2Y^2 = 6k^2 \tag{2.8}$$

この説は Tresca の条件を拡張したもので，**Mises の降伏条件**と呼ばれる。この説は定義付けが簡明で，応力軸を任意に設定しても値が変わらないこと，金属材料の実験結果にかなりよく一致することなどから，広く用いられている。

2.1.4 材料の破壊現象

固体の破壊様式を分類すると，破壊までの変形量が小さい**脆性破壊**（brittle fracture），変形量の大きい**延性破壊**（ductile fracture），変動荷重を長時間負荷することによる**疲労破壊**（fatigue fracture），降伏応力より小さい荷重が長時間作用することによる**クリープ破壊**（creep fracture）などがある。

炭化物，セラミックなどの脆性材料は，常温では脆性破壊し，高温になると延性破壊が可能になる。一方，多くの金属材料は常温では延性破壊するが，温度が極度に低下すると脆性破壊に移行する。このように，破壊様式が変化する温度を遷移温度と呼んでいる。金属の場合，切欠きの存在，結晶粒の粗大化，中性子線の照射などによって遷移温度は高くなる。

欠陥のない材料の理想的な破壊強度 σ_m の解析については各種の提案がなされているが，概略値としては格子面間隔 d なる上下の面を $d/2$ だけ引き離すのに必要な応力，すなわち $\sigma_m \fallingdotseq E/2$ をとることができる。少していねいな仮定，例えば原子面間に作用する相互力と平衡点からの距離の関係を正弦曲線で近似させ，破断までに外力がなした仕事は表面エネルギー ρ の 2 倍に等しいという仮定を用いると，σ_m は式 (2.9) で与えられる。

$$\sigma_m = \left(\frac{\rho E}{d}\right)^{1/2} \tag{2.9}$$

しかし，この値は実際の破断強さの数百～数千倍に達する。このような不一致は，材料内部に潜在する多くの欠陥によることは衆知の事実である。例えば，切欠きや微細クラック（亀裂）が存在する場合には，その周辺に応力が集中して材料は脆性破壊の様相を呈するようになる。

Griffith によると，図 2.6 に示すような長さ $2C$ のクラックがあるとき，これを成長させるのに必要な応力 σ は式 (2.10) のようになる。

$$\sigma = \left(\frac{2\rho E}{\pi C}\right)^{1/2} \tag{2.10}$$

通常，σ は σ_m に比べて格段に小さく，ひとたびクラックが成長しはじめると，クラックは急拡大して破断に至る。この考えによると，脆性破壊する材料

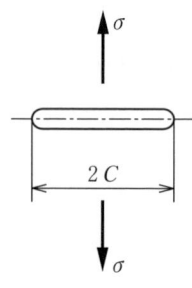

図2.6 Griffithのクラックモデル

の強度はクラックの存在確率に依存する。つまり，材料がきわめて微小になると潜在クラックの存在確率が減り，見掛け上強くなる。一方，ガラスの場合には，荷重をかけてからある時間が経過したのちにクラックが伸展して破壊に至る時間遅れ破壊現象を示す[1]。これは，クラックの伸展に伴って現れた新生面に，気体がしだいに吸着し，これに伴って表面エネルギーが減少して，クラックが成長しやすくなるためとされている。

一方，疲労破壊は機械部品に内在している微小クラックを，長時間の繰返し応力が増殖拡大させることによって発生するとされており，多くの場合，破面には特徴的な貝殻状の縞模様が現れる。

2.2 固体の接触，摩擦，摩耗，および潤滑

2.2.1 固体の接触機構

二つの固体を押し付けながら相対的にすべらせると，運動に抵抗する摩擦力が作用し，同時に摩耗が発生する。摩擦力や摩耗の発生原因を考えるとき，後述のように，2固体の見掛けの接触面積は無意味であり，実際に触れ合っている真実接触点の面積，そこでの応力と温度，材料相互の凝着や拡散の有無などが重要になる。本項では，まずHertzによる弾性接触の理論をもとに，固体の接触問題を考える。

Hertzは，縦弾性係数 E_1，E_2，ポアソン比 ν_1，ν_2，半径 R_1，R_2 の二つの球を荷重 W で押し付けた場合について，接触円の半径 a，接触面内の圧力 P，接触面中心の圧力 P_0，両球の中心間の接近距離 δ を，式 (2.11) ～ (2.13) のように与えている。

$$a = \left\{ \frac{3}{4} \frac{R_1 R_2}{R_1 + R_2} \left(\frac{1-\nu_1^2}{E_1} + \frac{1-\nu_2^2}{E_2} \right) W \right\}^{1/3} \qquad (2.11)$$

2.2 固体の接触，摩擦，摩耗，および潤滑

$$P = P_0\left(1 - \frac{r^2}{a^2}\right)^{1/2}, \quad P_0 = \frac{1}{\pi}(6\,W)^{1/3}\left(\frac{R_1 + R_2}{R_1 R_2}\right)^{2/3}\left(\frac{1 - \nu_1^2}{E_1} + \frac{1 - \nu_2^2}{E_2}\right)^{-2/3} \tag{2.12}$$

$$\delta = \left(\frac{9}{16}\frac{R_1 + R_2}{R_1 R_2}\right)^{1/3}\left\{\left(\frac{1 - \nu_1^2}{E_1} + \frac{1 - \nu_2^2}{E_2}\right)W\right\}^{2/3} \tag{2.13}$$

なお，式 (2.11)～(2.13) で $R_2 = \infty$ とおけば，球と平面の接触における解を与える。

いま，機械加工された2平面が接触する場合を微視的に考えてみよう。どのような加工法を用いても表面には微小な凹凸がある。このような2面を接近させていくと，両者の接触は，相互の間隔の最も小さい箇所で始まり，荷重の増加に伴って接触点の数が増加する。このような場合，個々の接触点の形状はさまざまであろう。いま，表面の粗さを一方の面で代表させて考えれば，実際の接触点では真平面と球あるいは円すいの接触が生起していると考えることができる。そこで最も単純な場合として，真平面に上方から半径 R_1 の滑らかな球が接触する場合を考える。式 (2.11)～(2.13) で，$R_2 = \infty$，$E_1 = E_2 = E$，$\nu_1 = \nu_2 = 0.3$ のとき

$$a = \left(\frac{3 R_1}{4} \cdot \frac{1.82}{E} W\right)^{1/3} \tag{2.14}$$

$$P_0 = \frac{1}{\pi}(6\,W)^{1/3}\left(\frac{1.82}{E} R_1\right)^{-2/3} \tag{2.15}$$

となり，接触面の平均圧力 $\bar{P}$ は式 (2.16) のようになる。

$$\bar{P} = \frac{W}{\pi a^2} = \frac{2}{3} P_0 \propto W^{1/3} \tag{2.16}$$

つまり，両者の接触が弾性的であるとき，$\bar{P}$ は $W^{1/3}$ に比例する。さらに降伏条件として Tresca の最大せん断応力説をとると，降伏開始時の平均圧力 $\bar{P}_L$ と Y の関係は式 (2.17) で与えられる。

$$\bar{P}_L = 1.1\,Y \tag{2.17}$$

つまり，平均圧力が降伏応力 Y の1.1倍に達すると，接触円の中心から $0.5a$ 下の点で塑性変形が始まる[2]。この圧力を超えると塑性域はしだいに拡大し，図2.7に示すように，$\bar{P}$ と W の関係は $\bar{P} \propto W^{1/3}$（図の曲線 O-L-M′）

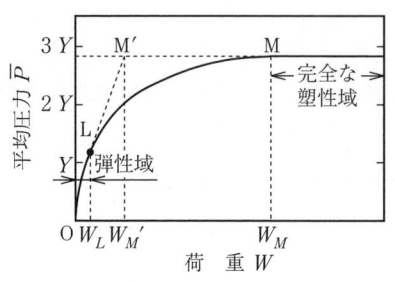

図2.7 荷重 W と平均圧力 $\bar{P}$ の関係

から離れはじめる。荷重 W が W_M つまり $\bar{P} = 2.8Y$ に達すると，接触円の周りは完全に塑性変形し，さらに荷重を増しても $\bar{P}$ はほぼ一定値に保たれる。この状態では，圧痕の直径 d，圧痕の面積 A，材料の降伏圧力 P_m の間に式（2.18）の関係が成り立つ。

$$\bar{P} = \frac{4W}{\pi d^2} = \frac{W}{A} = P_m \tag{2.18}$$

式（2.18）の関係は，真実接触点の周辺で材料が加工硬化しない場合に成立するが，機械加工によって得られた金属の表層部は，十分加工硬化していると見なせるので，このような面どうしの接触にも式（2.18）が適用できる。ちなみに，接触する二つの材料がともに高張力鋼〔ヤング率 $E_1 = E_2 = 206$ GPa （21 000 kgf/mm^2），降伏応力 $Y = 490$ MPa（50 kgf/mm^2）〕の場合でも，粗さの頂部の半径 R_1 が 10 μm であるとき，2 mN（0.2 gf）程度のごく微小な荷重で接触面は完全に塑性変形する。つまり，二つの固体を接触させた場合，ごく小さい押付け荷重でも個々の接触点は塑性状態を呈し，そのときの真実接触面積 A は W/P_m で与えられることになる。

2.2.2　金属の摩擦機構と潤滑

前述のように，真実接触面積は見掛けの接触面積とは無関係で，ごくわずかな荷重でも真実接触点の周辺は塑性状態になる。本節では，このような接触状態にある2面を相対的にすべらせる場合の摩擦力について述べる。

接触する固体を相対的にすべらせるのに必要な摩擦力について，Amontons

は 1699 年に，① 摩擦力は見掛けの接触面積に無関係である，② 摩擦力は垂直荷重に比例する，という法則を見いだしている．

Coulomb も 1785 年に同じ結論を示し，③ 摩擦力がすべり速度に無関係であることを見いだした．以上は，清浄な表面の乾燥空気中での摩擦に関するもので，**Coulomb の法則**あるいは Amontons-Coulomb の法則と呼ばれている．

ところで摩擦力の発生原理については，歴史的に対立する二つの学説があった．その一つは，表面はたがいの凹凸でかみ合っているので，相対運動を起こさせるには，つぎのかみ合い点まで荷重をもち上げることが必要で，これに必要なエネルギー消費が摩擦力の原因であるとする**凹凸説**である．もう一つは，真実接触点では両金属の間で凝着が発生するので，これをせん断するのに必要な力が摩擦力であると考える**凝着説**である．長年にわたって研究が続けられた結果，今日では後者が多数の支持を得ている．そこでつぎに，凝着説の立場から摩擦現象を検討する．

いま，垂直荷重 W の作用する硬い金属が降伏圧力 P_m の軟らかい金属上をすべるとき，真実接触面積を A，凝着面のせん断強さを S とすると，摩擦力 F と摩擦係数 μ は式 (2.19) で与えられる．

$$F = AS = \frac{W}{P_m} S, \quad \mu = \frac{F}{W} = \frac{S}{P_m} \tag{2.19}$$

式 (2.19) の関係は，摩擦力は荷重に比例し，見掛けの接触面積に無関係という Coulomb の法則にかなっている．実際には，真実接触点の温度上昇に伴う材料の軟化によって S が減少する可能性があるが，同時に P_m も減少するから，摩擦係数に及ぼす熱軟化の影響は比較的小さい．ただし，以下に述べる掘り起こし力の作用する場合や，金属表面に汚れのある場合には，摩擦係数は大きく変化する．

例えば，硬軟 2 固体が摩擦し合う場合には，硬い固体の突起が軟らかい固体の表面を掘り起こすため，これに要する力を考慮しなければならない．図 2.8 は掘り起こ

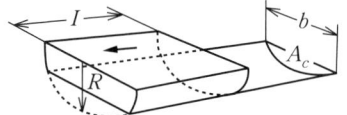

図 2.8 掘り起こし力の影響を考慮した摩擦モデル

し力の影響を考慮した摩擦モデルで,かまぼこ状突起の曲率半径を R,溝を形成している接触部の平面への投影面積を A,溝幅を b,溝の断面積を A_c,溝をつくるために突起の前面に作用する平均圧力を P' とするとき,全摩擦力 F とそのせん断項 F_1,および掘り起こし項 F_2 の間には式(2.20)の関係がある。

$$F_1 = AS = \frac{W}{P_m}S, \quad F_2 = A_c P' \fallingdotseq \frac{b^3 P'}{12R}, \quad F = F_1 + F_2 \qquad (2.20)$$

F_1, F_2 の値は,長さ l の異なるスライダを図の方向にすべらせ,それぞれにおける摩擦力を求めれば分離できると考えられる。

つぎに金属表面の酸化被膜の影響について考えてみよう。真空中で加熱して酸化被膜を排除した二つの金属片を接触させると両者は容易に凝着し,荷重を除いても離れない。このような状態での摩擦係数は,見掛け上無限大になる。このことは,摩擦における酸化被膜の重要性を物語っている。大気中においては,金属の表面は一般に薄い酸化膜で覆われている。酸化膜どうしは凝着しにくく,そのせん断強さは母材金属よりも通常小さいので,酸化膜が形成されたときの摩擦係数は格段に小さくなる。われわれが通常目にしているのは,このような状態における摩擦にほかならない。

このように,大気中での金属表面は厳密には清浄面といえないが,機械部品は大気中で扱われることが多いので,実用的にはこれを清浄面と見なしており,このような表面を対象とした摩擦を,乾燥摩擦または固体摩擦と呼んでいる。

一方,工業的には摩擦面に潤滑剤を積極的に投与して,摩擦力や摩耗を軽減させる努力をしており,その理想的な場合が**流体潤滑**(fluid lubrication)である。流体潤滑では,くさび状の油膜内に発生する動力学的な流体圧で荷重が支えられ,2固体は完全に分離された状態で相対運動するので,摩擦力は後述の境界潤滑に比べて格段に小さく,摩耗も発生しない。このときの摩擦力は,流体の粘度や相対速度に依存する。流体潤滑に関しては,1886年に Reynolds によって,理論的にほぼ解明されている。

一方,低速・高荷重下では油膜の厚さは油の単分子ないし数分子層程度とな

り，摩擦力は油の粘度に無関係な別の性質に左右される。このような状態を**境界潤滑**（boundary lubrication）と呼んでおり，潤滑剤には固体表面に吸着して強固な境界膜を形成して固体どうしの凝着を妨げる**油性**（oiliness）が求められる。**図 2.9** は，Bowden と Hardy の境界膜モデルを示したもので，荷重が大きくなると，荷重は油膜だけでなく母材金属どうしの接触面でも支えられるようになる。そこで荷重支持面積 A のうち固体どうしの接触面積を αA，その領域の平均的なせん断強さを S_m，油膜のせん断強さを S_l とすれば，摩擦力 F は式(2.21)で与えられる。

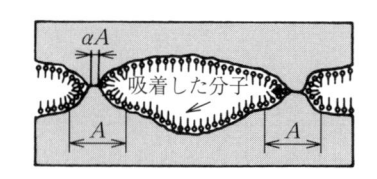

A：荷重支持面積，αA：金属接触面積

図 2.9 Bowden と Hardy の境界膜モデル

$$F = A\{\alpha S_m + (1-\alpha)S_l\} \tag{2.21}$$

$S_l \ll S_m$ であるので，境界潤滑剤には，① 破断しにくい強い吸着膜を形成して α を小さくさせる，② 金属と反応して S_m の小さい化合物層を生成させる，③ 境界潤滑剤自体のせん断強さ S_l が小さい，などの性質が必要である。

分子や原子が固体の表面に吸着している状態には**物理吸着**（physical adsorption）と**化学吸着**（chemical adsorption）がある。物理吸着は **van der Waals 力**（極性を有しない分子間に働く，ごく微弱な静電気力）や極性基のもつ静電気力による吸着であって，化学的結合力に基づく化学吸着に比べて吸着力は弱い。

例えば**パラフィン類**（C_nH_{2n+2}）は，液体および固体状態で金属表面に物理吸着するが吸着力は弱い。このため，固体パラフィンは潤滑効果を示すものの，融解するとその効果をほとんど失う。**アルコール類**〔$CH_3(CH_2)_nOH$〕は，炭素鎖の一端に極性基である水酸基を有するため，パラフィンよりも強固に物理吸着し，吸着力は炭素鎖の長いほど強くなって境界潤滑性を示す。一方，**脂肪酸**〔$CH_3(CH_2)_nCOOH$〕は炭素鎖の一端にカルボキシル基を有し，貴金属以外の金属表面に化学吸着する。このとき，長鎖状の脂肪酸分子は金属表面に強

固に吸着して垂直に密に並び，隣接する分子間にも横方向に大きな吸引力が作用するので，境界膜は破断しにくい。このため，長鎖状脂肪酸（ステアリン酸，オレイン酸など）の潤滑効果と減摩作用には著しいものがある。脂肪酸は鉱油に比べて高価であるが，鉱油にわずかに混入するだけで高い境界潤滑性能を示すため，非常に有用である。なお，脂肪酸と金属原子を反応させて得られる金属石鹸もまた，金属表面に強固に吸着し，高い境界潤滑性能を示す。

極性有機物が金属表面に吸着したとき，物理吸着になるか化学吸着になるかは，有機物と金属との組合せで決まる。**表2.2**におもな極性有機物と金属の組合せ，および吸着の種類を示す。

表2.2 極性有機物と金属の組合せ，および吸着の種類

極性有機物	金　属	吸着の種別
脂肪族アルコール	すべての金属	物理吸着
エ ス テ ル	亜鉛，カドミウム	物理吸着（エステルとして） 化学吸着（加水分解して）
脂　肪　酸	金，銀，白金	物理吸着
	その他の金属	化学吸着

2.2.3　金属の摩耗現象

一般に，摩擦に伴って固体表面が損耗する現象を摩耗という。摩耗は，その形態によって①**凝着摩耗**（adhesive wear），②**アブレシブ摩耗**（abrasive wear），③**腐食摩耗**（corrosive wear），④**疲れ摩耗**（fatigue wear），のように分類される。
①は摩擦の凝着説を摩耗に置き換えたもので，摩耗の基本的な形態である。②は，硬い突起による切削作用による摩耗であり，摩擦面に混入した異物や摩耗粉などが突起物の役割を演じることもある。③は，雰囲気ガス，潤滑油や加工液の添加剤などによる腐食作用と機械的な摩擦作用の相乗効果による摩耗である。**フレッチング摩耗**（fretting wear）と呼ばれる微動摩耗もこの一種で，雰囲気によって摩耗量は大きく変わる。④は，繰返し応力によって起こる金属表面の疲労破損で，歯車における**ピッチング**（pitting），軸受けにおけ

るフレーキング（flaking）などがこれに属している。

ここで，摩耗の基本形態である凝着摩耗について考察してみよう。2固体を押し付けながらすべらせたときの摩耗体積 U は，凝着面積（真実接触面積） A とすべり距離 L の積に比例すると考えられ，k，k' を比例定数として式（2.22）の関係が成り立つ。

$$U = kAL = \frac{kWL}{P_m} = k'WL \tag{2.22}$$

いま，見掛けの接触面積を A_0，見掛けの接触圧力を $\bar{P}$（$= W/A_0$）とすると，摩耗高さ h は式（2.23）のようになる。

$$h = \frac{U}{A_0} = k'\bar{P}L \tag{2.23}$$

式（2.22）は **Archard の式**と呼ばれている。以上は凝着摩耗の場合であるが，アブレシブ摩耗の場合にも同様の比例関係が成り立ち，研磨加工の分野では式（2.23）の関係を **Preston の式**と呼んでいる。

2.3 固体の熱伝導

2.3.1 熱伝導と熱伝達

金属棒の一端を加熱すると他端の温度はしだいに上昇する。このような現象を熱伝導と呼んでいる。いま，固体内に**図2.10**に示す温度分布があるとき，単位時間，単位面積当り流れる熱量 q 〔W/m²〕は，式（2.24）で与えられる。

$$q = -k\frac{d\theta}{dx} \tag{2.24}$$

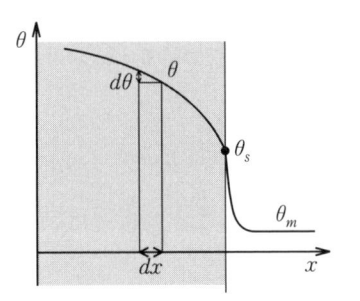

図2.10 固体内と外界媒質の温度分布

ここで，$d\theta/dx$ は固体内の温度勾配である。また，k は固体に固有の物質定数である**熱伝導率**〔thermal conductivity，W/(m·K)〕であり，式（2.24）の

関係は **Fourier の法則** と呼ばれている。

一方，固体表面と外界との間にも熱の授受が行われる。その一つは放射（輻射）熱伝達であり，もう一つは外界の媒質を介して伝熱が行われる対流熱伝達である。ここでは，伝熱量が大きく，強制的な冷却に関係する対流熱伝達を取り上げる。

いま，図2.10のように表面温度 θ_s の固体が温度 θ_m の流体と接触しているとき，固体表面から単位時間，単位面積当り流出する熱量は，式（2.25）で与えられる。

$$q = \alpha(\theta_s - \theta_m) \tag{2.25}$$

式（2.25）における比例定数 α は，**熱伝達率**〔heat transfer coefficient, W/(m^2·K)〕といい，この関係は **Newton の法則** と呼ばれている。熱伝達率は，流体に固有の物質定数ではなく，流れの状態，伝熱面の面積・形状に支配され，その大きさは流れが速いほど，伝熱面積が小さいほど大きくなる。

2.3.2 熱量の蓄積と温度上昇

いま，初期温度が0℃である微小固体（比熱 c，密度 ρ）を，温度 θ_m の媒体中に入れた場合の温度変化を考えてみる。固体が $d\theta$ だけ温度上昇したとき，単位体積当り $c\rho\,d\theta$ の熱量が蓄えられる。そこで，固体の体積を V，表面積を S とし，任意の時刻 t における固体の平均温度を θ，微小時間 dt における温度上昇を $d\theta$ とすると

$$Vc\rho\,d\theta = \alpha S(\theta_m - \theta)\,dt \tag{2.26}$$

となる。ここで，右辺は dt 時間に固体表面から流入する熱量である。式（2.26）より

$$\frac{d\theta}{(\theta_m - \theta)} = \frac{\alpha}{c\rho}\frac{S}{V}dt \tag{2.27}$$

となり，これを積分すると式（2.28）が得られる。

$$\log_e(\theta_m - \theta) = -\frac{\alpha}{c\rho}\frac{S}{V}t + D \tag{2.28}$$

ここで，D は積分定数であって，$t=0$ のとき $\theta=0\,℃$ であるから $D=\log_e \theta_m$ となる．したがって，時刻 t における温度 θ は

$$\theta = \theta_m\left(1 - e^{-\frac{\alpha}{c\rho}\frac{S}{V}t}\right) \tag{2.29}$$

となり，温度変化は**図 2.11** に示すようになる．このグラフの形は，1 次遅れ系のステップ応答と同じである．

つぎに，微小固体に内部発熱がある場合を考える．いま，温度 $0\,℃$ の媒体中にあって熱平衡にある固体が単位時間，単位体積当り ω で発熱しはじめたとする．時刻 t における固体の平均温度を θ，微小時間 dt における温度上昇を $d\theta$ とすると

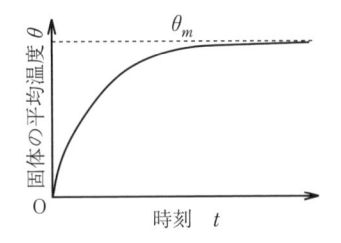

図 2.11 熱量の蓄積と温度上昇

$$Vc\rho\,d\theta = -\alpha S\theta\,dt + V\omega\,dt \tag{2.30}$$

となる．したがって

$$Vc\rho\,d\theta = \alpha S\left(\frac{\omega V}{\alpha S} - \theta\right)dt \tag{2.31}$$

となる．式（2.26）と式（2.31）を比較すると，θ_m が $\omega V/(\alpha S)$ に置き換わっただけであるから

$$\theta = \frac{\omega V}{\alpha S}\left(1 - e^{-\frac{\alpha}{c\rho}\frac{S}{V}t}\right) \tag{2.32}$$

が得られる．同様に，初期温度が $0\,℃$ である固体を，温度 θ_m の媒体中に入れると同時に，その固体が単位時間，単位体積当り ω の発熱をする場合の温度変化は，式（2.29）と式（2.32）の重ね合せにより，式（2.33）のようになる．

$$\theta = \left(\theta_m + \frac{\omega V}{\alpha S}\right)\left(1 - e^{-\frac{\alpha}{c\rho}\frac{S}{V}t}\right) \tag{2.33}$$

2.3.3 固体の摩擦面温度

2固体が摩擦している場合,摩擦仕事のほとんどは熱に転化され,接触面は温度上昇する。そこでつぎに,この摩擦面温度について考えてみよう。単純な摩擦モデルとして,図2.12に示す半無限体の表面を円柱状スライダで摩擦する場合を考える。

スライダ側への熱伝導については,その接触面全域に一様な強度を有する面熱源がある場合を仮定する。一方,半無限体のほうは,その表面に接触面と同じ形状の移動熱源がある状態と考える。

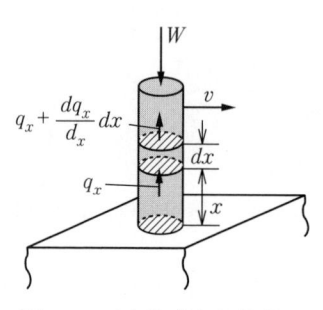

図2.12 半無限体と円柱状スライダの摩擦モデル

〔1〕 **スライダ側の温度上昇** 図2.12に示す半径 r の円柱状スライダが,押付け荷重 W〔N〕,速度 v〔m/s〕で摩擦している。このとき μ を摩擦係数とすると,単位時間の発熱量 Q〔W〕は

$$Q = \mu W v \tag{2.34}$$

となる。この熱の一部は半無限体に,残りはスライダに伝わる。いま,長時間の摩擦の結果,スライダの温度分布が定常になったときの接触面から x の距離にある微小部分 dx における熱平衡を考えてみよう。位置 x での単位時間,単位面積当りの流入熱量を q_x とすると,この円柱断面から単位時間に流入する全熱量 Q_{in} は

$$Q_{\text{in}} = \pi r^2 q_x \tag{2.35}$$

となる。一方,微小区間 dx 内における q_x の変化率を dq_x/dx と書くと,$(x + dx)$ にある円柱断面から流出する熱量 Q_{out} は

$$Q_{\text{out}} = \pi r^2 \left(q_x + \frac{dq_x}{dx} dx \right) \tag{2.36}$$

となり,流入熱量と流出熱量の差 dQ_1 は,式(2.37)で与えられる。

2.3 固体の熱伝導

$$dQ_1 = Q_{\text{in}} - Q_{\text{out}} = -\pi r^2 \frac{dq_x}{dx} dx \tag{2.37}$$

式 (2.37) に式 (2.24) を代入すると，式 (2.38) が得られる．

$$dQ_1 = k\pi r^2 \frac{d^2\theta}{dx^2} dx \tag{2.38}$$

ここで，θ は位置 x における円柱の温度である．

一方，高さ dx の円柱表面から熱伝達によって失われる熱量 dQ_2 は，外界の空気温度を θ_0，界面の熱伝達率を α とすると

$$dQ_2 = 2\pi r\alpha(\theta - \theta_0)dx \tag{2.39}$$

となる．定常状態では $dQ_1 = dQ_2$ であるから，微分方程式 (2.40) が得られる．

$$\frac{d^2\theta}{dx^2} = \frac{2\alpha}{kr}(\theta - \theta_0) \tag{2.40}$$

式 (2.40) の一般解は，積分定数を C, D とすると，式 (2.41) で与えられる．

$$(\theta - \theta_0) = Ce^{\sqrt{\frac{2\alpha}{kr}}x} + De^{-\sqrt{\frac{2\alpha}{kr}}x} \tag{2.41}$$

ここで，$x = \infty$ では $\theta = \theta_0$ であるから $C = 0$ となり，式 (2.42) が得られる．

$$(\theta - \theta_0) = De^{-\sqrt{\frac{2\alpha}{kr}}x} \tag{2.42}$$

つぎに，積分常数 D を求める．全摩擦熱のうち RQ がスライダ側に，残りの $(1-R)Q$ が半無限体に流入するものとする．定常状態においては，RQ のすべてが無限に長い円柱表面から空気中に散逸すると考えると

$$RQ = 2\pi r\alpha \int_0^\infty (\theta - \theta_0)dx \tag{2.43}$$

となる．これに式 (2.42) を代入して積分すると，積分定数 D が求まり，円柱の高さ方向の温度分布 $(\theta - \theta_0)$ は

$$(\theta - \theta_0) = \frac{RQ}{\pi r} \frac{1}{\sqrt{2\alpha kr}} e^{-\sqrt{\frac{2\alpha}{kr}}x} \tag{2.44}$$

となる。式 (2.44) に式 (2.34) の Q を代入し $x=0$ とすれば，摩擦面温度 θ_s が得られる。

$$(\theta_s - \theta_0) = \frac{R\mu Wv}{\pi r} \frac{1}{\sqrt{2\alpha kr}} \tag{2.45}$$

以上は，Bowden ら[3]の解析結果である。

〔2〕 **半無限体側の温度上昇** 半無限体側の温度解析にあたっては，均一な強度をもつ熱源が半無限体の表面を移動しているものとして解析する。このような移動熱源による固体の温度上昇については，Jaeger[4]の研究がよく知られており，ここではその結論を引用する。

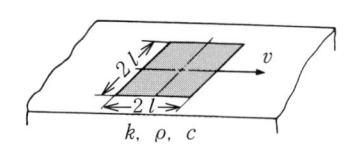

図 2.13 正方形移動熱源による半無限体の温度解析

いま図 2.13 のように，半無限体表面を 1 辺 $2l$ の正方形熱源が単位時間，単位面積当り q の熱量を発生しながら速度 v で移動しており，発生した熱はすべて半無限体側に伝わると仮定する。ここで，$K = k/(\rho c)$ （K：温度伝導率または熱拡散率，thermal diffusivity, m^2/s），$L = vl/(2K)$ （L：無次元長さ）とおくと

① $L > 5$ の場合，すなわち熱源の移動速度が速い場合には，接触面の最高温度上昇 $\theta_{\max}$ および平均温度上昇 $\bar{\theta}$ は，それぞれ式 (2.46)，(2.47) のように表される。

$$\theta_{\max} = \frac{2q}{k}\sqrt{\frac{2Kl}{\pi v}} = 1.128 \frac{ql}{k\sqrt{L}} \tag{2.46}$$

$$\bar{\theta} = \frac{2}{3}\theta_{\max} = 0.752 \frac{ql}{k\sqrt{L}} \tag{2.47}$$

なお，熱源の形状が半径 r の円形の場合には，$l = 0.886r$ とおけばよい。

② $L < 0.1$ の場合には，静止熱源の場合にほぼ一致し

$$\theta_{\max} = \frac{4}{k\pi} \frac{lq}{\log_e(1+\sqrt{2})} = 1.122 \frac{ql}{k} \tag{2.48}$$

$$\bar{\theta} = \frac{4}{k\pi} \frac{lq}{\left\{\log_e(1+\sqrt{2}) - \frac{\sqrt{2}-1}{3}\right\}} = 0.946 \frac{ql}{k} \tag{2.49}$$

となる．なお，$5>L>0.1$ の場合には，上記①，②間の値をとるが，細部の説明は Jaeger の文献[4]に委ねることにする．

〔3〕**摩擦熱の流入割合**　いま，円柱側の材質に添え字の 1 を，半無限体側の材質に 2 を付けることにすると，円柱下面（接触面）の平均温度上昇（$\theta_s - \theta_0$）は，式（2.45）より式（2.50）のように書ける．

$$(\theta_s - \theta_0) = \frac{RQ}{\pi r} \frac{1}{\sqrt{2\,\alpha k_1 r}} \tag{2.50}$$

一方，$(1-RQ)$ の熱が接触面から半無限体側に流入するものとすると，接触面の平均温度上昇 $\bar{\theta}$ は $L>5$ の場合，式（2.47）より式（2.51）が得られる．

$$\bar{\theta} = \frac{1.001(1-R)Q}{\pi r} \frac{1}{\sqrt{vrk_2\rho_2 c_2}} \tag{2.51}$$

円柱の下面は半無限体と接触しているから，両者の平均温度を等しいとおくと，円柱側への熱の流入割合 R が得られる．

$$R = \frac{1}{1+\sqrt{vk_2\rho_2 c_2/(2\,\alpha k_1)}} \tag{2.52}$$

以上は，無限に長い円柱が半無限体表面上を摩擦する場合の例であり，接触面の平均温度上昇は，式（2.52）の R を式（2.51）に代入すれば得られる．

〔4〕**摩擦する平面の温度上昇**　精密加工した固体表面どうしが摩擦する場合における，真実接触点の温度を求めてみよう．この場合，図 2.14 に示すように 180°近い頂角を有する角すい台（あるいは，円すい台）が半無限体表面に接触するモデルを適用するのが妥当であろう．

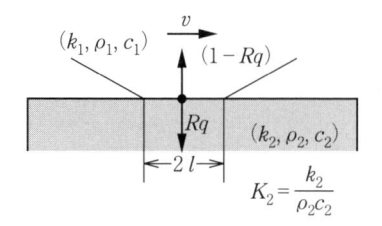

図 2.14　摩擦面温度の解析モデル

摩擦による角すい台側の加熱は，静止熱源が半無限体を加熱する場合と見なすことができる。いま，単位時間，単位接触面積当りの発熱量 q のうち $(1-R)q$ が角すい台側に流れるものとすると，接触面の平均温度上昇 $\bar{\theta}_1$ は，式 (2.49) より

$$\bar{\theta}_1 = 0.946 \frac{(1-R)ql}{k_1} \qquad (2.53)$$

となる。

一方，下面側は移動熱源による半無限体の加熱と考えると，$L_2 [=vl/(2K_2)] > 5$ の場合，接触面の平均温度上昇 $\bar{\theta}_2$ は，式 (2.47) より

$$\bar{\theta}_2 = 0.752 \frac{Rql}{k_2\sqrt{L_2}} \qquad (2.54)$$

となる。接触する両面の平均温度が等しいとすると，R が式 (2.55) のように求まる。

$$R = \frac{k_2\sqrt{L_2}}{0.795\,k_1 + k_2\sqrt{L_2}} \qquad (2.55)$$

したがって，摩擦面の平均温度上昇 $\bar{\theta}$ は式 (2.56) のようになる。

$$\bar{\theta} = \frac{0.752\,ql}{0.795\,k_1 + k_2\sqrt{L_2}} \qquad (2.56)$$

本解析モデルにおいて接触面の形状が円形の場合には，$l = 0.886\,r$ とおけばよい。式 (2.56) から，摩擦する両材料の熱伝導率が小さいほど，真実接触点の温度は上昇しやすくなることがわかる。

3 切削加工

切削加工(cutting)とは，**切削工具**(cutting tool)を**工作物**(work, workpiece)に強制的に切り込ませ，その表面から不要部分を**切りくず**(chip)として除去し，目的とする形状・寸法につくり上げるとともに，適当な**表面仕上げ**(surface finishing)を行うための加工法である。機械加工における切削加工の位置付けは1章の図1.2に示したとおりで，切削加工法の種類とそれらに使用される工具，工作機械は表1.1に示したとおりである。

数ある機械加工法のなかで，切削加工は特に基礎的かつ重要な加工法であり，他の加工法に比べ，① 加工エネルギーが小さく，しかも加工能率が高いため，加工コストが低い，② 加工できる材料の範囲が広い，③ 種々の形状の加工が容易に行える，④ 仕上面粗さがコントロールしやすい，という特徴がある。

本章では，金属材料の**切削機構**(cutting mechanism)，工具材料，切削液，切削仕上面，各種切削加工法，最近の切削加工技術などについて概説する。

3.1 金属材料の切削機構

工具刃先近傍の工作物の変形機構は，切削現象を解明するために非常に重要で，切削加工理論の基礎となる。しかし実際の切削作業においては，**図3.1**に示すように，切りくずは3次元的な複雑な変形によって生成され，その周辺の応力や温度を解析するのは至難である。そこで本節では，切削現象を簡単化した**2次元切削**(orthogonal cutting)について考

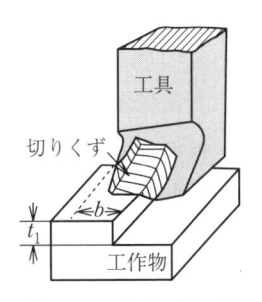

図3.1 3次元切削の例

える。

すなわち図3.2に示すように，切れ刃稜を切削方向に直行させ，**切削幅**（width of cut）b を**切込み深さ**（depth of cut）t_1 に比べて十分大きくすると，切れ刃稜に垂直な，どの断面をとっても工作物は同じ変形状態となるので，切削現象を平面ひずみ問題として取り扱うことができる。

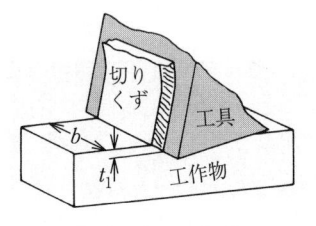

図3.2　2次元切削

3.1.1　切りくずの形態

工作物の材質や加工条件によって切削状態は大きく変化し，各種形態の切りくずが生成される。

RosenhainとSturney[1]は，切りくずを**流れ形**（flow type），**せん断形**（shear type），**むしり形**（tear type）に分類し，大越[2]はこれに，**亀裂形**（crack type）を加えて，図3.3に示すように4分類とした。

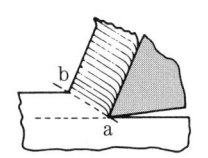

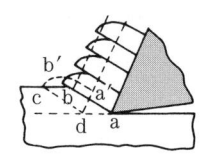

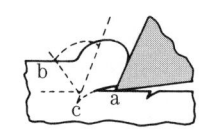

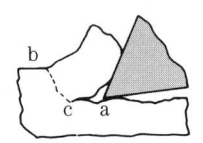

（a）流れ形切りくず　　（b）せん断形切りくず　　（c）むしり形切りくず　　（d）亀裂形切りくず

図3.3　切りくずの形態

① 流れ形切りくず　　図（a）に示すように，安定したせん断すべりが ab 方向に連続的に発生する場合に生成されるもので，切削抵抗はほとんど変化せず，良好な仕上面が得られる。このタイプの切りくずは，低炭素鋼の切削でよく見られるが，切削速度が遅いと，後述のような構成刃先が発生して仕上面を悪化させる。

② せん断形切りくず　　周期的なせん断変形によって生じるもので，図（b）のように，加工前の $abcd$ 部は工具刃先 a が d 点に進むにつれてせん断され，切りくず（$a'b'cd$）になる。このような周期的なせん断すべ

りが ab 面で発生するため，切りくずの背面には鋸刃状の凹凸が生じる。また，切削抵抗も周期的に変動するため，仕上面には微小な凹凸が現れやすい。

③ むしり形切りくず　図（c）のように刃先の前方に裂け目 c を生じながら間欠的に生成される。これは，延性に富む材料（純アルミ，純銅など）の低速切削において，切りくずが工具の**すくい面**（rake face）に凝着し，容易に流れ去ることができない場合に生じやすい。このとき，切削抵抗の変動は大きく，仕上面にむしり形切りきずを残す。

④ 亀裂形切りくず　主として脆性材料の切削で生じやすく，図（d）のように工具刃先が工作物に食い込むにつれて，刃先 a の前方に亀裂が先行し，ついには c 点で脆性破壊を起こす。亀裂の発生方向は，刃先より下方に向かうことが多く，仕上面はえぐり取られて粗くなる。

3.1.2　切りくずの生成機構

前述のように，切削条件によって工作物の変形状態は変化し，一般的な取扱いは困難である。そこで本項では，常用の切削条件でよく観察され，仕上面性状，工具損耗などの点からも好まれる流れ形切りくずの生成機構について述べる。

図 3.4 は，流れ形切りくずを生成している場合の 2 次元切削モデルである。このモデルには，① 切れ刃稜は切削方向に直交している，② 切りくずは，紙面に垂直な方向に流れず，変形は紙面に平行な平面内で生じる，③ 工具刃先は完全に鋭利で，切りくずはその先端とすくい面のみで接触している，という仮定が含まれている。

2 次元切削における切りくずの生成機構については，工作物の側面に直交格子線を刻んで，切削中における格子線の変形の様子を高速度カメラで撮影したり，切削を急

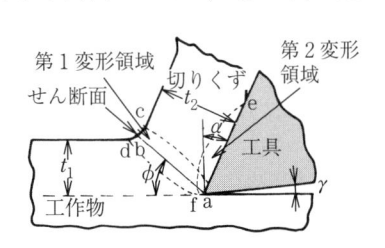

図 3.4　流れ形切りくずを生成している場合の 2 次元切削モデル

停止して格子線の変形を顕微鏡観察することなどによって検討されている。

このような観察結果をもとに，切りくずの生成過程を模式的に表すと，図3.4のようになる。工作物は工具に近づくとad面で変形が開始され，ac面で終わって切りくずになる。このadc領域が工作物の主たる変形領域で，**せん断領域**（shear zone）あるいは**第1変形領域**（primary flow zone）と呼ぶ。切りくずは，せん断領域の通過後も工具のすくい面に沿うaefの領域で，すくい面との摩擦によって二次的な変形を受ける。この変形領域を**第2変形領域**（secondary flow zone）と呼ぶ。このような変形状態は，低速切削において観察される場合が多く，切削速度が速くなるにつれて変形領域の厚さは薄くなり，面に近いものになる。そこで，第1および第2変形領域を面と見なして単純化した単一せん断面切削モデルを考えると**図3.5**のようになる。いま工具位置を固定し，斜線で示す平行四辺形abcdが工具刃先方向に移動する場合を考える。工作物はa′b′面の通過に伴ってせん断変形し，平行四辺形a′b′c″d″の切りくずになる。したがって，このa′b′面を**せん断面**（shear plane）と呼び，切削方向とこの面のなす角ϕを**せん断角**（shear angle）という。また図中のαは，**すくい角**（rake angle）と呼ばれ，せん断角とともに切りくずの生成機構に大きな影響を及ぼす。

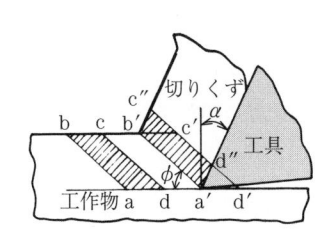

図3.5 単一せん断面切削モデル

3.1.3 構 成 刃 先

ここで，**構成刃先**（built-up edge）と呼ばれる硬い付着物が工具刃先に生じる場合について説明する。低炭素鋼の切削において，切削速度を変えた場合の仕上面粗さを測定してみると，**図3.6**のような変化をする場合が多い。

図の速度域A，Bにおける切りくずの生成状態を観察すると，**図3.7**のようになる。図（a）は非常に低速で切削している状態を示しており，むしり形あるいはせん断形の切りくずが生じている。切削速度が少し速くなって変形領域の温度が上昇すると，工作物は大きな塑性変形にも耐えられるようになってク

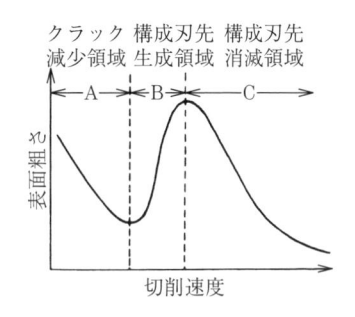

図3.6 切削速度と仕上面粗さ関係

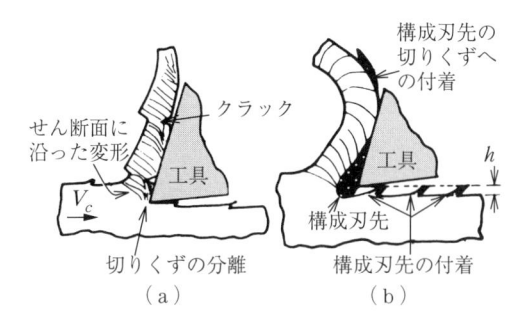

図3.7 図3.6の速度域A, Bにおける切りくずの生成状態

ラック（亀裂）は小さくなり，しだいに表面粗さは減少する。これが図3.6の速度域Aである。

この領域よりも切削速度が増加すると，図3.7（b）のように構成刃先がすくい面に付着しはじめ，成長・脱落を繰り返す。脱落した構成刃先の一部は仕上面に付着し，表面粗さを増大させる。この領域が図3.6の速度域Bである。さらに切削速度が増加して刃先温度が上昇すると，構成刃先がすくい面に付着するよりも切りくずとともに，もち去られる割合が多くなり，仕上面粗さは減少する。これが，図3.6の速度域Cである。工具刃先温度が被削材の再結晶温度（軟鋼の場合，450〜500℃）付近になると構成刃先は消滅する。

構成刃先が発生する原因については多くの研究[3)〜5)]があるが，一般に温度の上昇に伴って切りくずが工具と凝着しやすくなってすくい面上に薄く残され，切削の進行に伴ってこれが堆積して構成刃先になると考えられている。構成刃先は，加工硬化と層状組織のために，被削材よりも硬度が高く，①工具損耗の増加，②仕上面粗さの増加，③過切削による寸法精度の低下，④構成刃先が付着した部品が摺動したときに摩耗を促進する，というようなデメリットにつながる。

ただし，構成刃先が安定的に発生する場合には，実質的なすくい角が減少して切削抵抗を減少させるとともに，構成刃先が工具刃先を保護する役割を演じる場合がある。そこで，このような効果を狙ってあらかじめ刃先に面取りを施

した工具が開発されている。この工具で傾斜切削（3.3節参照）を行うと，構成刃先が安定的に発生し，これが工作物を切削しながら面取り部に沿って排出される結果，工具寿命は増大する。しかし，切削速度が高くなると構成刃先が消滅するため，その効果はなくなる[6]。

構成刃先は，① 切削速度と切削温度の増大，② すくい角の増大，③ 工作物が凝着しにくい工具材料の使用，④ 摩擦と凝着を低減させる切削液の使用，⑤ 切込みと送りの減少，のような対策によって減少あるいは消滅できる。

3.1.4　切りくずの湾曲

金属を切削すると，通常切りくずは湾曲する。切りくずの湾曲は，切削機構，工具摩耗などと密接な関係があり，種々の研究が行われている。それらの結果をまとめると，つぎのようになる。

① 　常温で再結晶する加工硬化しない金属（例えば鉛）を低速切削すると，切りくずはほとんど湾曲しない。

② 　切込みと切削速度の増加は，切りくずの曲率半径を増大させ，長い切りくずが生じる。

③ 　切削液の使用によって，すくい面の摩擦係数が減少すると切りくずの曲率半径は減少する。

④ 　構成刃先が付着し，かつ，工具すくい面にクレータ摩耗が生じる場合，切りくずの初期曲率は，**図3.8**に示すように，生成された構成刃先およびクレータ摩耗形状と一致する。

切りくず湾曲のおもな原因は，せん断領域における不均一な変形と，すくい面近傍の二次流れによるもので，このような切りくずの湾曲がクレータ摩耗の生成に影響すると考えられている[7]。

2次元切削の場合，湾曲した切りくず先端が**図3.9**のように工作物表面に衝突すると，点Aで切りくずを折り曲げる力を受ける。せん断形切りくずの場合には，このような力によって容易に切りくずが破断するが，流れ形切りくずの場合には，**図3.10**に示すような**チップブレーカ**（chip breaker）によって，

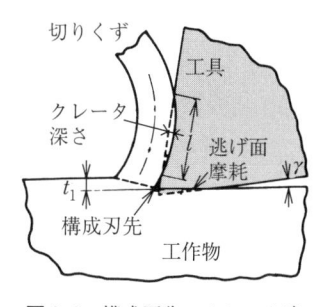

図 3.8 構成刃先，クレータ摩耗と切りくずの湾曲

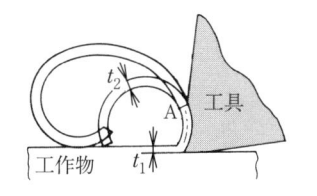

図 3.9 切りくずの破断

図 3.10 チップブレーカの例

積極的に切りくずを折り曲げる力を作用させる必要がある。チップブレーカの効果は，工作物の材質や加工条件によって変わることから，工具メーカの推奨条件に照らして，適切なものを選ぶ必要がある。

3.2 2次元切削の力学

切削抵抗は，工作機械の所要動力を求めるために必要なばかりでなく，加工精度，切削温度，工具寿命などと密接な関係があるので，その発生機構を解明することが重要である。そこで，2次元切削において流れ形切りくずが生成される場合の力学的関係を，単一せん断面切削モデルをもとに考えてみよう。

3.2.1 流れ形切削における切りくずの生成と切削力

〔1〕 変形の幾何学 図 3.11 は，せん断面を AB としたときのせん断角 ϕ，すくい角 α，切込み深さ t_1，切りくず厚さ t_2 の単一せん断面切削モデルの幾何学的関係を示したものである。図から，式 (3.1) の関係が得られる。

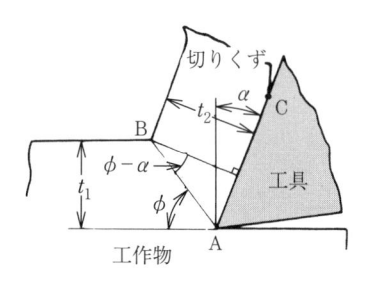

図 3.11 単一せん断面切削モデルの幾何学的関係

$$r_c = \frac{t_1}{t_2} = \frac{\sin\phi}{\cos(\phi-\alpha)} \tag{3.1}$$

ここで，r_c は切込みと切りくず厚さの比で**切削比**（cutting ratio）と呼ばれる。式 (3.1) より，ϕ は式 (3.2) で与えられる。

$$\tan\phi = \frac{r_c \cos\alpha}{1 - r_c \sin\alpha} \tag{3.2}$$

したがって，ϕ を直接測定しなくても r_c がわかれば ϕ が求まることになる。r_c は，適当な切りくず長さをとってその質量 m（$=\rho t_2 l_2 b$。ここで，ρ は工作物密度）を測定し，切削幅 b と切りくず幅が等しいとして，式 (3.3) によって求められる。

$$r_c = \frac{t_1}{t_2} = \frac{\rho t_1 l_2 b}{m} \tag{3.3}$$

つぎに，切削領域における速度成分と**せん断ひずみ**（shear strain）について考えてみよう。速度成分には，**図3.12** に示す切削速度成分 V_c，切りくず流出速度成分 V_f およびせん断速度成分 V_s があり，これらの速度ベクトルは連続の条件より，閉じた三角形を形成する。よって，図の幾何学的関係から式 (3.4) が成り立つ。

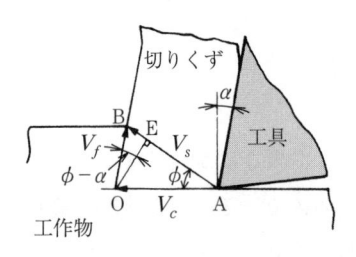

図3.12 切削域における速度成分

$$V_s = V_c \frac{\cos\alpha}{\cos(\phi-\alpha)}, \quad V_f = V_c \frac{\sin\phi}{\cos(\phi-\alpha)} \tag{3.4}$$

一方，せん断ひずみ γ_s は図から式 (3.5) のようになる。

$$\gamma_s = \frac{\mathrm{AB}}{\mathrm{OE}} = \frac{V_s}{V_c \sin\phi} = \cot\phi + \tan(\phi-\alpha) \tag{3.5}$$

または，式 (3.4) より，式 (3.6) のようにも書ける。

$$\gamma_s = \frac{V_c\{\cos\alpha/\cos(\phi-\alpha)\}}{V_c \sin\phi} = \frac{\cos\alpha}{\sin\phi \cos(\phi-\alpha)} \tag{3.6}$$

つまり，せん断ひずみ γ_s は α と ϕ がわかれば算出できる。

〔2〕 **切削力の幾何学的関係**　　**図3.13** は，すくい面とせん断面に作用す

3.2 2次元切削の力学　43

る力の基礎的関係を示したものである．切りくずは，摩擦速度 V_f で工具すくい面上を擦過するから，接触面の摩擦係数に応じた摩擦力 F と垂直力 N がすくい面に作用し，その合力が**合成切削力**（resultant cutting force）R となる．工具刃先において工作物から切りくずを分離するのに必要な力と，切りくずの加速に必要な力を無視すると，R はせん断面での塑性変

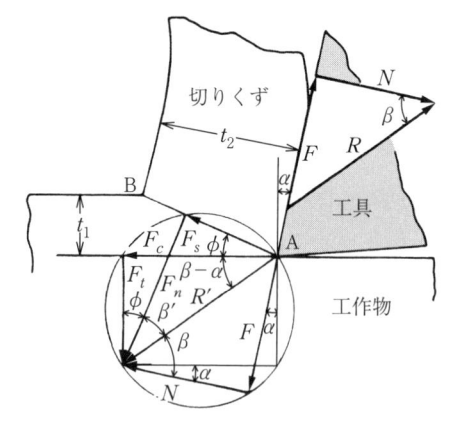

図 3.13 すくい面とせん断面に作用する力の基礎的関係

形に要する力 R' と平衡していなければならない．なお，図中の R' は全せん断域に加わる力であるが，図では簡単のため，工具刃先から付加される力で代表させている．

この R' を，垂直力 F_n とせん断力 F_s，あるいは切削方向の力（切削主分力）F_c とそれに垂直な力（切削背分力）F_t に分けて考える．図の R' は円の直径であり，円周上で交わる F と N，F_n と F_s，および F_c と F_t はたがいに直交する．

2次元切削実験において直接測定できるのは，F_c と F_t であるから，まずこれらを用いてせん断面に作用する力の関係を求める．図の幾何学的関係から式 (3.7) が得られる．

$$\left.\begin{array}{ll} F_s = F_c \cos\phi - F_t \sin\phi, & F_n = F_c \sin\phi + F_t \cos\phi, \\ F = F_c \sin\alpha + F_t \cos\alpha, & N = F_c \cos\alpha - F_t \sin\alpha \end{array}\right\} \quad (3.7)$$

また，すくい面の摩擦係数を μ，摩擦角を β とすると

$$\mu = \tan\beta = \frac{F}{N} = \frac{F_c \tan\alpha + F_t}{F_c - F_t \tan\alpha} \quad (3.8)$$

となる．せん断面における平均せん断応力を τ_s，平均垂直応力を σ_s，せん断

面の面積を A_s, 切削断面積を A_0 ($=t_1 b$) とすると

$$A_s = \frac{t_1 b}{\sin\phi}, \quad \tau_s = \frac{F_s}{A_s} = \frac{(F_c \cos\phi - F_t \sin\phi)\sin\phi}{A_0},$$

$$\sigma_s = \frac{F_n}{A_s} = \frac{(F_c \sin\phi + F_t \cos\phi)\sin\phi}{A_0} \Biggr\} \quad (3.9)$$

となる。同様に,すくい面の平均せん断応力を τ_t, 平均垂直応力を σ_t, 工具と切りくずの接触長さを l とすると

$$\tau_t = \frac{F}{lb} = \frac{F_c \sin\alpha + F_t \cos\alpha}{lb}, \quad \sigma_t = \frac{N}{lb} = \frac{F_c \cos\alpha - F_t \sin\alpha}{lb} \quad (3.10)$$

となる。一方,τ_s を用いて図 3.13 に示した幾何学的関係から切削抵抗を求めると,式 (3.11) のようになる。

$$R = \frac{\tau_s b t_1}{\sin\phi \cos(\phi + \beta - \alpha)},$$

$$F_c = \frac{\tau_s b t_1 \cos(\beta - \alpha)}{\sin\phi \cos(\phi + \beta - \alpha)}, \quad F_t = \frac{\tau_s b t_1 \sin(\beta - \alpha)}{\sin\phi \cos(\phi + \beta - \alpha)} \Biggr\} \quad (3.11)$$

つまり,工作物のせん断応力 τ_s とすくい面における摩擦角 β およびせん断角 ϕ がわかれば,式 (3.11) によって切削抵抗が算出できることになる。

〔3〕 **切削に消費されるエネルギー** 切削に必要な単位時間当りの仕事量 W は,切削主分力 F_c と切削速度 V_c を用いて式 (3.12) のように書ける。

$$W = F_c V_c \quad (3.12)$$

一方,単位切削容積当りの仕事量 ω は

$$\omega = \frac{F_c V_c}{V_c b t_1} = \frac{F_c}{b t_1} \quad (3.13)$$

となる。式 (3.13) は,切削断面積当りの切削主分力を表しているので,**比切削抵抗**(specific cutting force)とも呼ばれる。一般に,単位容積の切削に必要な動力は ①せん断面におけるせん断エネルギー (ω_s),②工具すくい面における摩擦エネルギー (ω_f),③新生面を生成するための表面エネルギー (ω_a),

④ 切りくずに運動量変化を生じさせるためのエネルギー（ω_m）として消費される。

切削条件によって異なるが，ω_s と ω_f が全仕事量のほぼ 70 % と 30 % の割合になり，ω_a と ω_m は小さく，通常無視できる。ω_s と ω_f は，式 (3.5)，(3.9) より，式 (3.14) のように表せる。

$$\omega_s = \frac{F_s V_s}{V_c b t_1} = \frac{\tau_s V_s}{V_c \sin\phi} = \tau_s \gamma_s, \quad \omega_f = \frac{F V_f}{V_c b t_1} = \frac{F r_c}{b t_1} \tag{3.14}$$

ここで，γ_s はせん断ひずみ，r_c は切削比である。

3.2.2 せん断角の理論

前述のように，工作物のせん断応力 τ_s，すくい面の摩擦角 β，およびせん断角 ϕ が明らかになれば，式 (3.11) より切削抵抗が算出できる。式中の τ_s と β は，工具と工作物の材質によって決まる定数と考えると，未知数は ϕ のみである。つまり切削理論とは，切削中におけるせん断角 ϕ を解明しようとする理論ともいえる。そこで本項では，代表的なせん断角の理論を紹介する。

〔1〕 **最小仕事の原理を適用した解析**　Merchant[8)] は被削材を完全塑性体と考え，**最小仕事の原理**（principle of minimum energy）を適用して ϕ を求めた。すなわち，単位切削容積当りの仕事量 ω が最小になる方向にせん断面が生じると考えた。ω は，式 (3.11) と式 (3.13) より ϕ の関数となり，式 (3.15) で与えられる。

$$\omega = \frac{\tau_s \cos(\beta - \alpha)}{\sin\phi \cos(\phi + \beta - \alpha)} \tag{3.15}$$

ω が極小値をもつとすると，式 (3.16) に示すように，$d\omega/d\phi = 0$ となるときの ϕ を求めればよい。

$$\frac{d\omega}{d\phi} = \frac{-\tau_s \cos(2\phi + \beta - \alpha) \cos(\beta - \alpha)}{\sin^2\phi \cos^2(\phi + \beta - \alpha)} = 0 \tag{3.16}$$

したがって，$\cos(2\phi + \beta - \alpha) = 0$ となり，ϕ を与える式 (3.17) が得られる。

$$2\phi + \beta - \alpha = \frac{\pi}{2} \tag{3.17}$$

式(3.17)は,**Merchantの第1切削方程式**と呼ばれている。このϕを,式(3.11)に代入すれば切削抵抗を理論的に求めることができる。

図 **3.14** は,Merchant がこの理論を確かめるために切削実験を行った結果である。実線で示した理論値は,実験値(○印)と勾配はほぼ一致しているが,全体に実験値のほうが小さくなっている。Merchant は,その原因がせん断面に作用する垂直応力 σ_s によって降伏せん断応力 τ_s が影響を受けるという,内部摩擦説を取り入れた。すなわち,内部摩擦によってせん断面上の τ_s は σ_s が増大するほど直線的に増大すると考え,式(3.18)を仮定している。

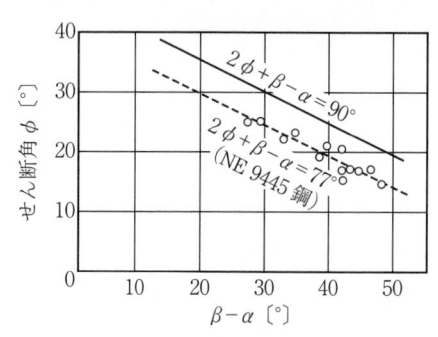

[超硬工具, $\alpha = -10 \sim +10°$, 乾式切削, $t_1 = 0.03 \sim 0.2$ mm, $V_c = 60 \sim 360$ m/min]

図3.14 Merchantの理論と実験結果

$$\tau_s = \tau_0 + K\sigma_s \tag{3.18}$$

ただし,τ_0 は $\sigma_s = 0$ のときの τ_s であり,K は定数である。また,$F_n/F_s = \sigma_s/\tau_s$ であるから,図 3.13 の F_n と F_s の関係より

$$\sigma_s = \tau_s \frac{F_n}{F_s} = \tau_s \tan(\phi + \beta - \alpha) \tag{3.19}$$

となる。この σ_s を式(3.18)に代入して τ_s を求め,この τ_s をさらに式(3.15)に代入すれば ω が求まる。最小仕事の原理を適用するため,得られた ω を ϕ について微分して,その値をゼロとおくと,式(3.20)が得られる。

$$2\phi + \beta - \alpha = \cot^{-1} K \tag{3.20}$$

ここで,$\cot^{-1} K = C$ とおき,これを切削定数と呼んでいる。式(3.20)が **Merchantの第2切削方程式**である。$C = 77°$ とすれば,図 3.14 に示す破線が

得られ，実験値にほぼ一致する．しかし，塑性力学の立場から見ると K の値は無視できるほど小さいとされており[9]，論理の展開にもやや無理がある．

〔2〕 **最大せん断応力説，およびすべり線場の理論による解析** Krystof[10] は，**図 3.15** に示すように，切りくずとすくい面の接触面とせん断面に囲まれた三角形の領域に注目し，この領域で工作物は合成切削力 R によって圧縮され，塑性状態にあると考えた．1軸圧縮試験では，圧縮方向に対し 45°の方向に最大せん断応力が発生するから，合成切削力 R の方向と 45°をなす方向にせん断面が生じると考えると，図の幾何学的関係から式 (3.21) が得られる．

$$\phi + \beta - \alpha = \frac{\pi}{4} \tag{3.21}$$

一方，Lee と Shaffer はすべり線場の理論を用いて ϕ を求めている[11]．**図 3.16** は金属材料の塑性曲線に対するひずみ速度効果と温度効果を示している．ひずみ速度が大きくなると降伏応力が高くなる現象（ひずみ速度効果）が現れるとともに，完全塑性体に近い性状を示すようになるが，同時に発熱によって材料は軟化する（温度効果）．この結果，ひずみ速度効果と温度効果とが相殺してせん断領域における工作物の平均強度はほとんど変化せず，かつ，切りくずの生成域では塑性ひずみが大きいことから，工作物は図中に破線で示す完全剛塑性体の挙動を示すと仮定した．

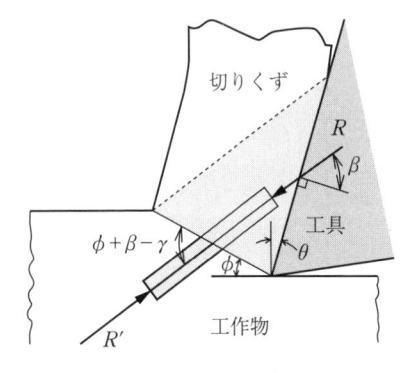

図 3.15 最大せん断応力説によるせん断角の理論モデル

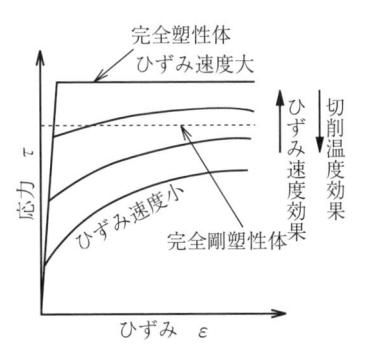

図 3.16 金属材料の塑性曲線に対するひずみ速度効果と温度効果

図 3.17 は，Lee-Shaffer のすべり線切削モデルである。本モデルでは Krystof 同様，最大せん断応力説をとっており，合成切削力ベクトル R と 45°をなすせん断面 AB は第 2 すべり線（反時計回りの最大せん断応力面）で，これに直交する CD（あるいは C′D′）が第 1 すべり線（時計回りの最大せん断応力面）である。ベクトル R と平行な BC 面は一つの主応力面であり，ここが塑性域と切りくずとの境界となる。つまり，この面に垂直な方向には圧縮応力もせん断応力も作用しない。本モデルでは，三角形 ABC の領域内で一様な応力分布を仮定しており，かつ最大せん断応力説を採っていることから，ϕ は Krystof の導いた式（3.21）で与えられることになる。

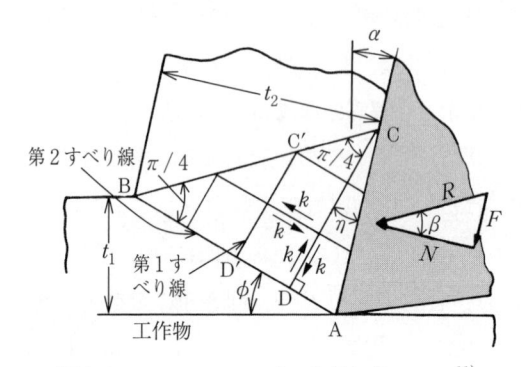

図 3.17 Lee-Shaffer のすべり線切削モデル[11]

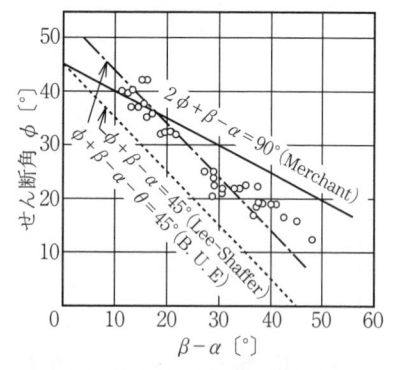

図 3.18 は Merchant と Lee-Shaffer の理論値と実験値を示したもので，図中の○印は彼らの実験結果である。理論値はいずれも $\phi = \pi/4$ より出発しているが，勾配はそれぞれ $-1/2$ と -1 であり，実験値はその中間にあって実験結果を十分に説明できていない。そこで，Lee-Shaffer は構成刃先が存在する場合についてもすべり線場による解析を行っており，その結果が 1 点鎖線（B. U. E）で示されている。図では実験値と理論値がよく一致しているように見えるが，ϕ の値は工作物の材質や切削条件によって変化することがわかっており，幅広い現象を包含するせん断角の理論はまだ確立されていない。

図 3.18 Merchant と Lee-Shaffer の理論値と実験値

3.2.3 せん断領域の降伏せん断応力

切削における力学的関係を解明するには，せん断域の平均降伏せん断応力 τ_s や，すくい面の摩擦角 β を詳細に検討する必要がある。

図 3.19 は，切削試験と圧縮試験におけるせん断応力の比較である[12]。なお，切削実験での τ_s と γ_s は，切削抵抗とせん断角を実測し，式 (3.6) と式 (3.10) から算出したものである。図より，切削実験の結果は静的な材料試験での値よりもはるかに大きいことがわかる。したがって，材料試験の値をそのまま切削抵抗の理論式に用いたのでは誤差が大きくなると考えられる。同じ材料でも，降伏応力が切削実験と静的な材料試験とで大きな差が生じる理由については，いくつかの説がある。

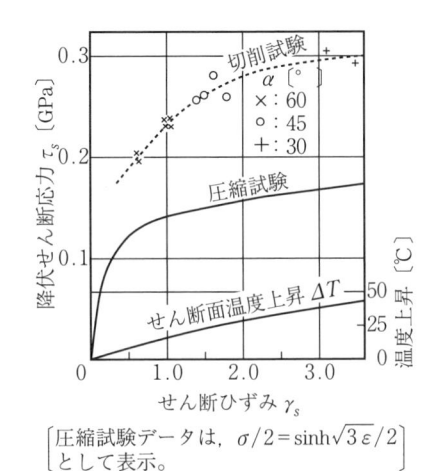

[圧縮試験データは，$\sigma/2 = \sinh\sqrt{3}\varepsilon/2$ として表示。]

図 3.19 切削試験と圧縮試験におけるせん断応力の比較[12]

〔1〕 **材料強さの寸法効果を重視する説**[13] 実際の金属材料には格子欠陥などが存在するため，その強度は理論的せん断強度 $\tau_{th} = G/(2\pi)$ （G：剛性率）よりもはるかに小さい（2.1.1 項参照）。しかし，変形領域が非常に小さい場合には，格子欠陥などがそのなかに含まれる確率が小さくなるため，見掛け上強度は大となる。このような現象を材料強さの**寸法効果**（size effect）という。切削においても，変形領域は材料試験の場合よりもかなり小さいのが普通であり，寸法効果によって工作物の強度は大になると考えている。

〔2〕 **切れ刃稜丸みの影響を重視する説**[14] 切りくずのせん断に直接関与しない工具切れ刃稜丸みなどに起因する力を除いてせん断面の有効応力 $\bar{\sigma}$ を求めれば，寸法効果を導入する必要はなく，**図 3.20** に示すように，切削実験結果は材料の圧縮試験結果と比較的よく一致する。つまりこの説では，切削実験

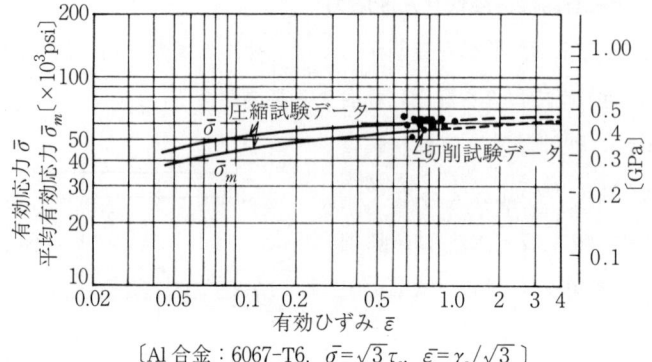

図 3.20 切削実験結果と圧縮試験結果における有効ひずみ ε と有効応力 $\bar{\sigma}$ の関係 [14]

[Al合金：6067-T6, $\bar{\sigma}=\sqrt{3}\tau_s$, $\bar{\varepsilon}=\gamma_s/\sqrt{3}$]

結果が大きな値を示すのは，切れ刃稜丸みによる力を含めて $\bar{\sigma}$ を求めたためであると考えている．

〔3〕 **温度-ひずみ速度効果を重視する説** [15]　切込みが比較的大きい場合には，前述の寸法効果や刃先丸みの影響はあまり問題にならないにもかかわらず，切削における降伏応力は静的試験の結果よりも大きい値を示す．図3.16にも示したように，ひずみ速度が高いほど降伏せん断応力は増大し，同時に加工硬化の影響が小さくなって，材料は完全塑性体に近い挙動を示す傾向がある．**図 3.21** [16] に，ひずみ速度が塑性曲線に及ぼす影響の一例を示す．図では，温度上昇による軟化よりも，ひずみ速度効果が強く現れている．このような場合，切削抵抗は増加することになる．

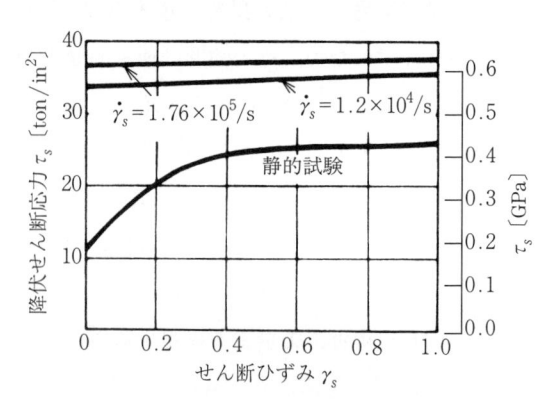

一方，降伏応力に及ぼすひずみ速度と温度の影

図 3.21 ひずみ速度が塑性曲線に及ぼす影響 [16]

響を明確にするために，Kauzmann はひずみ速度修正温度（velocity modified temperature）の概念[17]を導入し，切削時における降伏応力は，静的な材料試験の塑性曲線から逸脱するものではないことを指摘しており，佐田[15]もこれを支持している．

3.2.4 すくい面の摩擦現象

せん断角の理論において，すくい面の平均摩擦角 β は重要な因子であった．しかし，すくい面の摩擦特性は一般の固体どうしの摩擦現象とは異なっている．例えば図 3.22 に示すように，被削材と工具材の組合せが一定でも，すくい角 α を変化させるとすくい面の摩擦係数 μ は大きく変化し，Coulomb の法則に従っていないように見える．そこでつぎに，高応力下における摩擦現象について考える．

鋼球を試料に押し込んで，圧下力と摩擦トルクから垂直応力 σ_t と摩擦応力 τ_t との関係を検討した M. C. Shaw[18] らの実験によると，σ_t-τ_t 曲線は図 3.23 のようになる．まず領域 I の低荷重域では，表面の微小な突起部のみでたがいに接触している．2 固体が接触したときの摩

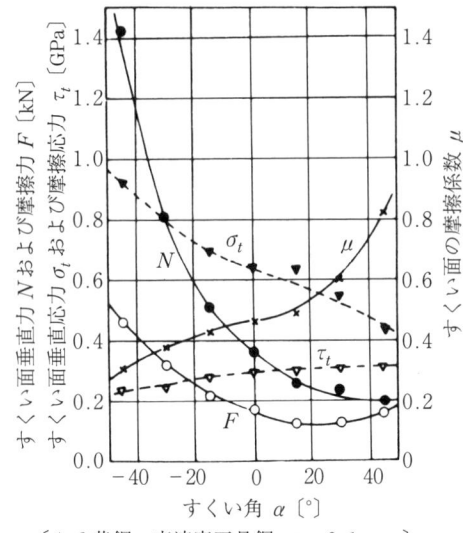

[4-6 黄銅，高速度工具鋼，$t_1 = 0.1$ mm, $V_c = 8$ m/min]

図 3.22 すくい角 α の変化による N, F, σ_t, τ_t, μ の変化

擦力を検討した 2.2.2 項を振り返ると，真実接触面積 A_R は材料の降伏圧力を P_m とすると，$A_R = W/P_m$ で与えられ，この部分で 2 固体は凝着する．凝着部のせん断強さを S とすると，摩擦力 $F = A_R S = WS/P_m$ となるから，摩擦係数 $\mu = F/W = S/P_m =$ const. となり，Coulomb の法則が成り立つことになる．

52　3. 切削加工

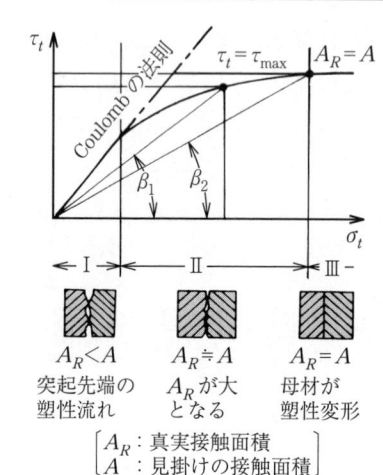

図3.23 垂直応力 σ_t と摩擦応力 τ_t の関係

以上を図3.23の表記法に置き換えると，$\mu = \tau_t / \sigma_t =$ const. となる。

しかし，垂直応力 σ_t が降伏圧力に近づくと領域Ⅱに示すように，真実接触面積 A_R はしだいに見掛けの接触面積 A に近づき，これに伴って摩擦応力 τ_t の増加割合が小さく（摩擦角 β が小さく）なる。つまり摩擦係数はしだいに減少し，ついには領域Ⅲに示すように $A_R = A$ となり τ_t は変化しない。これが摩擦係数が荷重（垂直応力）依存性を示す原因である。

実際の金属切削における摩擦特性を，接触面拘束工具〔**図3.24**（b）に示すように，すくい面の刃先から適当な長さを残し，その部分だけを切りくずと接触させるようにした工具〕を用いて強制的に垂直応力 σ_t を変化させ，σ_t と τ_t の関係を求めたのが図（a）である。図から τ_t は，σ_t に関係なくほぼ一定値を示しており，すくい面の摩擦は図3.23の領域Ⅲに該当していることがわかる。このような高応力下では，摩擦係数は σ_t によって変化するので，切削においてはすくい角 α が変化すれば，

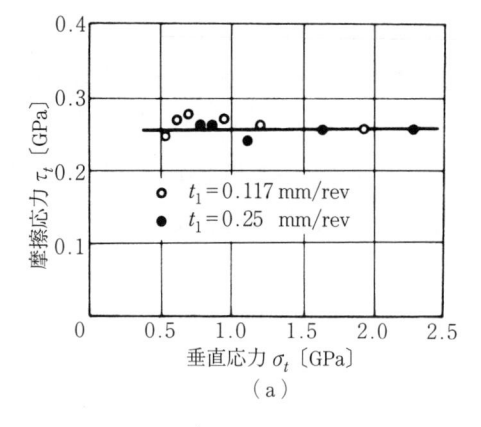

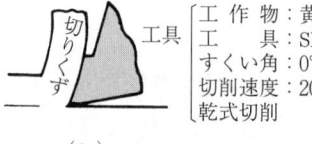

工作物：黄銅
工　具：SKH 3
すくい角：0°
切削速度：200 m/min
乾式切削

図3.24 接触面拘束工具を用いた場合のすくい面の摩擦特性

これに伴って摩擦角 β も変化することになる。

3.2.5 切削抵抗と切削条件

〔1〕 **切削速度の影響** 図 3.25 は，切削速度 V_c と切削主分力 F_c の関係を模式的に表したものである。切削速度が変化しても，切削機構に変化がなければ，切削抵抗は図 (a) のように一定の値を示すであろう。しかし，低速域で V_c を増加させると構成刃先が発生しはじめて有効すくい角が大きくなるため，F_c は減少する。図 (b) の B 点で，有効すくい角が最大

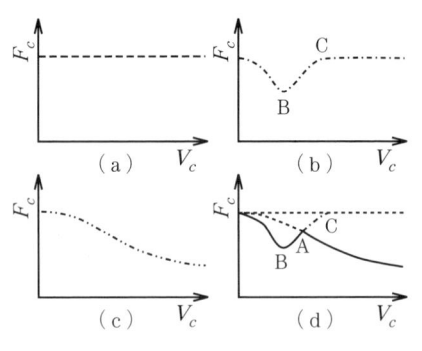

図 3.25 切削速度 V_c と切削主分力 F_c の関係

になり，切削抵抗は極小値を示す。切削速度をさらに高くすると，構成刃先がしだいに消滅するため，切削抵抗は再び増大する。一方，構成刃先の生じない材料では，切削速度を増加させると，せん断領域の温度上昇による軟化と工具すくい面の温度上昇による摩擦力の減少によって，切削抵抗は図 (c) のように漸減する傾向がある。したがって，構成刃先の生じる工作物の切削においては，切削力は図 (b)，(c) を合成した図 (d) のようになると考えられる。

図 3.26[19] は，硫化マンガン含有量の異なる 5 種類の鋼

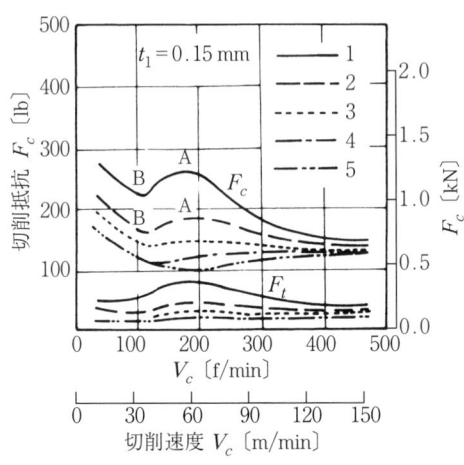

[硫化マンガン含有量の異なる 5 種類の鋼，$\alpha = 18°$, $\gamma = 5°$, 乾式切削]

図 3.26 切削速度による切削抵抗の変化[19]

を切削した場合について，切削速度と切削抵抗の関係を調べた結果であり，上述のような変化を示している．

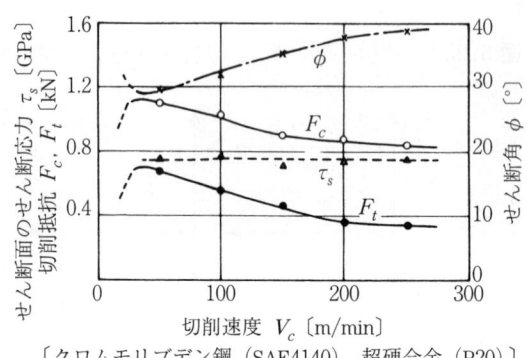

図3.27 切削速度による切削抵抗，せん断角，せん断面のせん断応力の変化[20]

[クロムモリブデン鋼（SAE4140），超硬合金（P20），$\alpha=10°$, $t_1=0.2$ mm, $b=2$ mm, 乾式切削]

また**図3.27**は，図3.25のA点よりも高速切削域での切削主分力F_c, せん断角ϕ, せん断面の平均せん断応力τ_sの変化を示したものである．切削速度が非常に速くなると，切りくずとすくい面の接触温度が上昇し，半溶融状態の薄い層が潤滑的な役割を果たすため，摩擦力の減少に伴ってϕが増大し，切削抵抗は減少する．

一方，せん断領域においても温度上昇によって材料が軟化するが，高ひずみ速度での変形のため，図の範囲では，両効果の相殺によってτ_sはほぼ一定値を示している．

〔2〕 **切込み深さの影響** 図3.28[12]に示すように，2次元切削における切削抵抗は切込み深さt_1の減少に伴ってほぼ直線的に小さくなるが，t_1がゼロに近づくと，曲線の勾配が大きくなる．つまり，比切削抵抗〔$F_c/(bt_1)$〕が増大する．このことは，前述の寸法効果を示しているといえる．

微小切込み切削における切りくず生成機構は，精密加工にとって非常に重要なので，ここで工作物の除去機構に及ぼす

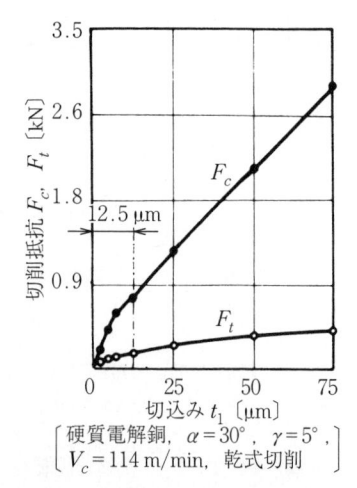

図3.28 切込みと切削抵抗の関係[12]

[硬質電解銅，$\alpha=30°$, $\gamma=5°$, $V_c=114$ m/min, 乾式切削]

切れ刃稜丸みの影響について考えてみよう。

一般の生産現場で使用されている高速度鋼工具の切れ刃稜丸み半径 ρ を調査した結果，24〜26 µm が最頻値を示した[21]。このような工具による切削モデルを考えると，**図 3.29** のようになる。従来，合成切削力と考えられていた R はすくい面に作用する力 Q と刃先丸み部に作用する力 P に分けられる。P は**掘り起こし力**（ploughing force）と呼ばれ，切りくずの分離と工作物の押込み力となるもので，仕上面の性状に影響する。ρ が一定の場合，切込み深さ t_1 が小さくなるほど，P の割合が大きくなり，見掛け上，比切削抵抗は増大する。さらに，切込みが $t_0 = \rho(1 + \sin\alpha)$ 程度に小さくなると，もはや切りくずは生成されなくなり，掘り起こし力だけが残る。図（a）における切削主分力の漸近線（破線）の $t_1 = 0$ での値 P_0 はこれに相当する。このような掘起こし力は寸法効果の原因になるばかりでなく，加工面表層の塑性流動につながる。

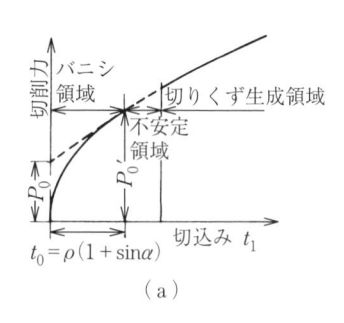

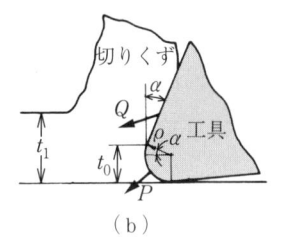

図 3.29　切れ刃稜丸みと切削力

3.3　3 次 元 切 削

これまでの理論は，切削機構を単純化して取り扱ってきたが，実際の切削作業のほとんどは図 3.1 に示したような **3 次元切削**（three dimensional cutting）である。3 次元切削では工作物の変形が立体ひずみ状態になるため，切削機構は複雑になり，理論的に解析するのは難しい。このため，現在行われている 3 次元切削の理論的解析は，既述の 2 次元切削理論を拡張したものがほとんどである。本節では，2 次元切削における理論を 3 次元切削に適用する第 1 段階として，**図 3.30** に示す**傾斜切削**（oblique cutting）におけるすくい角の関係につ

いて幾何学的に考察する。

傾斜切削は，2次元切削における工具が図のZ軸まわりに角度iだけ回転した状態での切削である。図においてOAはすくい面上にあって切れ刃稜に垂直な線であり，切りくず流出方向OCはOAに対してη_cの角度を有する。また，V_cは切削速度，V_fは切りくず流出速度である。このような幾何学的条件におけるすくい角としては，つぎの3種類が考えられる。

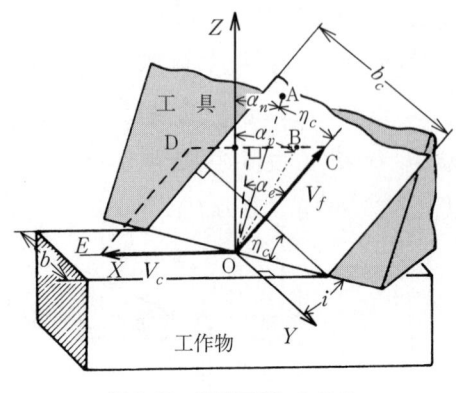

図3.30 傾斜切削におけるすくい角の関係

① **垂直すくい角**（normal rake angle）：α_n　切れ刃稜に垂直な断面内で規定される，工具に付与されたすくい角で，OAとZ軸とのなす角である。

② **速度すくい角**（velocity rake angle）：α_v　Z軸と切削速度ベクトルを含む垂直面内で規定されるすくい角で，α_nと式(3.22)のような関係がある。

$$\tan \alpha_v = \frac{\tan \alpha_n}{\cos i} \tag{3.22}$$

③ **有効すくい角**（effective rake angle）：α_e　切削速度ベクトルV_cと切りくず流出ベクトルV_fを含む面（OCDE）内で規定されるすくい角で，η_cおよびα_nと式(3.23)のような関係がある。

$$\sin \alpha_e = \sin \eta_c \sin i + \cos \eta_c \cos i \sin \alpha_n \tag{3.23}$$

以上，3種類のすくい角のうち，垂直すくい角α_nは工具の研磨時に直接指定される基本的な角度である。有効すくい角α_eは2次元切削のすくい角に相当するもので，切削作用と密接な関係をもっている。α_eを求めるためには，切りくず流出角（chip flow angle）η_cを知る必要があり，その測定にはつぎの

2通りがある。
① 写真などにより切りくずの流れ方向を直接測定する方法
② 切削幅bと切りくず幅b_cの測定により，式（3.24）を用いて計算する方法

$$\cos \eta_c = \frac{b_c \cos i}{b} \tag{3.24}$$

実際の切りくずは，3次元的に湾曲し，切りくず幅の正確な測定にも問題があるが，②のほうが精度の点で優れている。

単に傾斜切削においても，すくい角や速度成分の幾何学はこのように複雑で，切削抵抗の解析はさらに難解である。本項では，傾斜切削におけるすくい角の関係を示すにとどめ，力学的解析の詳細は文献22）に譲ることにする。

3.4 切削温度

3.4.1 切削温度の定義

前述のように，切削加工で費やされるエネルギーは，おもに切りくずを生成するためのせん断仕事と，すくい面と切りくずの摩擦仕事に費やされ，そのほとんどが熱エネルギーに変換される。これを**切削熱**（cutting heat）といい，空気中に放散されたり，切削液にもち去られるものを除き，切りくず，工具および工作物の温度を上昇させる。**図 3.31** に，切削における発熱と熱伝導の様子を示す。

せん断領域やすくい面の温度上昇は，切削抵抗，工具摩耗，仕上面の品質などに大きな影響を及ぼすので，切削温度を解明することは非常に重要である。一般に**切削温度**（cutting temperature）と呼ばれるものは，温度が定常状態に達したときの，すくい面と切りく

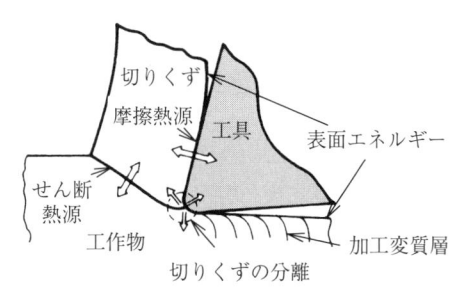

図 3.31 切削における発熱と熱伝導の様子

ず接触面の平均温度(狭義の切削温度)を指す。この部分の温度が代表値として選ばれる理由は

　① 温度測定が他の部分に比べて比較的簡単であること
　② 切削機構や工具摩耗と密接な関係を有すること
　③ 構成刃先の生成,消滅,仕上面の品質などと密接な関係を有すること

などによるものである。とはいえ,クレータ摩耗の進行状況を解析する場合には,平均温度ではなく,すくい面の温度分布を知る必要がある。また加工精度や残留応力などを問題にする場合には,工作物内部の温度分布を知る必要がある。さらに,切削現象を統一的に把握するには,切りくず,工具および工作物への熱の流入割合とそれぞれの温度分布を知る必要がある。このような切削領域の温度分布(広義の切削温度)は,① せん断面の平均温度と温度分布,② 工具すくい面と切りくずとの接触面の平均温度と温度分布,③ 工具逃げ面と工作物との接触面の温度分布,④ 工作物内部の温度分布,の四つの部分に分けて研究されている。

3.4.2 切削温度の解析

　切削温度は高応力下における微小部位での現象であるため,これを実験的に解明することは非常に難しく,おもに解析的な検討が行われている。しかし,解析的方法は単一せん断面モデルに基づくものがほとんどであり,しかもせん断面とすくい面のおのおのにおける熱源強度の分布を一様とし,かつ逃げ面における摩擦熱を無視しているものが多い。また,塑性域内における応力の変化,温度上昇による工具と工作物の物性の変化などを考慮すると,正確な温度分布の解を得るのは,はなはだ難しい。ここでは,せん断面および工具-切りくず接触面の平均温度の解析方法について述べ,温度分布については計算結果の一例を紹介するにとどめる。

　〔1〕 **せん断面の平均温度**　　せん断仕事とすくい面の摩擦仕事がすべて熱に転化され,それぞれ均一な熱源強さをもつものと仮定し,**図3.32**に示す切削における移動熱源モデルを考える。すくい面は,せん断面を通過する過程

で，温度上昇した切りくずによって擦過されるので，まずせん断面の平均温度 $\bar{\theta}_s$ を求める必要がある。

せん断面における単位時間，単位面積当りの発熱量を q_1 〔W/m^2〕とすると，式(3.9), (3.14)より

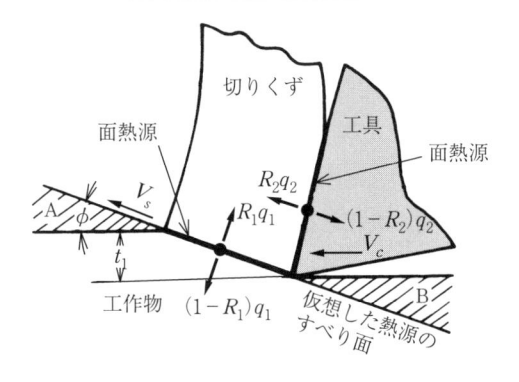

図3.32 切削における移動熱源モデル

$$q_1 = \frac{F_s V_s}{bt_1 \text{cosec}\,\phi} = \frac{\omega_s V_c}{\text{cosec}\,\phi} \tag{3.25}$$

となる。この熱が切りくずに流入する割合を R_1 とすると，外部への熱の流出がない場合には，$(1-R_1)q_1$ が工作物に流入する。$R_1 q_1$ によって上昇する切りくずの平均温度 $\bar{\theta}_s$ は，単位時間に生成される切りくずの体積が $bt_1 V_c$ であるから，式(3.26)で与えられる。

$$\bar{\theta}_s = \frac{R_1 q_1 bt_1 \text{cosec}\,\phi}{c_1 \rho_1 bt_1 V_c} + \theta_0 = \frac{R_1 \omega_s}{c_1 \rho_1} + \theta_0 \tag{3.26}$$

ここで，θ_0 は初期温度で，c_1, ρ_1 は $\bar{\theta}_s$ と θ_0 の平均温度における切りくずの比熱と密度である。ここで R_1 を決定するため，工作物の側からもせん断面の温度を求めてみよう。

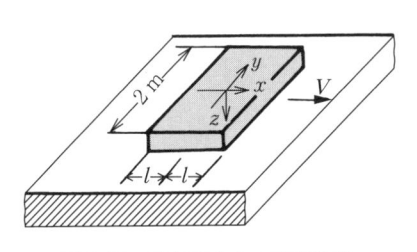

図3.33 半無限体上の移動熱源モデル

いま，半無限体上を図3.33に示すような熱源が移動している場合を考えると，2.3.3項で述べたJaegerの解析結果より，すべり面における平均温度は，無次元長さ $L>5$ の場合，式(3.27)のようになる。

$$\bar{\theta} = 0.752 \frac{ql}{k\sqrt{L}} + \theta_0 \tag{3.27}$$

ここで，$L = Vl/(2K)$，k は熱伝導率，q は熱源強度〔W/m²〕，K は温度伝導率〔$= k/(\rho c)$, m²/s〕である。

いま，図3.32のようにせん断面を延長した線を半無限体の表面と仮定し，この上をせん断面に相当する熱源が速度 V_s で移動するものと考えると，実際の工作物の表面と仮想半無限体の表面とは，斜線を施した二つの部分A，Bで食い違いが生じているが，A部は空間，B部は工作物であり，両者が相互に打消し合うので，せん断角が小さい場合にはよい近似が得られるとされている。したがって，式 (3.27) をせん断面温度に適用すると

$$\bar{\theta}_s = 0.752 \frac{(1-R_1)q_1(t_1 \operatorname{cosec} \phi/2)}{k_1 \sqrt{L_1}} + \theta_0 \tag{3.28}$$

となる。ただし，L_1 は被削材の温度伝導率 K_1 を用いて次式で与えられる。

$$L_1 = \frac{V_s(t_1 \operatorname{cosec} \phi/2)}{2K_1} = \frac{V_c \gamma_s t_1}{4K_1} \tag{3.29}$$

式 (3.26) と式 (3.28) を等しいとおくと，式 (3.30) のように R_1 が求まる。

$$R_1 = \frac{1}{1 + 0.665 \gamma_s/\sqrt{L_1}} = \frac{1}{1 + 1.330\sqrt{K_1\gamma_s/(V_c t_1)}} \tag{3.30}$$

この R_1 を式 (3.26) あるいは式 (3.28) に代入すれば，せん断面の平均温度 $\bar{\theta}_s$ が得られる。

$V_c t_1/(K_1 \gamma_s)$ と R_1 の関係を求めると**図3.34**のようになり，切削速度や切込みを増すと，切りくずによって，もち去られる熱の割合が増加することがわかる。

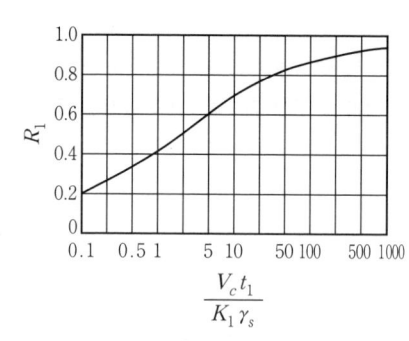

図3.34　$\dfrac{V_c t_1}{K_1 \gamma_s}$ と R_1 の関係

〔2〕**工具-切りくず接触面の平均温度**　工具-切りくず接触面の平均温度は，せん断面とすくい面における加熱現象がたがいに独立であるものとして解析する。工具-切りくず間の摩擦による単位時間，単位面積当りの熱源の強さ q_2〔W/m²〕は式 (3.31) で与え

3.4 切削温度

られる．

$$q_2 = \frac{FV_f}{ab} = \frac{\omega_f V_c t_1}{a} \tag{3.31}$$

ここで，aは切りくずとすくい面の接触長さである．切りくず側から見た温度上昇 $\Delta\bar{\theta}_f$ は，**図3.35**に示すように切りくずを半無限体と考え，矩形（$a \times b$）の移動熱源（工具－切りくずの接触部）で半無限体の切りくずを加熱しているものと仮定する．このとき，q_2のうち$R_2 q_2$が切りくず側に流入すると考えると，平均温度上昇 $\Delta\bar{\theta}_f$ は2章の式（2.47）より

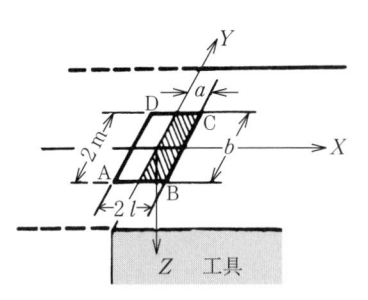

図3.35 工具すくい面における熱源モデル

$$\Delta\bar{\theta}_f = \frac{0.752(R_2 q_2)(a/2)}{k_2 \sqrt{L_2}} \tag{3.32}$$

となる．ここで，k_2，L_2はすくい面の平均温度 $\bar{\theta}_t$ における，切りくずの熱伝導率と無次元長さである．この $\bar{\theta}_t$ は，せん断面を通過した切りくずの平均温度 $\bar{\theta}_s$ とすくい面での平均温度上昇 $\Delta\bar{\theta}_f$ の和であり，式（3.33）で与えられる．

$$\bar{\theta}_t = \bar{\theta}_s + \Delta\bar{\theta}_f = \bar{\theta}_s + \frac{0.376 R_2 q_2 a}{k_2 \sqrt{L_2}} \tag{3.33}$$

式（3.33）のR_2を決定するには，工具側からも $\bar{\theta}_t$ を計算しなければならない．工具側から見れば，すくい面上の静止した定常熱源による加熱と見なせる．つまり，矩形（ml）の熱源が1/4無限体である工具刃先を加熱していると考えると，式（3.34）が得られる[23]．

$$\bar{\theta}_t = \frac{(1-R_2)q_2 a}{k_3} \bar{A} + \theta_0' \tag{3.34}$$

ここで，k_3は温度 $\bar{\theta}_t$ における工具材料の熱伝導率であり，θ_0' は周囲温度である．なお，式（3.34）の $\bar{A}$（面積係数）は式（3.35）で与えられる．

$$\bar{A} = \frac{2}{\pi} \left\{ \sinh^{-1}\left(\frac{m}{l}\right) + \left(\frac{m}{l}\right)\sinh^{-1}\left(\frac{l}{m}\right) + \frac{1}{3}\left(\frac{m}{l}\right)^2 + \frac{1}{3}\left(\frac{l}{m}\right) \right.$$

$$\left. - \frac{1}{3}\left[\left(\frac{l}{m}\right) + \left(\frac{m}{l}\right)\right]\sqrt{1 + \left(\frac{m}{l}\right)^2} \right\} \tag{3.35}$$

式 (3.33) と式 (3.34) を等しいとおいて R_2 を求めると,式 (3.36) が得られる.

$$R_2 = \frac{q_2(a\bar{A}/k_3) - \bar{\theta}_s + \theta_0'}{q_2(a\bar{A}/k_3) + q_2 \times 0.377a/(k_2\sqrt{L_2})} \tag{3.36}$$

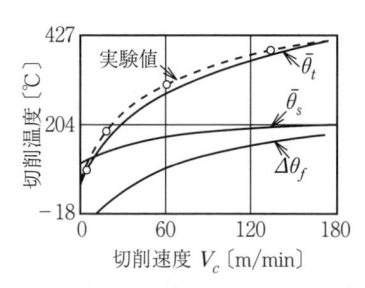

この R_2 を式 (3.33) または式 (3.34) に代入すれば,$\bar{\theta}_t$ が得られる。**図3.36** はこれらの式から求めた切削温度の理論値と実験値を比較したもので,両者はよく一致している。

〔3〕 **切削熱の流入割合** つぎに,切削によって生じた熱が,工具,切りくず,および工作物にどのような割合で流入するかについて検討してみよう。いま,熱源をせん断面および工具−切りくず接触面に限定し,それぞれの熱源における単位時間,単位面積当りの発熱量を q_1, q_2 とする。このとき,最終的に工具,切りくず,および工作物に流入する熱量 q_t, q_c, q_w は式 (3.37) で表される。

$$q_c = R_1 q_1 + R_2 q_2, \quad q_t = (1-R_2)q_2, \quad q_w = (1-R_1)q_1 \tag{3.37}$$

図3.36 切削温度の理論値と実験値の比較[23)]

[SAEB1113 鋼, $a=20°$, $t_1=58\,\mu\text{m}$, $b=3.84\,\text{mm}$, 超硬工具 (K2S)]

図3.36と同一の切削条件について,それぞれの熱源から切りくずへ流入する熱量の割合 R_1, R_2 を求めたうえで,工具,切りくず,工作物への熱の流入割合の計算値を求めると,**図3.37** のようになる。切削速度が増加すると切りくずに流入する熱量が増加し,工具および工作物への流入割合が減少する。またこの結果は,**図3.38** に示す A. O. Schmidt らのカロリーメータを用いた切削

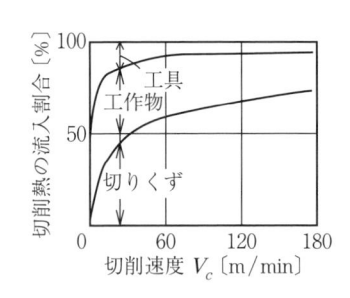

3.4 切削温度

図3.37 工具,切りくず,工作物への熱の流入割合の計算値[23]

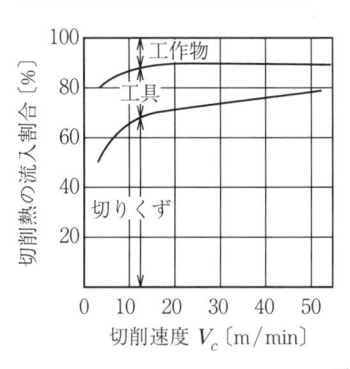

図3.38 切削熱の流入割合の実験値[24]

熱の流入割合の実験値[24]と傾向が一致している。

〔4〕 **各部分の温度分布** せん断面,すくい面,および逃げ面の温度分布については Chao と Trigger[25] らの詳細な解析がある。彼らはせん断面の温度分布を,図3.32と同様に無限体内をせん断角 ϕ と等しい傾きをもち,速度 V_c で移動する帯状熱源モデルを用いて求めており,**図3.39**に示す結果を得ている。図は定性的な温度分布の傾向を示したもので,せん断面温度は工具刃先近傍で最高になること,切削速度あるいは ϕ が増加するほど温度分布は平たん化することがわかる。

一方,工具−切りくず接触面の温度分布については,**図3.40**のような計算例があ

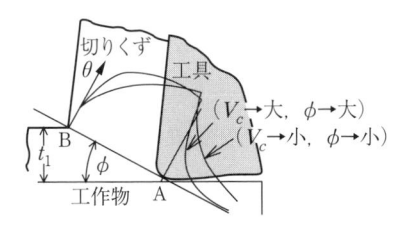

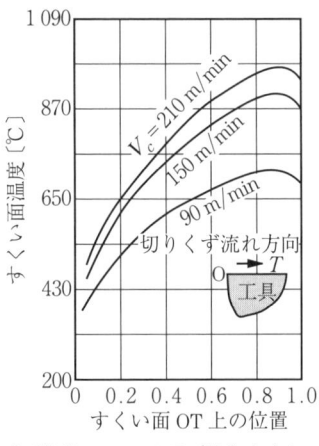

[工作物:AISI 4142(焼きなまし,HB 212),工具:P系超硬(0, 6, 7, 7, 10, 0, 3.8),$f=1.93$ mm/rev,$t_1=2.54$ mm,$\theta_0=24$℃,逃げ摩耗幅(VB)=0.33 mm]

図3.39 せん断面における温度分布と切削条件による変化

図3.40 工具−切りくず接触面の温度分布[26]

る[26]）。図から，すくい面では切りくずが工具と離れる点の近くで最高温度となり，温度分布は切削速度の増大とともに急峻になっている。このようなすくい面の温度分布は，後述のクレータ摩耗の形成に深く関わっている。

3.4.3 切削温度の測定

〔1〕 **温度測定法の分類**　切削温度の測定に関する研究は，1925年のGottwein[27]に始まり，数多くの研究があるが，これらを分類すると**図3.41**のようになる。

```
                          ┌─ 工具-被削材熱電対法 ┬─ 1本バイト法[27]
              ┌─ 熱電対法 ─┤                    └─ 2本バイト法[28]
              │           └─ 熱電対挿入法 ┬─ 工具に挿入する方法[29]
              │                          └─ 工作物に挿入する方法[30],[31]
切削温度      │                    ┌─ ボロメータによる方法[32]
の測定法 ─────┤ 輻射温度計         ├─ PbSセルによる方法[33]
              ├─ による方法 ───────┤
              │                    ├─ フォトダイオードによる方法[34]
              │                    └─ 赤外線フィルムによる方法[35]
              │           ┌─ サーモカラー法
              └─ その他 ──┤
                          └─ カロリーメータ法
```

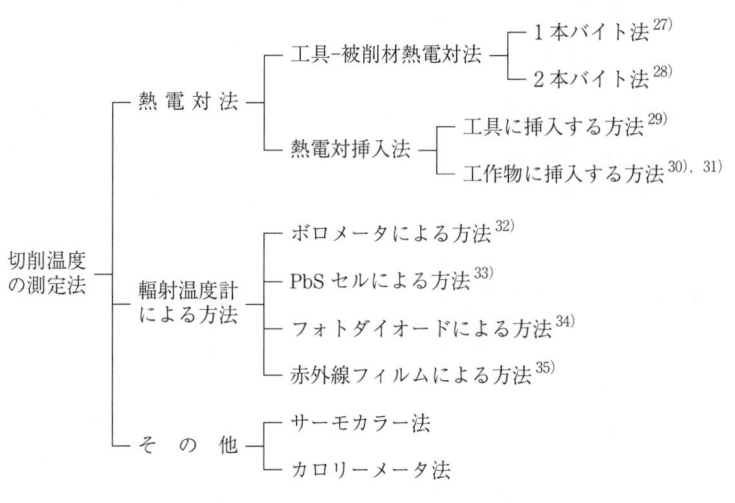

図3.41　切削温度の測定法の分類

図3.41に示す測定法のいくつかについて以下，簡単に説明する。

〔2〕 **工具－被削材熱電対法**　この方法は，工具と被削材（いずれも，導電材に限る）の間に生じる熱起電力を測定するもので，**図3.42**にその原理を示す。図（a）は1本バイト法であり，工具と被削材が直接熱電対を形成するのに対し，図（b）は材質の異なる2本の工具A，Bの刃先が熱電対の高温接点を形成する。

1本バイト法では，被削材の種類ごとに熱起電力の較正が必要なのに対し，

3.4 切削温度

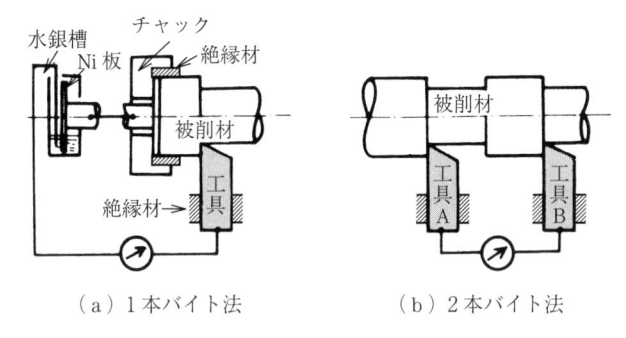

(a) 1本バイト法　　　(b) 2本バイト法

図3.42　工具−被削材熱電対法の原理

2本バイト法では工具A，Bの組合せで熱起電力の較正を行っておけば，被削材は熱電対の間に挿入された第三の物質にすぎず，被削材の種類に関係なく測定できる利点がある。しかし，異なる材質の工具で切削したときに，切削状態や切削温度が変わらないという保証はないため，おもに1本バイト法が用いられる。

1本バイト法において，工具とリード線，あるいは被削材とリード線が異種金属である場合，その接点でも熱起電力が発生するので，測定点以外の接点温度をできるだけ一定にするとともに，これらの点で発生する熱起電力分を補正する必要がある。

〔3〕 **熱電対挿入法**　　この方法は，温度を測定しようとする部位に細い穴をあけ，これに0.05〜0.2 mm程度の細い熱電対を挿入するものである。放電加工や超音波加工の発達によって，硬い材料にも細い穴をあけることが可能になったことから，工具や工作物の局所的な温度測定によく用いられる。例えば，工具の裏面からすくい面近傍にあけた細穴に熱電対あるいは単線（単線の場合は，工具がもう1本の素線の役目をする）を埋め込めば，測定点近傍のすくい面温度が測定できる。また最近，すくい面上に多数の薄膜熱電対を形成させ，その上に，TiNなどのコーティングを施した温度センサ付き工具が開発され，すくい面の温度分布を測定した例が報告されている[36]。

一方，工作物温度を測定する場合には，その裏面から表面の近傍に熱電対素

66   3. 切削加工

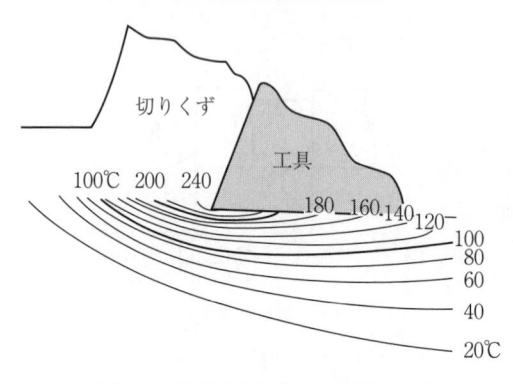

図3.43 熱電対挿入法により測定した工具刃先周辺の温度分布

線を挿入して，切削するたびに温度変化を測定する方法をとることが多い。それぞれの深さにおける温度変化の測定結果をもとに，工具刃先周辺の等温線を描けば，**図3.43**に示すような2次元的な温度分布が得られる[37]。

〔4〕 **輻射温度計による方法**　　物体の輻射エネルギーを測定することによって固体の表面温度を求める方法がある。検知器は，波長選択性の**光電検知器**（photoelectric detector）と，非選択性の（全波長域に感度のある）**熱検知器**（thermal detector）に大別される。前者には，光導電効果を利用したもの（CdSeセル，PbSセルなど）と，光起電効果を利用したダイオード（例えば，SiやGe系半導体，InGaAs，InSbなど）がある。熱検知器は，放射がいったん検知片に吸収されて熱に変換され，その温度をボロメータや熱電対を用いて電気信号に変換するものである。

この方式は，輻射エネルギーを熱に変換する過程を経るので，光電検知器に比べて応答速度が遅いのが難点である。

図3.44は，2色赤外線ファイバ温度計による切削点温度の測定法の一例を示したものである。この方法は，ダイヤモンド工具ホルダの裏面から赤外線専用の光ファイバ（例えば，フッ化物ガラス製）を

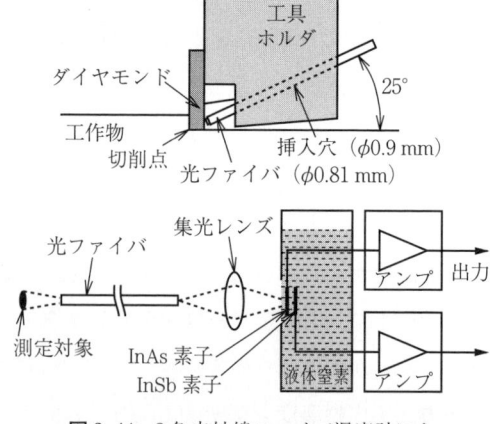

図3.44 2色赤外線ファイバ温度計による切削点温度の測定法の一例

挿入してダイヤモンドの裏面近傍に固定し，ダイヤモンドと工作物の接触点温度を測定しようとするものである．赤外線の受光エネルギーは，測定対象の表面温度，表面積，放射率および全導光路を通じた減衰率に依存するため，一つの赤外線センサだけで微小領域の温度を推定するのは難しい．しかし，表面温度が高くなると放射赤外線が短波長側にシフトすることから，波長によって受光感度の異なる二つの赤外線センサ（例えば，InAs素子とInSb素子）を用い，両者の出力比をとることで，表面温度が決定できる[38]．

一方，切削部側面の温度測定に赤外線フィルムによる写真撮影を行う方法がある．**図3.45**は，その一例を示したものである[39]．最近では，赤外線サーモグラフィ（熱画像技術）を用いて温度分布を動画で記録できるようになった．このようなシステムの測定精度を高めるには，測定対象の放射率の同定が不可欠で，放射率が測定領域内で一定であることもまた重要である．

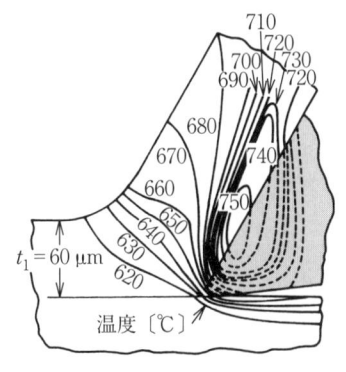

図3.45 赤外線フィルムによる温度分布の測定例

以上，切削温度測定法のいくつかを紹介したが，測定に先立って温度較正を正確に行うとともに，センサなどの挿入が対象領域の温度を乱していないかを見極める必要がある．

3.5 切削工具の摩耗と寿命

3.5.1 工 具 材 料

工具材料は，工作物材料より硬度が高く，高温域でも軟化しにくく，耐摩耗性が高く，かつ靭性に富むことが必要である．一般に使用される工具材料には，合金工具鋼や高速度工具鋼などの鉄系材料のほかに，超硬合金，セラミック，ダイヤモンドなどの硬脆材料が用いられる．以下，工具材料の概要を説明する．

[1] **合金工具鋼** 炭素工具鋼（carbon tool steel, SK：たがね，のこぎりなどに用いられるが，金属の切削には硬度不足）に合金元素（Cr, W, Mn, Ni, V など）を加えたものが合金工具鋼（alloy tool steel, SKS）である。合金工具鋼は，タップ，ダイス，ハクソーなどの切削工具，冷間金型，熱間金型など広い用途があるが，切削性能の点では高速度工具鋼に劣る。

[2] **高速度工具鋼** 高速度工具鋼（high speed tool steel, SKH）は，合金工具鋼よりも硬度が高く，耐摩耗性や靱性に優れ，軟鋼などを比較的高い速度で切削できるため，重用されている。高速度工具鋼は，W系とMo系に大別される。W系の代表には，18％W，4％Cr，1％Vを含有するSKH 2（一般切削用）がある。これにCoを添加したSKH 4, 5（難削材切削用）などが開発されている。Mo系には，SKH 9, 52〜54（靱性を必要とする高硬度材切削用）と，これにCoを加えたSKH 55〜57（靱性を必要とする高速重切削用）がある。最近の高速度工具鋼には，靱性をさらに高めるために粉末冶金法によって製造したものもある。

[3] **超硬合金** 超硬合金（cemented carbide or sintered carbide, HW）は，おもにWCの微粉末にCoを結合剤として加えてプレス成形し，1400℃前後で**焼結**（sintering）したものである。超硬合金は共晶点（1320℃）以下で組織変化がないので，**図3.46**[40]に示すように鉄系の工具材料に比べて高温硬度が高く，高速切削に使用できる。しかし，製造過程で混入するポア（空孔）などのために抗折力が弱く欠損しやすい。そこで，熱間静圧プレス（HIP）を行うことによって抗折力の向上が図られているものの，高速度工具鋼に比べれば，依然もろく欠損しやすいので，切削時の振動や衝撃を努めて避ける必要がある。

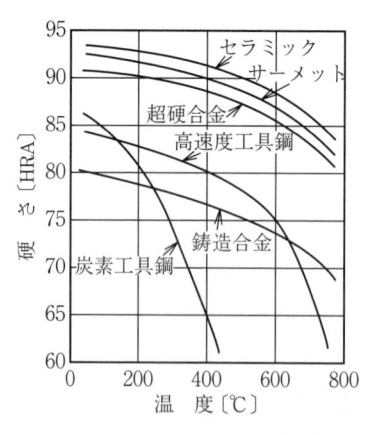

図3.46 各種工具材料の高温硬度

超硬合金は，最初WC-Co系（一元炭

化物系) から開発が始まった.この種の超硬合金 (G 種) は,現在でも鋳鉄,非鉄金属切削用に用いられているが,鋼を高速切削するとすくい面摩耗が大きくなる.そこで,これに TiC を加えて WC–TiC–Co 系 (二元炭化物系) とした鋼切削用超硬合金 (S 種) が生まれた.さらに S 種よりも靱性が高く,鋳鉄,鋼いずれの切削にも使用できる WC–TiC–TaC–Co 系 (三元炭化物系) のものが開発された.

このような品種の多様化に伴って,これらを従来の規格で表すことが困難になったため,使用選択基準 (JIS B 4053) が定められている.この規格は切削作業を三つに大別し,連続した長い切りくずの出る場合を P,短い切りくずの出る場合を K,工作物材料が特殊で,そのいずれにもなりうる場合を M としている.また,おのおのにおいて K 40 ⇒ K 10 のように番号が小さくなるほど靱性が低下し,逆に耐摩耗性が向上する.したがって,番号の小さい工具ではより高速での切削が可能になるが,とりわけ振動や衝撃の少ない条件での使用が求められる.

最近では,WC 粒子をサブミクロンレベルに極微細化することによって,抗折力と靱性を高めたもの (HF) が開発されている.また後述のように,超硬合金の表面にコーティングを施したもの (HC) も使用されており,切削工具としての有用性が高まっている.

〔4〕 **サーメット**　サーメット (cermet, HT) は,セラミックとメタルの合成語で,非酸化物系セラミックを焼結したものをいう.TiC を Mo–Ni 系結合剤で焼結したものは,超硬合金よりも鉄との親和性が低く,耐溶着性に優れている.現在では,靱性と耐摩耗性を向上させるために TiC の一部を TiN や TiCN (炭窒化チタン) に置き換えたものが主流になっており,鋼の高速・高精度切削に用いられている.

〔5〕 **コーテッド工具**　コーテッド工具 (coated tool) は,高速度工具鋼や超硬合金の表面に,耐摩耗性,耐溶着性に優れた TiN,TiC,Al_2O_3,DLC (diamond-like carbon,アモルファス状態の硬質炭素) などの薄層をコーティングしたもので,高温における工具の耐摩耗性を向上させることによって,硬

質金属の高速切削を可能にしている。コーティングの方法にはCVD（chemical vapor deposition，化学蒸着）法とPVD（physical vapor deposition，物理蒸着）法があるが，後者の場合，比較的処理温度が低く，母材の変質を避けることができる。

近年，超硬合金の表面にPVD法によって（Al，Ti，Si）N膜をコーティングすることで，耐欠損性を向上させた工具が開発され，切削液を使用しない（環境に優しい）鋼のドライ切削や焼入れ工具鋼の高速切削などに適用されている。また，上述のDLC膜をコーティングした工具は，表面硬度が高く，摩擦係数が低く，工作物と凝着しにくいため，軟質非鉄金属材料などの高速ドライ切削に用いられている。

〔6〕 **セラミック**　セラミック（ceramic）工具の代表例として，高純度のα-Al_2O_3の微粒子を主成分とし，これに粒子成長を抑制する添加物を加えて，1 700〜1 800℃で焼結させたもの（CA）がある。この材料は，超硬合金のように比較的融点の低い結合剤（Co）を含まないために高温強度が高く，耐摩耗性に富むので，超硬合金よりもさらに高速切削の領域で使用できる。しかし，靭性が低くチッピングを起こしやすい欠点がある。

最近では，セラミックの表面にコーティングを施したもの（CC）や，Si_3N_4を主成分としたもの（CN），さらには繊維強化セラミック（fiber reinforced ceramic，FRC）工具などが開発されている。例えば，アルミナセラミックを炭化ケイ素（SiC）ウィスカーで強化したものは，ウィスカーによって引張強度を高めることで靭性を向上させ，鋳鉄の断続・重切削を可能にしている。なお，この工具材料は超耐熱合金の切削にも有効であるとの報告がある[41]。

〔7〕 **cBN焼結体**　立方晶窒化ホウ素（cBN，cubic boron nitride，BN）は，米国のGE社が1957年に開発したもので，ダイヤモンドに次ぐ硬さをもち，鉄系金属に対する反応性が低い画期的な工具材料である。この材料は天然に存在するものではなく，人工的に超高圧・高温発生装置で合成され，その微粒子を結合剤を用いて焼結したものを工具として用いる。優れた耐熱性と耐摩耗性を有するcBN工具の出現によって，高硬度の焼入れ鋼やチルド鋳鉄が高

速，高能率で切削できるようになった。最近では，コーティングによって耐欠損性を向上させた工具や，超微粒の cBN をバインダレス（結合材を使用しない）で焼結した工具などが開発され，さらなる長寿命化が図られている。

〔8〕 **ダイヤモンド** ダイヤモンド（diamond, D）は，高価で欠損しやすく，刃付けも容易でないものの，硬度がきわめて高く，摩擦係数が低く，耐摩耗性に優れ，熱膨張係数が小さく，かつ熱伝導率が非常に高いなど，切削工具としての優位性が揃っている。しかし，ダイヤモンドは鉄，ステンレスなどとの親和性が強く摩耗しやすいため，これらの切削に使われることはほとんどなく，おもに研削に不向きな軟質・非鉄材料の高速，精密切削に用いられる。

ダイヤモンドには，合成したもの（SD）と天然のもの（ND）があるが，安定した性能が得られる前者が多用される傾向がある。また近年，微粒のダイヤモンド粒子を超硬合金製の台金上に高圧・高温下で焼結した多結晶ダイヤモンド（polycrystalline diamond, PCD）工具や，CVD 法によって創製した CVD ダイヤモンド工具が開発され，その用途が広がりつつある。さらに，近年数十 nm サイズのダイヤモンド結晶を焼結した材料が日本で開発され[42]，切削工具への適用事例も報告されている。この材料は，巨視的には等方性を有し，一般のダイヤモンドよりも硬度，耐摩耗性，高温強度に優れ，クラックが進展しにくい利点があり，今後の発展が期待されている。

上述のような工具材料の発達による切削速度の高速化は，図 3.37 に示したように切削熱の多くを切りくずに流入させる効果があることから，工作物の温度上昇を防いで加工精度を向上させる。さらに，工具すくい面を擦過する切りくず表面が高温のために軟化して摩擦抵抗を減少させ，焼入れ鋼の切削が容易になるなどその効用は大きい。

なお，上記〔6〕〜〔8〕の工具材料は高温硬度が高いため，研削砥石の砥粒としても用いられる。これらの材料特性は，4 章の表 4.4 に示す。

3.5.2　工具の損耗形態

切削中の工具刃先は，高温，高圧の苛酷な状態で工作物や切りくずと摩擦し

ている。このため刃先には**図3.47**に示すような種々の損耗を生じる。すなわち，**チッピング**（chipping，刃先稜の微小な欠け），**クレータ摩耗**（crater wear，工具すくい面の凹み状摩耗），**フランク摩耗**（flank wear，工具逃げ面の摩耗），刃先稜が鈍化する摩耗などがある。工具摩耗量の表示には，クレータ摩耗については，すくい面からの凹みの最大深さKTが，逃げ面摩耗については，摩耗痕の最大幅VBまたは平均幅VAがそれぞれ用いられる。

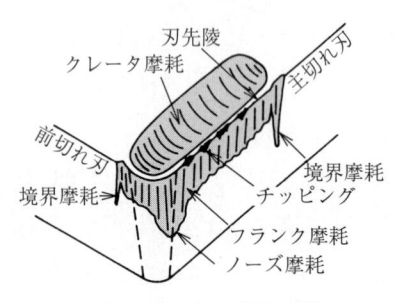

図3.47 工具の損耗形態

① 刃先のチッピングは，硬脆材料製の工具に断続切削やびびり振動（3.8節参照）などによる機械的な衝撃が加わったときに生じやすい。また，切削液による工具刃先の急冷による熱衝撃や構成刃先の凝着，脱落によって生じることもある。

② クレータ摩耗は，すくい面上を切りくずが擦過するために生じるもので，高速切削で流れ形切りくずが生じる場合に発生しやすく，摩耗が進行すると刃先部が欠損する。**図3.48**[20)]は，クレータ摩耗痕の切削時間による変化を示している。最大摩耗深さを示す位置が刃先よりやや後方にあるのは，3.4.2項で述べたように，切りくずが工具から離れる点の近くに最高温度を示す位置があるためである。

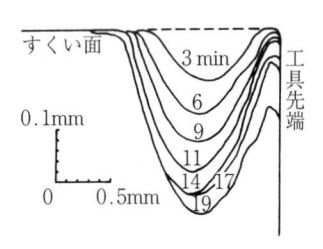

[硫黄快削鋼（0.25S，0.08C），超硬M30相当（0，-7,7,7,15,0,0.76），切込み：2.54 mm，送り：0.12 mm/rev，切削速度：305 m/min，乾式切削]

図3.48 クレータ摩耗痕の切削時間による変化

③ フランク摩耗は，刃先稜に沿って一様に生じるのではなく，図3.47に示したように，コーナ丸み部で拡大し，これをコーナ（ノーズ）摩耗と呼んでいる。ノーズ摩耗は，切削速度を増加させると大きくなりやすい。一

方，工作物との接触面の境界部が深くえぐられる境界摩耗が発生することもある。この摩耗は，熱間鍛造材などの黒皮部やステンレス鋼の加工硬化層などを切削する場合に生じやすい。

以上のような工具の摩耗や損傷は，切削抵抗の増大，仕上面の悪化，寸法精度の低下，切削温度の上昇，びびり振動などを招き，ついには切削不能になる。

3.5.3 工具の摩耗機構

切削工具の摩耗は，一般の機械部品の摩耗と異なり，① 工具と接触する切りくずの表面は新生面であり，酸化膜がほとんど生じていないため，工具に凝着しやすい，② すくい面および逃げ面と工作物との真実接触面の圧力は，工作物の降伏応力以上になる，③ 工具と工作物の接触面温度は，高い場合には工作物の融点近くになる，などの特徴がある。

このような苛酷な条件下における工具の摩耗機構は，機械的作用によるものと熱的，化学的作用によるものに大別できるが，実際にはそれらが複合しており，複雑である。以下，おもな摩耗機構について説明する。

〔1〕 **機械的作用による摩耗**

① **アブレシブ摩耗**（abrasive wear）　この摩耗は，工作物中の硬質不純物，金属炭化物，構成刃先の脱落片など，工具材料よりも硬い粒子の引っかき作用によるものである。

② **チッピング**（chipping）　前述のように，工具に機械的な衝撃が加わったときに発生しやすい。

〔2〕 **熱的・化学的作用による摩耗**

① **熱衝撃によるチッピング**　工作物を断続切削する場合，工具刃先は急熱，急冷され，繰返し熱応力を受ける。一般に，硬脆材料は引張応力に対して弱いことから，その表面が急冷されると引張応力によって亀裂が発生，拡大し，チッピングに至る。

② **拡散による摩耗**（diffusive wear）　例えば，超硬工具で鋼を高速切削する場合，結合剤である Co は切りくずの Fe 中に拡散しやすく，工具表

面の結合力が低下して容易に摩耗する。

③ **凝着による摩耗**（adhesive wear） 工具と工作物の接触部では，局部的に凝着が起こり，それがせん断されるときに工具の一部をもち去るために摩耗を生じる。例えば，炭素鋼（H_B170）のWC工具（5～20%Co）に対する凝着温度は625℃程度であり，鋼の高速重切削では十分この温度に達する[43]。

④ **軟化，溶融による損傷** 鉄系工具による高速切削においては，刃先の摩耗や損傷に伴って切削点温度が急上昇し，刃先が軟化して切削不能に陥ることがある。

⑤ **化学的反応による腐食摩耗**（corrosive wear） 工具材料の構成元素が，被削材中または切削液中の元素と化学的に反応し，工具表面の耐摩耗性が低下することがある。例えば，超硬工具で18-8ステンレス鋼を切削するとき，活性度の高い硫塩化油を用いたときのほうが，乾式切削よりも工具寿命が短くなる。これは切削液中の硫黄あるいは塩素の腐食作用のためとされている。

なお，ダイヤモンド工具の場合には，金属材料の表面に生成した酸化物層の還元（つまり，ダイヤモンド表面の酸化）や炭素原子の金属材料中への拡散によって摩耗することが知られている。

3.5.4 工具寿命の判定基準と寿命方程式

工具寿命とは，切削を開始してから切削作業を続行するのが不適当な状態になって，工具を交換するまでの切削時間をいう。穴あけ加工の場合には，工具寿命までにあけた穴の個数または穴の総深さで表す。

工具寿命の判定基準には，つぎのようなものがある。

① **仕上面上に光輝帯が生じたとき** 刃先の摩耗や損傷に伴い切削点温度が高くなり，刃先が軟化するとともに，逃げ面で工作物表面を摩擦するようになる。このとき，仕上面には光輝帯が生じ，続いて刃先は完全損傷に至るので，寿命の判定は仕上面の状態を観察することによって行われる。

② 刃先の摩耗が一定値に達したとき　加工精度，仕上面品位，工具の再研磨の経済性，刃先欠損の可能性などを考慮して，工具のクレータ摩耗の深さや逃げ面摩耗幅が，ある一定値に達したときを寿命とする。工具寿命と見なされる逃げ面摩耗幅は，工作物材質および加工の精粗によって異なる。表 3.1 に，超硬工具の寿命判定に使われている逃げ面摩耗幅の一例を示す。なお，工具寿命とするクレータ摩耗の最大深さは，通常 0.05～0.1 mm である。

表 3.1　超硬工具の寿命判定に使われている逃げ面摩耗幅の一例

逃げ面摩耗幅〔mm〕	摘　要
0.2	精密軽切削，非鉄合金などの仕上削り
0.4	特殊鋼などの切削
0.7	鋳鉄，鋼などの一般切削
1～1.25	普通鋳鉄などの荒削り

③ 切削抵抗が急増したとき　鉄系工具の場合には，工具摩耗に伴って切削背分力や送り分力が急増するので，これを寿命の判定基準として用いることができる。

一般に，工具寿命は切削速度が大きくなるに従って急激に短くなる。F. W. Taylor をはじめとする多くの研究結果から，工具寿命と切削速度との関係は式 (3.38) のようになることが知られている。

$$VT^n = C \tag{3.38}$$

ここで，V は切削速度〔m/min〕，T は工具寿命〔min〕，n と C は定数である。式 (3.38) は，一般に**寿命方程式**と呼ばれている。式 (3.38) を導出するには，まず図 3.49 に示すように，各切削速度 $V_1, V_2, \cdots, V_i$ に対する工具寿命 $T_1, T_2, \cdots, T_i$ を求める。つぎに，切削速度と寿命の関係を両対数グラフ上にプロットすると，図 3.50 の関係が得られる。これより n は

$$n = \frac{y}{x} = \frac{\log V_1 - \log V_2}{\log T_2 - \log T_1} \tag{3.39}$$

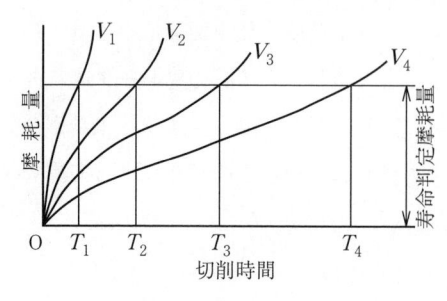

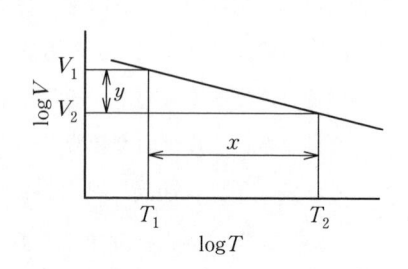

図 3.49 工具の摩耗経過曲線　　　　**図 3.50** 工具の寿命曲線

によって求められる。また定数 C は，工具寿命 1 分に対応する値〔$\log V_{(T=1)}$〕である。この寿命方程式によって，工作物材料の被削性や工具材料の切削性能を評価することができる。

3.5.5 工具寿命に影響する因子

工具寿命に影響する因子には，切削条件，工具刃先形状，工具材質，工作物材質などがある。以下，これらの影響について説明する。

〔1〕**切削条件**　他の条件を一定にして，送り f や切込み深さ t を変化させる場合にも，式 (3.38) と同様な関係

$$fT^{n1} = C_1, \quad tT^{n2} = C_2 \tag{3.40}$$

が成り立ち，寿命判定基準値を W_0 とすれば，式 (3.38) と式 (3.40) より工具寿命は

$$Vt^{\alpha}f^{\beta}T^{n} = \lambda W_0^{\delta} \tag{3.41}$$

のように整理される[20]。ただし，α, β, n, λ, δ は定数である。例えば

　　　　工　　具：超硬合金 P20 [0, 10, 5, 5, 15, 15, 0.5]
　　　　工 作 物：SUS-22（フェライト系ステンレス鋼）
　　　　切削方式：円筒長手方向切削

の場合には，式 (3.42) のようになる。

3.5 切削工具の摩耗と寿命　77

$$\left.\begin{array}{l}逃げ面摩耗：Vt^{0.1}f^{0.45}T^{0.13}=261\,\text{VB}^{0.267}\\ クレータ摩耗：Vf^{0.47}T^{0.18}=378\,\text{KT}^{0.1752}\end{array}\right\} \quad (3.42)$$

ただし，各記号の単位は V [m/min]，t [mm]，f [mm]，T [min]，最大逃げ面摩耗幅 VB [mm]，最大クレータ深さ KT [mm] である．式 (3.42) から，切込み，送り，切削速度の順に工具寿命への影響が大きくなることがわかる．

〔2〕 工具刃先形状

① **すくい角**　すくい角の増加につれて，せん断ひずみが減少（せん断角が増加）し，工具刃先温度が低下するので工具寿命は延びるが，極端にすくい角が大きくなると刃先の機械的強度が低下し，欠損が生じやすくなる．このため，図 3.51 に示す条件の場合には，すくい角が約 30°のとき，寿命が最大になる[44]．一方，超硬合金やセラミックのような耐熱性の高い工具材料では，すくい角を大きくして切削温度の低下を図ってもその効果は小さく，逆にチッピングが発生しやすくなるため，すくい角を小さくしたほうが得策である．

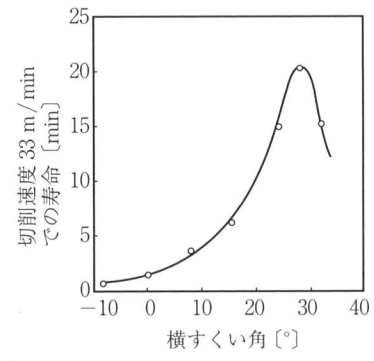

[18-8 ステンレス，高速度工具鋼（0, var., 6, 6, 6, 15, 0.25），切込み 1.25 mm，送り 0.15 mm/rev，切削速度 33 m/min，乾式切削]

図 3.51　高速度工具鋼における横すくい角と工具寿命の関係[44]

② **コーナ（ノーズ）半径**　コーナ半径が小さいと刃先に熱や応力が集中するため，高速度工具鋼では熱の影響によって，超硬合金ではチッピングによって寿命が短くなる．逆にコーナ半径が大きすぎると切削幅が増えて，びびりが生じやすくなる．このように，工具と工作物の材質に応じた適当なコーナ半径がある．

③ **横切れ刃角**　横切れ刃角 κ，送り f，切込み深さ t で旋削するとき，

単位時間当りの切削断面積は κ の影響を受けず（$f \times t$）で与えられるが，切れ刃稜に垂直な送り（実切込み）は $f \cos \kappa$ となる。つまり，κ を大きくすると実切込みを小さくするのと同じ効果があり，工具寿命が延びる。しかし，これが過大になると切削幅が増えてびびりやすくなる。

〔3〕**工具材質** 図3.52[20] は，高速度工具鋼，超硬合金，およびセラミック製の工具を用いて同一工作物を旋削したときの寿命曲線を比較したものである。耐熱性の高いセラミックでは，高速切削の領域でその性能が発揮されることがわかる。

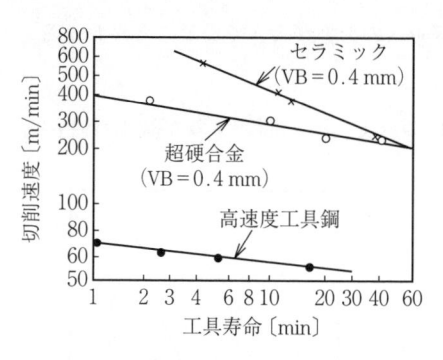

図 3.52 高速度工具鋼，超硬合金，およびセラミック製の工具の寿命曲線の比較（Ni-Cr-Mo 鋼）

〔4〕**工作物材質** 図3.53[45] は，鋼の各種組織と工具寿命を示したもので，炭素含有量が増えてパーライト組織が多くなるほど，また焼入れ

〔超硬合金，切込み 2.54 mm，送り 0.25 mm〕

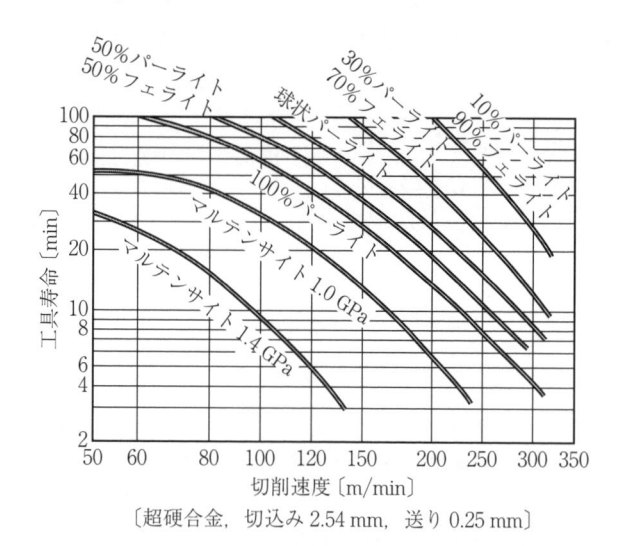

図 3.53 鋼の各種組織と工具寿命

（マルテンサイト）組織になって硬度が上がるほど，工具寿命は短くなる．図は省略するが，炭素鋼および各種合金鋼の降伏応力と，60 min 寿命切削速度との関係を調べた結果によると，両者の関係は材質にかかわらず一つの曲線に乗り，降伏応力が高くなるほど60 min 寿命切削速度は小さくなる．

3.5.6 材料の被削性

工作物材料を切削するときの難易の程度，つまり材料の削られやすさを**被削性**（machinability）という．一般に，① 工具の摩耗が少なく，高い切削速度で削ることができる，② 切削抵抗が小さい，③ 切削仕上面が良好である，④ 切削温度が低い，⑤ 切りくずが長く続かず処理が容易である，というような切削状態を示す材料が削られやすいという．

このように被削性の評価項目は多様であるため，その優劣を一概に決めることはできないが，これらのなかで特に重視されるのが①である．被削性の指標として**被削性指数**（machinability index）が使われる．この値は，硫黄快削鋼（AISI-B1112, JIS-SUM21 相当）の 20 min 寿命切削速度 V_{20} を基準とし，各種材料の同一条件における寿命切削速度 V_{20}' との比を求め，$(V_{20}'/V_{20}) \times 100$ 〔%〕で表したものである．

金属材料の機械的性質を低下させずに被削性を向上させるために，**快削添加物**（free machining additives）を微量添加することが行われる．このような快削材の代表に，**快削黄銅**（free machining brass）と**快削鋼**（free machining steel）がある．

快削黄銅は4-6黄銅に質量比 $1 \sim 3\%$ の鉛を添加したもので，鉛は通常球状粒子として組織中に点在している．この鉛は，切りくずが工具すくい面を擦過するとき，あるいはせん断面で絞り出されて良好な潤滑作用を行うため，切削抵抗は非常に小さく，仕上面は良好になり，切りくずの排出も容易になる．

快削鋼のおもなものに，硫黄快削鋼と鉛快削鋼がある．硫黄快削鋼は低炭素鋼に $0.1 \sim 0.35\%$ の硫黄を添加したものである．鉛快削鋼は，低炭素鋼が主体であるが，高炭素鋼を基材とするものもある．鉛の添加量は，快削黄銅より

も少なく 0.1～0.25％ 程度である．添加された鉛は，母材の機械的性質をほとんど低下させずに潤滑作用を発揮して被削性を高める．

材料費よりも加工コストが格段に大きい機械部品に，快削黄銅や快削鋼が用いられる傾向があり，軸受け鋼やステンレス鋼にも普及しつつある．なお，近年の環境意識の高まりとともに，鉛フリー化への努力が続けられている．

3.5.7 経済的切削速度

加工能率を高めるには，切削速度を大きくして単位時間当りの加工量を増やす必要がある．しかし，切削速度を速くすると工具寿命が短くなり，工具の取替え，研ぎ直しなどに要する時間が増え，かえって能率が低下する．このため，単位時間当りの加工費を最小にするような切削速度があり，これを**経済的切削速度**という．

いま，τ_t を工具の取替え，調整などに要する時間〔min〕，q を切削断面積〔mm^2〕，T を工具寿命〔min〕，V を切削速度〔m/min〕とすると，単位時間当りの切削量 Q〔cm^3/h〕は式 (3.43) で与えられる．

$$Q = \frac{qVT}{T+\tau_t} \times 60 \tag{3.43}$$

式 (3.38) の寿命方程式を用いて式 (3.43) から V を消去し，Q を T について微分して，Q が最大となる工具寿命 T_v を求めると式 (3.44) のようになる．

$$T_v = \frac{1-n}{n} \tau_t \tag{3.44}$$

つまり，工具の取替えなどに要する時間 τ_t が長い工具ほど，寿命を長くするような切削速度を採用しなければならないといえる．

つぎに，X を工具の消耗，研ぎ直しに要する費用〔円〕，Y を機械1台1時間当りの工場経費〔円/h，工具関係費用を除く〕とすると，単位時間当りの工具費 H_t は

$$H_t = \frac{X}{T+\tau_t} \times 60 \quad \text{〔円/h〕} \tag{3.45}$$

となり，単位切削量当りの加工費 H は，式 (3.46) で与えられる。

$$H = \frac{Y + H_t}{Q} \quad [\text{円}/\text{cm}^3] \tag{3.46}$$

前記と同様に，H が最小になるような工具寿命 T_e を求めると，式 (3.47) が得られる。

$$T_e = \frac{1-n}{n}\left(\tau_t + 60 \times \frac{X}{Y}\right) \tag{3.47}$$

式 (3.47) より，工具関係の経費 X が機械関係の経費 Y に比べて割高な場合には，T_e が式 (3.44) の T_v に比べて大きくなる。したがって，工具経費の高い工具（例えば，正面フライス）の場合には，工具寿命を長くする（切削速度を抑制する）のが得策である。

3.6 切削液

3.6.1 切削液の機能

切削加工を行うとき，工具と工作物の干渉部分に注ぐ液体を**切削液**（あるいは**切削油剤**，cutting fluid）という。切削液の使用目的は
① 工具と工作物間の摩擦の軽減，両者の溶着の防止および冷却により，工具摩耗を抑制して工具寿命を延ばす。
② 同上により，加工変質層（工作物表層の組織変化や残留応力）を抑制する。
③ 工作機械と工作物の熱変形を抑制して加工精度を向上させる。
④ 切りくずを洗い流して，切りくずの堆積や詰まりを防止する。
⑤ 以上を通じて，仕上面粗さを向上させる。

などである。

このような目的を達成するために切削液に求められる基本的機能は，① すくい面や逃げ面に作用して摩擦力を減少させる**潤滑作用**，② 工作物の工具への凝着を防ぐ**耐凝着作用**，③ 工作物と工具との接触部やせん断面に発生する熱を除去する**冷却作用**，の三つである。したがって，切削液は，① 潤滑性能，

② 耐凝着性能，③ 冷却性能に富むことがまず大切であり，次いで，④ 切りくずなどを洗い流す洗浄性や，⑤ 油剤を加工点に到達しやすくする浸潤性が求められる。さらに，⑥ 物理・化学的に安定でかつ腐敗しにくいこと，⑦ 作業性を低下させないこと，⑧ 工作機械や人体，そして環境に無害であること，などが求められる。

工具が工作物と接触しているすくい面や逃げ面では，圧力や温度が非常に高く，このような領域に切削液が到達できるか疑問視されていたが，現在では工具と切りくず間の微細なすきまの毛管現象などによって，切削液がある程度到達するものと考えられている。またM. C. Shawは，切削時の高い温度と圧力のもとでは，新生面の活性化と相まって切削液の反応や吸着が促進され，高速切削においても切削液が有効に作用することを示している。

一方，油性剤が工作物表面に吸着すると表面エネルギーが低下し，材料のせん断すべりを容易にさせる**レビンダ効果**（Rehbinder effect）のあることが指摘されている。また最近では，軽金属，軟鋼，インコネルなどの低速切削において，油性剤を加工面に塗布すると，材料がせん断変形しやすくなって切りくずが薄くなる（せん断角が大きくなる）現象が確認されている[46]。この報告では，潤滑効果の大部分はせん断抵抗の低下によって得られるとしている。

切削点で良好な潤滑効果を得るには，強固な境界膜を構成して摩擦係数を低下させる油性剤（高級脂肪酸やそのエステルなど）を用いる必要がある。しかし，200℃程度を上回るとその効果を失うため，これ以上の高温では表面にせん断強さの小さな化合物被膜を形成させる極圧添加剤（後述）が有効である。

一方，切削液の冷却性能の良否はその比熱，熱伝導率，粘度などに左右される。水を用いた場合の平均熱伝達率は，軽質鉱油を用いた場合の約5倍に達するので，冷却を重視する場合には水溶性の切削液を用いるのが有利である。

3.6.2　添加剤とその機能

切削液には，油性剤，極圧添加剤のほか，界面の性質を調整し，かつ浸潤性を高める界面活性剤や無機塩類，さらには工作物や工作機械の発錆を防ぐ錆止

め剤，切削液の腐敗や変質を防ぐ防腐剤や酸化防止剤，発泡を妨げる泡消し剤など各種の添加剤が用いられる。これらのうち油性剤，極圧添加剤，界面活性剤，無機塩類の四者は切削液の性能に直接関係するので，つぎにこれらの機能を説明する。

〔1〕 **油 性 剤**　油性剤（または油性向上剤，oiliness agent）には，固体表面に強固な吸着膜を形成して固体どうしが直接接触するのを防ぐ働きが求められる。つまり，表面に対する強い吸着力と吸着膜が破断しにくいことが重要である。金属に対する油剤の吸着がvan der Waals力や静電気力による**物理吸着**になるか，化学結合力による**化学吸着**になるかは，金属と油剤の組合せによって決まるもので，その一例は2章の表2.2に示したとおりである。

高い吸着性能と強固な吸着膜を形成するための要件は，脂肪酸では炭素数が6以上，アルコール類では10以上，炭化水素では16以上であるとされている。とりわけ活性度の高いカルボキシル基（COOH）を有する脂肪酸類〔例えば，ラウリン酸：$CH_3(CH_2)_{10}COOH$，ステアリン酸：$CH_3(CH_2)_{16}COOH$〕には優れた境界潤滑性能がある。これに対し，環状化合物には潤滑能力がほとんどない。

不水溶性切削液の基油として用いられている鉱油には，極性化合物がほとんど含まれていないことから潤滑性能が乏しく，通常これに微量の油性剤を添加している。油性剤としては，菜種油，大豆油，米糠油などの植物油やオレイン酸，ステアリン酸などが用いられる。

〔2〕 **極圧添加剤**　切削液には高温での焼付きを防ぎ摩耗を低減させる目的で，しばしば極圧添加剤（extreme pressure additives，EP剤）が用いられる。極圧添加剤としては，高温下（油性剤の効果がなくなる200℃程度以上）で速やかに金属と反応してせん断強さが母材金属よりも小さい化合物被膜を生成させるものが適切で，塩素，硫黄，リンなどの化合物が古くから用いられている。例えば，鉄に四塩化炭素を作用させて$FeCl_2$被膜を生成させ，あるいは鉄の表面を硫化してFeS被膜を生成させると，せん断強さはそれぞれ母材の1/3または1/2程度に減少するため，摩擦係数を下げるとともに溶着を防止

できる。しかし，環境意識の高まりとともに極圧添加剤の使用を避ける傾向があり，塩素系添加剤の場合には使用が禁じられている。

〔3〕 **界面活性剤**　界面活性剤（surface-active agent）は，潤滑性を高める油剤を乳化させ，あるいは防錆性，浸潤性，洗浄性を向上させるために使用される。一般に，界面活性剤はCH鎖の長い有機化合物であって，その一端は油の分子と結び付きやすく（親油端），他端は水と結びやすい（親水端）性質を備えている。界面活性剤による乳化作用は，直径数 μm の油滴を界面活性剤の分子団がその親油端を内側に向けて包み込むように閉じ込めたミセルによるもので，油剤は水中に微粒子となって分散し，白濁して見える。不水溶性油剤の乳化を目的とする場合には，親油性の強い界面活性剤が選ばれる。また洗浄作用は，親油端がごみや油をとらえ，親水端が水と結合して流出しやすくする作用であるため，洗浄性の強化には親水性の強い界面活性剤が選ばれる。

界面活性剤による水溶性切削油剤の表面張力の減少作用は，油剤の浸潤性，洗浄性を高める効果がある。また防錆作用は，界面活性剤の親水端が金属面に強く吸着し，他端の親油端が油の分子をとらえて酸素の浸入を遮断するために得られる効果である。

〔4〕 **無機塩類**　油性剤や界面活性剤を使用しない場合，切削液に防錆性を付与する必要があることから，水にホウ酸塩，クロム酸塩などの無機塩類が添加される。これらの添加剤は，切りくずの溶着防止にも役立つとされている。

3.6.3　切削液の種類と用途

切削液は，不水溶性と水溶性の油剤に大別される。JIS K 2241 ではその種類を**表3.2**，**表3.3**のように定めており，それぞれ下記のような性質を有している。

〔1〕 **不水溶性切削油剤**　Ｎ１種は鉱油および／または脂肪油からなり，極圧添加剤を含まない。Ｎ２～４種はＮ１種を主成分に極圧剤を添加したもので，銅板の腐食の程度により区分されている。Ｎ１種は環境に優しく，鋼の軽切削や非鉄金属の切削，研削に広く利用されている。Ｎ３～４種は硫黄系の極圧

3.6 切削液

表3.2 不水溶性切削油剤の種類

N1種	鉱油および/または脂肪油からなり,極圧添加剤を含まないもの
N2種	N1種の組成を主成分とし,極圧添加剤を含むもの〔銅板腐食が150℃で2未満(JIS K 2241,以下同じ)のもの〕
N3種	N1種の組成を主成分とし,極圧添加剤を含むもの(硫黄系極圧添加剤を必須とし,銅板腐食が100℃で2以下,150℃で2以上のもの)
N4種	N1種の組成を主成分とし,極圧添加剤を含むもの(硫黄系極圧添加剤を必須とし,銅板腐食が100℃で3以上のもの)

表3.3 水溶性切削油剤の種類

A1種	鉱油や脂肪油など,水に溶けない成分と界面活性剤からなり,水に希釈すると乳白色になるもの
A2種	界面活性剤など水に溶ける成分単独,または水に溶ける成分と鉱油や脂肪油など水に溶けない成分からなり,水に希釈すると半透明ないし透明になるもの
A3種	水に溶ける成分からなり,水に希釈すると透明になるもの

(備考) A1種～A3種のいずれも塩素系極圧添加剤および亜硝酸塩を含有しない。

剤を含む活性油である。重切削や被削性の悪い材料の切削加工に適している。

〔2〕 **水溶性切削油剤** 水溶性切削油剤は,油性のものに比べて冷却性能が優れているので研削加工や重切削に適している。A1種は,鉱油に乳化剤として界面活性剤が添加されており,10～20倍の水に希釈して使用する。白濁することから**乳化形**(emulsion type)と呼ばれている。安価で性能がよいことから,広く切削や研削に用いられる。ただし,他の水溶性切削油剤に比べると冷却作用が小さい。

A2種は鉱油を少なく界面活性剤を多くしたもので,40～80倍の水に希釈して使用する。半透明または透明であることから**透明形**(soluble type)と呼ばれ,洗浄性や防錆効果に優れている。A3種は水に溶解するため**溶解形**(solution type)と呼ばれている。100～200倍の水に希釈し,おもに研削加工に用いられる。防錆性を付与するためにホウ酸塩などの無機塩類が添加されており,近年では有機カルボン酸塩が使用される傾向があるが,いずれも潤滑性能に課題がある。そこで,水溶性の合成潤滑剤を添加したシンセティックタイ

プのものが近年開発され，潤滑性能の向上が図られている．

切削液は，加工能率と仕上面の品質に大きく影響することから，工具，工作物，加工法，加工条件などに応じて適切に選択する必要がある．油剤の具体的な選択例は切削油剤メーカのホームページに掲載されているので，ここでは記述を省略する．

3.6.4 切削液の供給法

切削液は，加工能率，加工精度，仕上面品質などを向上させる重要な働きがあることはすでに述べた．ここでは切削液供給の課題について簡単に触れる．

旋削の場合には，切削液が飛散しないように，切削液の滴下あるいは塗布によって作業が行われてきた歴史がある．しかし，NC化された工作機械やマシニングセンタでは通常，大量の切削液を供給して，加工点ばかりでなくその近傍の温度変化を防ぐとともに，切りくずの効果的な洗浄，排出を図っている．研削加工の場合にも，低流速で加工液を供給すると，砥石周辺に形成された連れ回り空気流に阻まれて，研削点（加工点）に加工液が到達しにくいため，通常，多量の加工液が供給される．

しかし，多量の加工液を使用すると，その供給ポンプの動力や加工動力が増大するばかりでなく，廃液の処理に多大な費用とエネルギーを要し，環境負荷も大きい．そのため，近年では加工液の使用を大幅に抑制する技術の開発が活発に行われている．切削における最新の加工液供給法については3.10.4項で，研削における加工液の使用法については4.2節でそれぞれ述べる．

3.7 切削仕上面

切削加工を行うと，工作物の表面に工具切れ刃の通過軌跡が凹凸として残される．また，仕上面の表層部は加工によって変質し，結晶組織や応力状態に乱れが生じる．表面の立体的な凹凸は**粗さ**（roughness）と呼ばれ，摩擦，摩耗，密封などに影響を及ぼし，表面の接触問題を考えるうえでも重要である．ま

た，加工によって変質した表層部は**加工変質層**（damaged layer, affected layer）と呼ばれ，耐摩耗性，耐食性，疲労強度，経年変化など，部品の機能に影響するところが大きい．

3.7.1 送り方向の仕上面粗さ

切削加工における仕上面の粗さは，送り方向と切削方向とで一般に異なる値を示す．前者は後者に比べて大きい場合が多く，かつ加工法特有の凹凸ができるので，まず送り方向の粗さについて考える．

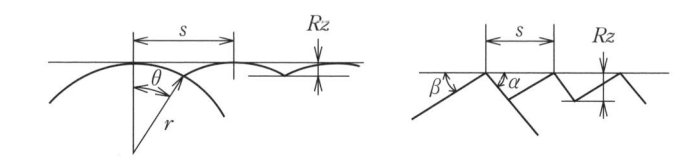

（a）刃先形状が円弧の場合　　（b）刃先形状が三角形の場合

図 3.54 工具刃先形状が転写される場合の理論粗さ

いま，**図 3.54** のように工具を工作物 1 回転当り s だけ送りながら円筒面を旋削するとき，工具刃先形状がそのまま工作物表面に転写されると仮定すると，理論的な最大高さ粗さ Rz はそれぞれ式（3.48），（3.49）のようになる．

① 刃先形状が半径 r の円弧で，円弧部のみが転写されるとき

$$Rz = r(1-\cos\theta) = r\left\{1-\sqrt{1-\left(\frac{s}{2r}\right)^2}\right\} \fallingdotseq \frac{s^2}{8r} \tag{3.48}$$

② 刃先形状が三角形のとき

$$Rz = \frac{s\tan\alpha\tan\beta}{\tan\alpha+\tan\beta} \tag{3.49}$$

このように，粗さは工具刃先形状と送りを用いて簡単な式で表されるが，実際には切りくずの形態，工作物表面の塑性流動，構成刃先の成長，脱落，工具と工作物間の相対振動などの影響を受け，一般に理論値よりも大きくなる．

図 3.55 は，送り方向の粗さに及ぼす切削条件の影響の一例を示したもので，

切削速度が遅い場合には構成刃先の生成，脱落が発生し，仕上面粗さは1点鎖線で示した理論値よりもかなり大きい[47]。構成刃先の消滅する100 m/min以上の速度域でも，実際の粗さは理論値よりも大きい。この差は，後述のような原因で切削方向にも粗さを生じること，工作物の表層が切れ刃の側方に流れて盛り上がること，などが原因である。

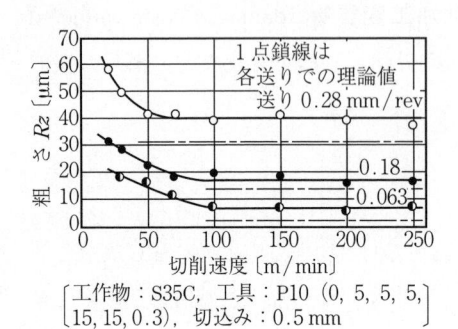

図3.55 送り方向の粗さに及ぼす切削条件の影響

[工作物：S35C，工具：P10 (0, 5, 5, 5, 15, 15, 0.3)，切込み：0.5 mm]

3.7.2 切削方向の仕上面粗さ

構成刃先が形成されるとき，仕上面は構成刃先の成長，脱落によって切削方向に凹凸が残される。また工具と工作物間の相対振動も凹凸を形成させ，極端な場合には，加工面にびびりマークが現れる。このため，切削方向の仕上面粗さを小さくするには，流れ形の切りくずを生成させ，かつ構成刃先やびびり振動を抑制するような加工条件を選ぶことが重要である。

一般にすくい角を大きく，切込みを小さくすると流れ形切りくずを生じるので，切削抵抗の変動も少なく，切削方向の粗さは小さくなる。**図3.56**は，切削方向の粗さ Rz に及ぼす切削速度とすくい角の影響を示したもので，上記の傾向を示している[48]。一方，鉄系材料や合金には結晶粒界が存在し，かつ結晶には異方性があることから，精密切削を行うと，粒界に微小な段差が生じたり，結晶方位によって粗さが変化することが多

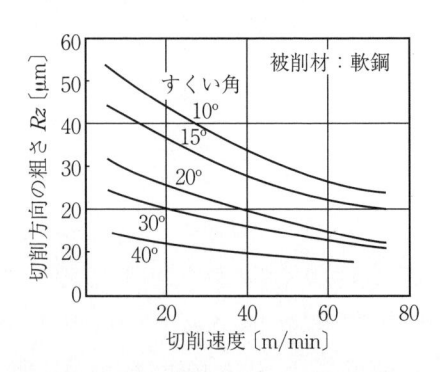

図3.56 切削方向の粗さ Rz に及ぼす切削速度とすくい角の影響

3.7.3 加工変質層

機械加工面の表層部は，母材と異なった性質をもつようになる．この変質の程度や内容は，加工方法や条件によって異なるが，変質した層が形成されること自体はすべての機械加工法に共通する現象で，このような層を加工変質層と呼んでいる．

表3.4は，切削加工に伴う変質の種類を示したもので，それらは〔1〕外的な元素や物質による変質，〔2〕結晶組織の変化，〔3〕応力の分布状態の乱れ，に大別される[49]．以下，これらのうち主要なものについて説明する．

表3.4 切削加工に伴う変質の種類[49]

〔1〕外的な元素の作用による変質層	汚染，吸着層（物理または化学吸着），化合物層，異物の埋込み
〔2〕組織の変化による変質層	非晶質層，微細結晶層，転位密度の上昇，双晶の形成，合金中の1成分の表皮への被覆，繊維組織，研磨変態，加工による結晶のひずみ，摩擦熱による再結晶
〔3〕応力を中心に考えた変質層	残留応力層

〔1〕**外的な元素や物質による変質** 各種トラブルの原因となりうるのは，加工面上に生成された化合物層と埋め込まれた硬質の異物である．化合物層の主体は酸化物で，その厚さは加工表面の温度が高くなるほど厚くなる．酸化被膜の厚さがある限度以上になると，表面は薄膜による光の干渉作用によって黄，赤，青色などの色調を呈するようになるので，これを加工焼けと呼んでいる．このような酸化被膜は一般に硬くてもろいことと，加工表面には熱による引張残留応力が生じやすいことと相まって，表面に微細なクラック（亀裂）が入る原因となる．

表面に埋め込まれる異物として問題になるのは，切削面については加工硬化した構成刃先の残片，研削面やラップ仕上面については硬度の高い残留砥粒などであり，これらの硬質粒子は摺動部の摩耗を促進させる．

〔2〕 **結晶組織の変化による変質**　加工に伴う結晶組織の変化は広範囲にわたる。H. Raether ら[50]は，加工面表層の結晶粒径に着目し，結晶組織の変化を図3.57のようにモデル化した。結晶粒は表面に近づくほど微細化されており，表面から数 nm までの最外層においては，材料本来の結晶性が失われ，無定形化している可能性のあることが G. Beilby[51]によって指摘され，**Beilby 層**と呼ばれている。一方，加工面の表層部は結晶粒が微細化するだけでなく，切削方向になびくように流動して繊維状組織を形成する。このような結晶粒の微細化や組織の流動は，加工面表層への過剰な転位の導入につながる。

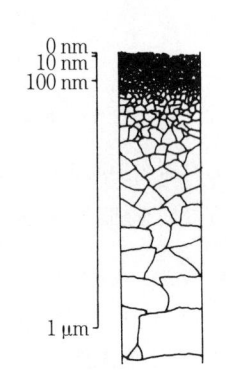

図3.57　H. Raether らの加工変質層モデル[50]

さらに，加熱された加工面表層には，焼戻し層や再焼入れ層が生成されることがある。通常の切削加工では，このような熱変態の影響は比較的少ないが，研削加工では表面が高温に加熱されるために，熱変態が生じやすく，しばしば問題となる。

結晶粒の微細化，転位密度の増加，熱変態，再結晶など，組織上の変質は材料の硬さと密接な関係をもっている。切削加工を行った鋼の表面は，通常加工硬化して最も硬く，深さの増大とともに硬さを減じ，$0.05 \sim 0.5$ mm 程度の深さで母材の硬さになる。一方，焼入れ鋼を大きな切込みで研削した場合には，一般に，加工面表層は焼き戻されて軟化するが，研削液による急冷作用によって，表面に再焼入れ層を形成する場合がある。

〔3〕 **応力の分布状態の乱れ**　仕上面表層部の応力状態に乱れが生じるおもな原因として，① 熱的・機械的作用によって表層の結晶に変態が生じ，加工の前後で体積変化が起こること，② 表層部の熱応力によって塑性変形が生じること，③ 切削に伴って工作物表層に塑性流動が生じること，などがあげられる。

まず①の一例として，加工熱による工作物表層の焼きなましによって体積増

加が生じる場合を考える．表層部は，下層の材料によって膨張が拘束され，表面に圧縮応力が生じる．この圧縮応力は，表面からの深さが増すとともに減少し，ある深さ以上では逆に引張応力が生じることで，工作物の垂直断面に作用するモーメントバランスが保たれる．

つぎに，②の場合について考える．いま，材料の表層部だけが加熱されると，そこには局部的な熱膨張が生じる．しかし表層部の変形は加熱されない下層部によって拘束されるので，加工中には表層部に圧縮応力が，その下層部には引張応力が生じる．加工面表層の熱応力が材料の降伏応力を上回ると表層の材料は塑性変形し，常温に戻ったとき，もとの長さより縮小する．このため，表層部に引張応力が，下層にはこれと釣り合う圧縮応力が残留する．特に研削加工においては，砥石と工作物の接触面が高温に加熱されるため，加工後に引張残留応力が生じやすく，加工表面に微細なクラックが発生する場合がある．加工熱による残留応力分布については，加工点近傍の温度分布の測定結果や数値計算結果をもとに，有限要素法（FEM）による弾・塑性熱応力解析を行うことによって求めることができる[52],[53]．

つぎに③は，主として押しならし（バニシ）作用による残留応力である．例えば，材料表面に鋼球を押し込んでくぼみができた後に球を取り除くと，塑性変形によって引き伸ばされたくぼみの表層が，その下層の弾性回復によって圧縮されて圧縮残留応力が生じる．これを，ピーニング効果という．切削においては，刃先丸みによる工作物表層のバニシ作用によって類似した圧縮残留応力が生じる．

図 3.58 は，切削時における表面からの深さと残留応力の関係を示したもので，深さ 100 μm 前後の領域では圧縮応力を生じているが，表面付近は熱の影響によって高い引張応力が生じている．表面では $\sigma_x >$

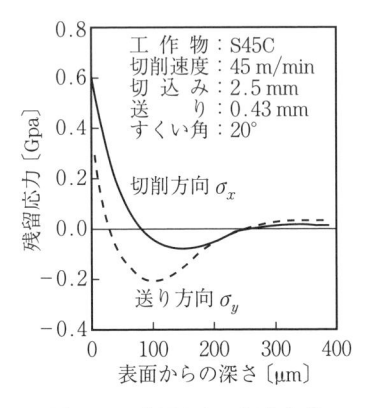

図 3.58 表面からの深さと残留応力の関係の一例

σ_y であり, σ_x は被削材の降伏応力に近い. 図の場合, 応力の乱れている深さは 250 μm 程度である. 一般に, 残留応力の値や応力の及ぶ深さは重切削になるほど大きく, 数 mm に達することがある.

〔**4**〕 **加工変質層の測定法** 　加工によって生じる仕上面表層の変質は, その内容が多種多様であるため, その種類に応じてさまざまな測定法が用いられる. **表 3.5**（a）は, 加工変質層深さの測定法を示したもので, 同一条件で仕上げられた表面でも, 加工変質層の深さは表（b）に示すように, 測定方法によって異なることに注意する必要がある[54]．

表 3.5 には示されていないが, 試片の表層を一様に, あるいは局部的に除去したときの試片の反りの変化を測定する方法がある. しかし加工面の残留応力は表層に偏在し, かつ急激な応力勾配を示すことから, このような方法で残留応力の分布を正確に求めるのは難しく, おもに X 線の回折現象を利用した X

表 3.5　加工変質層深さの測定方法および測定結果

（a）加工変質層深さの測定法

測定法	測定要領
腐食法	表面から腐食を行って, 腐食速度が一定になる深さを求める
顕微鏡法	表面に垂直あるいは斜めな断面の顕微鏡組織を観察し, 組織の乱れている深さを求める
X 線法	表面層の X 線回折像を撮影し, 深さ方向の回折像の変化から結晶の乱れている深さを求める
硬さ法	表面に垂直な断面の硬さ分布を測定し, 硬さが一定になる深さを求める
再結晶法	供試材を適当な温度に加熱し, その結果, 再結晶を起こした深さを顕微鏡観察で求める

（b）測定法による加工変質層深さの相違〔単位：μm〕

工作物材料	切込み〔mm〕	腐食法	顕微鏡法	X 線法	硬さ法	再結晶法
0.2%C 鋼 （焼鈍）	0.1	15～20	30～40	42～55	50～90	50～80
	0.5	30～40	50～60	45～50	130～150	100～130
0.63%C 鋼 （焼鈍）	0.1	25～35	30～50	30～55	50～130	90～130
	0.5	40～70	60～70	55～65	100～180	160～200

（備考） 工具 SKH3（14, 0, 8, 8, 45, 45, 0）, 送り 0.14 mm/rev, 切削速度 14 m/min, 乾式切削

線応力測定法が用いられる。

X線応力測定法によれば,情報がごく表層〔鉄に対して深さ20μm以下（Co-K$_\alpha$線），アルミニウムに対して100μm以下（Cu-K$_\alpha$線）〕に限られるため好都合で，測定が非破壊的に行える利点もある。

3.7.4 加工バリ

熱応力や切削力による工作物表層の塑性流動は，表面の組織や応力に乱れを生じさせるばかりでなく，工作物の端部や側面（つまり，拘束されていない自由端）に材料が流動して**バリ**（burr）を生じさせる。例えば，ドリルによる穴あけ時には穴の出口部にバリが発生しやすいが，一般の切削加工や研削加工でも少なからずバリが生じる。バリはその発生部位によって，工具（あるいは砥粒）の切削方向を基準に，入口バリ，出口バリ，横バリと呼ばれる。このうち，出口バリと横バリは寸法が大きくなりやすい。バリの付着した機械部品は，触ると危険であるばかりでなく，① 部品の整列ミスや組立不良の原因になる，② 生産ラインの自動化を阻害する，③ 摺動面として機能させる場合，潤滑を妨げあるいは摩耗を促進する，④ 欠け（負のバリ）は，部品のエッジ性能を低下させる，などの悪影響をもたらす。

このため，生産現場ではバリを除去するための作業を付加するのが一般的で，生産性を低下させる一因になっている。バリを減少させる加工条件は，仕上面粗さを減少させる条件にほぼ重なるが，加工変質層と同様，バリの発生は不可避的であり，これを消滅させるのは難しい。

3.8 切削加工における振動

3.8.1 びびり振動

切削加工中に工具と工作物間に振動が起こると，仕上面品位を低下させ，工具の寿命を縮め，また工作機械に悪影響を及ぼす場合もある。工具と工作物間の相対振動は**びびり振動**（chatter vibration）といわれ，その原因によって**強**

制びびり振動（forced chatter vibration）と**自励びびり振動**（self-excited chatter vibration）に大別される。

強制びびりは，周期的な外力が加わることによる振動であり，①隣接する機械類の振動，②工作機械本体の駆動機構に起因する振動，あるいは③工具形状に起因する切削抵抗の周期的変動などによって引き起こされる。このうち，①による振動は通常小さいが，精密加工を行う場合には問題になる。②による振動は，運転速度とともに周波数が高くなり，振幅も大きくなる傾向がある。特に歯車を駆動機構に用いている場合には，歯形の不整や取付け不良があると大きな振動を招き，はなはだしい場合には，一定間隔の凹凸模様（ギヤマーク）が残される。また③による振動の代表例は，フライスのような多刃工具を用いた場合で，加工が断続的に行われるためにびびりを生じやすい。

つぎに，自励びびりは工具と工作物の間に外部からは何ら周期的な力が作用していないのに発生するものである。自励びびりは，逃げ面の摩擦力が摩擦速度の増加に伴って減少するために，負の減衰状態が生じて発生する**摩擦形びびり振動**と，先行する加工で発生したびびりマークを切削する過程で，位相の遅れたびびりが引き起こされる**再生びびり振動**（regenerative chatter vibration）に分けられる。自励びびりは，共振によって振動が激しくなる場合が多く，仕上面に一定間隔のびびりマークが残され，工具摩耗も激しくなる。

強制びびりは，びびりの周波数を観察することで原因が特定できる場合が多く，対策も講じやすいが，自励びびりは影響が大きいにもかかわらず原因の究明が難しく，その対策が重視される。そこでつぎに，自励振動に関する基礎的な説明をしたのち，切削において負の減衰状態が起こるメカニズムと，振動の防止法について述べる。

3.8.2　自励びびり振動

切削加工系を**図 3.59** に示すような 1 自由度の振動系で表し，質量 m なる工具と工具ホルダが，ばね定数 k のばねと減衰係数 c のダンパで支持されていると仮定する。いま工具に対して外力 μP が作用するとき，系の運動方程式は式

(3.50) のようになる。

$$m\ddot{x} + c\dot{x} + kx = \mu P \qquad (3.50)$$

同時方程式の一般解を求めるため，右辺をゼロとおくと，式（3.51）が得られる。

$$x = Ae^{\alpha t} + Be^{\beta t} \qquad (3.51)$$

ここで，A, B は積分定数であり，α, β は式（3.52）で与えられる。

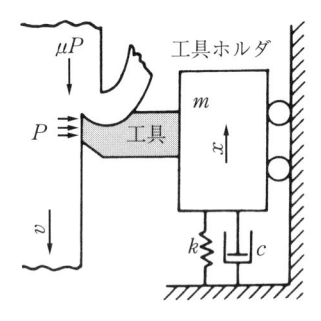

図 3.59 切削加工系の振動モデル

$$\alpha, \beta = -\frac{c}{2m} \pm \sqrt{\left(\frac{c}{2m}\right)^2 - \frac{k}{m}} \qquad (3.52)$$

一般解の示す運動は，$\sqrt{\{c/(2m)\}^2 - k/m}$ の値が実数になるか虚数になるかによって①～③のようになる。

① $c > 2\sqrt{mk}$ のとき

$$x = Ae^{\alpha t} + Be^{\beta t} \qquad (3.53)$$

となる。これは過減衰と呼ばれる場合で，変位 x は周期性をもたず，急激に減衰する。

② $c = 2\sqrt{mk}$ のとき

$$x = e^{-\frac{ct}{2m}}(A + Bt) \qquad (3.54)$$

となる。これは臨界減衰と呼ばれる場合で，非周期性の減衰挙動を示す。

③ $c < 2\sqrt{mk}$ のとき

$$x = e^{-\frac{ct}{2m}}(A\cos qt + B\sin qt) \qquad (3.55)$$

ただし，$q = \sqrt{k/m - \{c/(2m)\}^2}$ で，これは一定周期で振動しながら，しだいに減衰していく減衰自由振動である。

通常の切削加工系で発生しやすいのは③の場合であり，これに周期的な加振力〔$x_0 \cos(\omega t - \phi)$〕を付加すると，変位 x は式（3.56）で与えられる。

$$x = e^{-\frac{ct}{2m}}(A\cos qt + B\sin qt) + x_0 \cos(\omega t - \phi) \qquad (3.56)$$

（a）自由振動

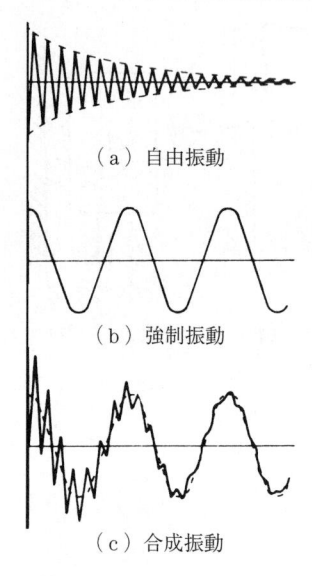

（b）強制振動

（c）合成振動

図3.60 切削加工系における自由振動，強制振動，および合成振動の例

ここで，ϕ は加振力の初期位相である。

図3.60（a）は式（3.56）の右辺第1項の減衰振動に，図（b）は周期的な加振力によって持続される第2項の強制振動に該当し，これらの合成振動は図（c）のようになる。式（3.56）において減衰係数 c が負のとき，振幅は A，B がゼロでない限り時間とともに増大する。このような場合を**自励振動**（self-excited vibration）と呼び，振動は外部からのエネルギーを吸収しながら増大していく。

そこでつぎに，通常は正の減衰性を示す機械加工系が，加工中に負の減衰状態になる場合について考える。工具には外力として切削主分力と背分力が作用するが，逃げ面が摩耗し，かつ切込みが小さい場合には，摩擦力の影響が相対的に大きくなる。そこで摩擦係数 μ に注目すると，切削加工における μ は図3.61に示すように，摩擦速度（切削速度）の増大に伴って低下することが多い。動摩擦係数は静止摩擦係数よりも一般に小さいから，切削速度が小さいと，このような状態を生じやすい。この現象は，一般に見られる**付着すべり**（stick slip）現象に類似している。$d\mu/dv$ の値が負であることは，摩擦力によって工具が振動エネルギーを受け取ることを意味しており，振動は急激に拡大する。

一方，前工程の加工面にびびりによる規則正しい凹凸模様が残されている場合に，次工程でその近傍を切削すると，工具と工作物間の振動を増幅させることがある。この現象は，前工程の凹凸が切込みにフィードバックされて次工程の振動を助長させるもので，再生びびりあるい

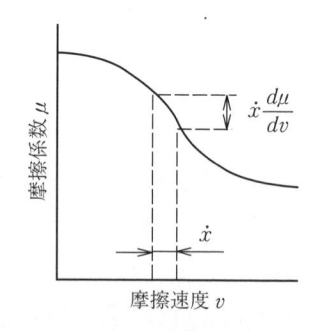

図3.61 摩擦係数の変化

はフィードバックびびり振動 (feed-back chatter vibration) と呼ばれており，これまでに述べてきた一次びびり振動 (primary chatter vibration) と区別して取り扱われる．旋削において再生びびりが発生すると，仕上面の凹凸模様は全体に送り方向に対して傾くのが普通である．これは前回転のびびり模様に対して，次回転時の振動の位相が少しずつずれていることを示している．

3.8.3 びびり振動の防止法

びびり振動は，上述のように多種多様な原因によって発生するが，これを防止するにはつぎの事項に留意しなければならない．

まず，外部振動の影響を低減するには，工作機械を振動絶縁効果の高いマウントを介して設置するか，機械を設置する床面と隣接する機械類の床面との縁を切る（独立基礎とする），などの対策が必要である．

また，機械本体の駆動機構に起因する振動を防止するには，振動源を特定して，その原因を排除することが重要である．一般には，電動機，歯車などの駆動機構に高精度の製品を用い，かつ回転軸，ツーリング（ツールホルダ）などには回転バランスのよい高精度のものを用いる必要がある．また，フライスや研削砥石など回転工具の場合には，静的・動的バランスを精密にとっておくことが重要である．さらに，断続切削などに起因する振動を抑制するには，工作機械の剛性を高める必要があるが，これができない場合には，切込み，送り，工具形状などを適切にして周期的な切削抵抗の変動を努めて小さくしなければならない．いずれにしても，工具-工作物系，あるいは加工系全体の共振周波数と加振周波数を離しておくことが肝要である．

一方，自励びびりは加工系全体の性質が関係するので，これを防止するためには工作機械そのものの動特性の改善と加工点近傍に着目した対策が必要になる．前者を軽易に改善することは難しいが，後者については，特に工作物の支持，工具の形状と固定法，切削条件などへの配慮が必要である．

旋削作業における工作物の支持については，刃先方向への振動が誘起されないよう，① 工作物をチャックに強く固定する，② できるだけセンタ作業にす

る，③心押し台のバレルを短く使用する，④細長物には振れ止めを用いる，などの点に留意しなければならない．

つぎに工具の形状と固定法については，⑤工具のシャンクを太くし，刃物台に短く固定する，⑥逃げ角を大きくとり，かつ摩耗幅が過大にならないうちに工具の交換，研ぎ直しを行う，⑦適切な工具材料とすくい角の選択により，切りくずの流出を容易にする，⑧振動しても切削面積の変化が小さくなるように，斜め刃工具は取付け角(後述の図3.65参照)を大きくする，などの事項を守らなければならない．切削条件については，流れ形の切りくずが排出されるような切削速度，切込み，送りを選ぶとともに，できるだけ潤滑効果の優れた切削油剤を用いる必要がある．なお最近，減衰性能の高い制振合金が多種開発されている．制振合金を，工具のシャンク，敷板あるいは工具ホルダに用いることで，振動を抑制できる可能性がある．

3.9 各種切削加工法

加工の分類と機械加工の原理については1.1節に，おもな工作機械とその適用例については1.5節に記した．ここでは，工具の形状と機能に着目した各種切削加工法の特徴と加工条件などについて概説する．

3.9.1 旋削加工

旋削(turning)とは，チャックなどで円筒形の工作物を支持して，その内外面，端面などを**バイト**(single point tool)によって切削する作業をいう．旋削作業のおもな方式を**図3.62**に示す．

〔1〕 **バイトの刃先形状**　バイトとは，主切れ刃が1個のもので，旋盤，形削り盤，平削り盤，中ぐり盤などの工作機械で使用される工具である．JIS B 0170では，バイト刃先形状の表示法として，工具系角と作用系角の二つが定義されている．しかし，これらの定義は精緻ではあるが難解なことから，旧 JIS で使用されていた，①シャンク基準表示法，②切れ刃基準表示法，およ

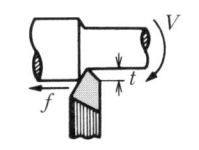

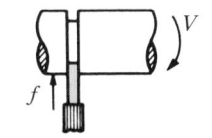

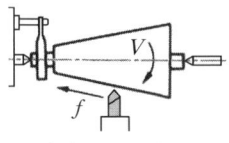

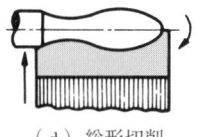

3.9 各種切削加工法   99

(a) 外面長手切削（外丸削り）　(b) 溝切り・突切り　(c) テーパ削り

(d) 総形切削　(e) 中ぐり（内面切削）

図3.62　旋削作業のおもな方式

び③バイトの取付け状態による作用角の表示法がしばらくは使われると思われる。そこで本書では，①〜③について説明する。図3.63は，シャンク基準の刃先形状表示法を示したもので，シャンクの底面およびシャンクの中心軸を基準として，刃先角度が定義される。また，図3.64は切れ刃基準の刃先形状表示法であり，切れ刃に垂直な断面内で刃先形状が定義されている。

前者では工具の刃先形状を，上すくい角，横すくい角，前逃げ角，横逃げ角，前切れ刃角，横切れ刃角，コーナ（ノーズ）半径〔mm〕の順で表記することになっており，(0, 6, 6, 6, 15, 15, 0.5) のように書く。一方，バイトの切削機能は使用時の取付け角によって変化する。工具刃先の工作物に対する作用角は，図3.65に示すように定義されている。

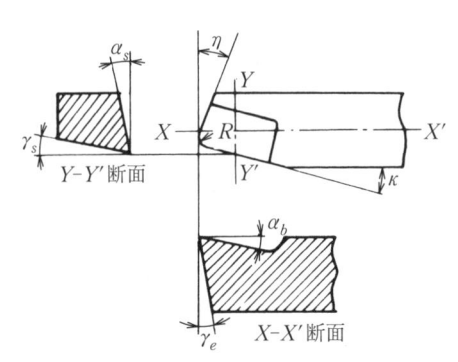

α_b：上すくい角（back rake angle）
α_s：横すくい角（side rake angle）
γ_e：前逃げ角（end relief angle）
γ_s：横逃げ角（side relief angle）
η：前切れ刃角（end cutting edge angle）
κ：横切れ刃角（side cutting edge angle）
R：コーナ半径（corner radius）

図3.63　シャンク基準の刃先形状表示法

〔2〕実用旋削条件　表3.6は，高速度工具鋼および超硬合金による金属材料の標準的

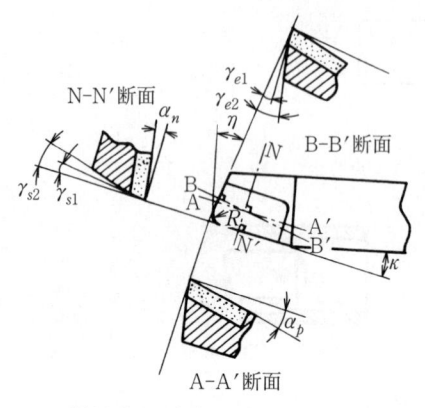

α_p ：平行上すくい角 (parallel back rake angle)
α_s ：垂直横すくい角 (normal side rake angle)
γ_{e1} ：前逃げ角　　(end relief angle)
γ_{e2} ：前すきま角 (end clearance angle)
γ_{s1} ：横逃げ角　　(side relief angle)
γ_{s2} ：横すきま角 (side clearance angle)
η ：前切れ刃角 (end cutting edge angle)
κ ：横切れ刃角 (end cutting edge angle)
R ：コーナ半径 (corner radius)

図 3.64 切れ刃基準の刃先形状表示法

切削速度を例示したものである。ただし，実際の切削速度の選定においては，工具メーカの推奨加工条件や，3.5.7項で述べた経済的切削速度などを考慮し総合的に判断する必要がある。

　すくい角については，高速度鋼バイトの場合，被削性の良好な工作物に対して大きくとるのが一般的である。しかし，黄銅を切削するときにすくい角を大きくしすぎると，切削抵抗の送り分力や背分力が負になって，食い込みの状態になり，びびりや振動を誘発しやすい。一方，超硬合金やセラミックのような硬脆材料を用いた工具の場合には，すくい角を零度にすることが多く，工具刃先への衝撃力が避けにくい場合には，負のすくい角を付ける場合もある[56]。

　実用的な旋削作業条件では，流れ形切りくずが発生することが多く，特に高速切削ではその傾向が強い。このような場合，長い切りくずが工作物にからみ付いて仕上面を傷つけたり，作

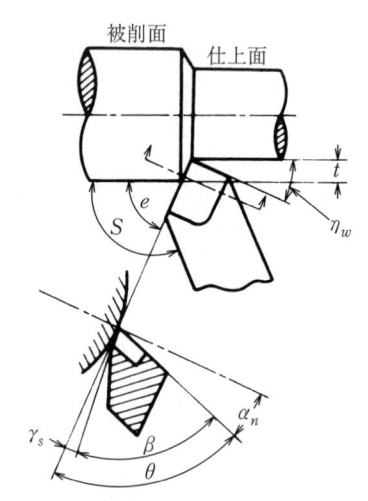

S ：取付け角　(setting angle)
e ：切込み角　(entering angle)
η_w ：作用前切れ刃角 (working end cutting edge angle)
θ ：切削角　　(cutting angle)
β ：刃物角　　(tool angle)

図 3.65 工具刃先の工作物に対する作用角

表3.6 高速度鋼および超硬バイトの標準的切削速度〔m/min〕[55]

工作物材料区分	材料記号または材種	工具材料	切込み〔mm〕		
			0.13～0.38	0.38～2.4	2.4～4.7
			送り〔mm/rev〕		
			0.051～0.13	0.13～0.38	0.38～0.76
低炭素鋼低合金鋼	S10C	高速度鋼	—	70～90	45～60
	S25C	超硬	215～365	165～215	120～165
中級合金鋼	S30C	高速度鋼	—	60～85	40～55
	S50C	超硬	185～300	135～185	105～135
ステンレス鋼	—	高速度鋼	—	30～45	25～30
		超硬	115～150	90～115	75～90
鋳鉄	軟質鋳鉄	高速度鋼	—	35～45	25～35
		超硬	135～185	105～135	75～105
	中質鋳鉄	高速度鋼	—	25～40	18～25
		超硬	105～135	75～105	60～75
銅合金	快削黄銅, 快削青銅	高速度鋼	—	90～120	70～90
		超硬	300	245～305	200～245
	黄銅, 青銅	高速度鋼	—	85～105	70～85
		超硬	215～245	185～215	150～185
軽合金	マグネシウム	高速度鋼	150～230	105～150	85～105
		超硬	380～610	245～380	185～245
	アルミニウム	高速度鋼	105～150	70～105	45～70
		超硬合金	215～300	135～215	90～135

業者に危害を及ぼすことがある。そこで，3.1.4項で述べたチップブレーカを用いて切りくずを小片に切断する必要がある。

〔3〕 **精密旋削** 高精度，高品位の仕上面を創成する外面旋削作業を**精密旋削**（fine turning）と呼び，これを中ぐり加工に適用した場合を**精密中ぐり**（fine boring）と呼んでいる。

精密旋削では，通常切削速度が速く（100～500 m/min），ダイヤモンドや超硬合金製の工具が用いられる。工作機械も高速回転が可能なものであると同

時に，十分な剛性と高い運動精度を備えていなければならない．

精密旋削における仕上面の最大高さ粗さ Rz は $0.5 \sim 2\,\mu\mathrm{m}$ 程度であるが，近年ではダイヤモンド工具を使用した超精密切削が行われており，粗さは nm レベルに達している．その詳細については，3.10.1 項で述べる．

3.9.2 平削り加工

平削り加工には，工具が工作物に対し直線往復運動をして切削を行う形削りと，工作物が工具に対して同様の運動をする平削りがあり，前者は小形の工作物，後者は大形工作物の平面加工に用いられる（1 章の図 1.8, 1.9 参照）．

平削り加工用のバイト形状は，旋削用バイトとほぼ同様であり，逃げ角は旋削用よりやや小さく $4 \sim 5°$ とされている．機械の構造上，切削速度が速くできないので，構成刃先が生じやすく，また微小切込みでの精密仕上げを行うのは一般に難しい．

3.9.3 フライス加工

フライス加工とは，フライス盤（1 章の図 1.7 参照）の主軸に取り付けられた多刃回転切削工具，すなわち**フライス**（milling cutter）によって行う切削作業である．

〔1〕 **フライスの種類と形状**　　フライスを切削様式から分けると，主として円筒外周面に配列した切れ刃によって平面の加工を行う**平フライス**（plane milling cutter），円筒の端面に配列した切れ刃によって，回転軸に垂直な平面を加工する**正面フライス**（face milling cutter），およびこれらの複合形に分けられる．**図 3.66** にフライスの種類を示す．

フライスの刃数は，重切削や荒削りの場合は少ないものを，軽切削や仕上削りの場合には多いものを用いる．刃数が多いと切りくずのたまりとなる刃と刃の間隔が狭くなり，刃の強度も低下し，かつ研ぎ直しに時間がかかるので，なるべく刃数の少ないものを選ぶ必要がある．一方，振動を抑制するには，絶えず 1 枚以上の刃が工作物と接触していることが望ましいので，ある限度以下に刃

3.9 各種切削加工法　103

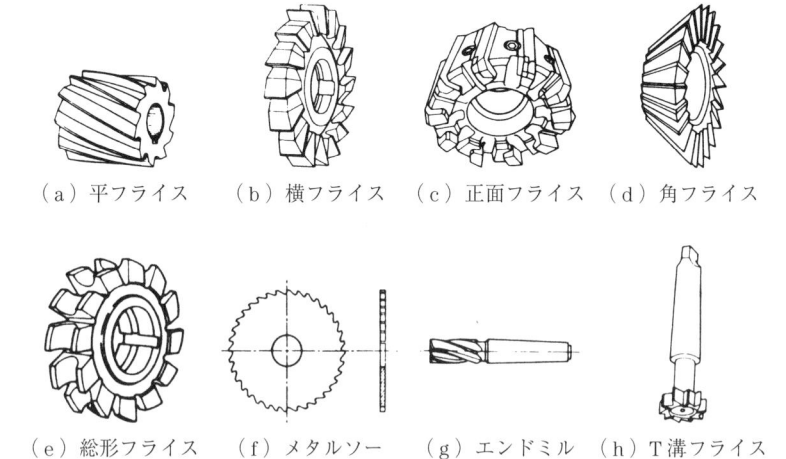

(a) 平フライス　(b) 横フライス　(c) 正面フライス　(d) 角フライス

(e) 総形フライス　(f) メタルソー　(g) エンドミル　(h) T溝フライス

図3.66　フライスの種類

数を少なくすることはできない。このため，刃先稜をカッタ軸に対して傾けた図 (a) のようなねじれ刃が有効で，ねじれ角は $10 \sim 15°$ が採用されている。

〔2〕**フライスの切削作用**　フライス削りではフライスの回転に伴って切れ刃が順に断続切削を行い，切削抵抗の大きさと向きが絶えず変動する。

図3.67 は，平フライスの切削状態を示したもので，フライスの回転方向と工作物の送り方向とが逆の場合を**上向き削り**（up-cut milling），同方向の場合を**下向き削り**（down-cut milling）と呼んでいる。フライスの刃先が工作物上に描く切削軌跡はトロコイド曲線となり，図のように切りくずの断面積は

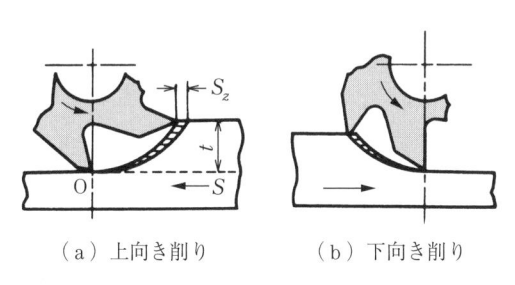

(a) 上向き削り　(b) 下向き削り

図3.67　平フライスの切削状態

刃先の進行につれて変化する。切込み深さを t，送り速度を S，フライスの外径を D，毎分回転数を N，刃数を Z とすると，フライス1刃当りの送り S_z は

$$S_z = \frac{S}{NZ} \tag{3.57}$$

で与えられ，1刃当りの最大切込み深さ（半径方向の切取り厚さ）h_m は，式 (3.58) で与えられる．

$$h_m = 2S_z\sqrt{\frac{t}{D}\left(1-\frac{t}{D}\right)} = \frac{2S}{NZ}\sqrt{\frac{t}{D}\left(1-\frac{t}{D}\right)} \tag{3.58}$$

つまり，h_m の値は送り速度と切込みの大きいほど，フライスの直径が小さいほど大きくなる．一方，切削方向の最大高さ粗さ Rz は，理想的に切削が行われた場合，式 (3.59) によって与えられる．

$$Rz = \frac{S_z^2}{4D} \tag{3.59}$$

ただし，フライスの回転軸が偏心していると，仕上面にフライス1回転ごとの凹凸ができたり，振動や構成刃先などの影響によって，粗さは理論値よりも大きくなる．軸の偏心に伴う凹凸の高さは偏心量の2倍になるので，良好な仕上面を得るには偏心を極力抑えなければならない．

図 (a) に示した上向き削りでは，切れ刃が仕上面の接線方向から削りはじめるので，工作物に食い付くときに上すべりを起こしやすく，仕上面は良好であるが刃先の摩耗が促進される．これに対し，下向き削りでは，刃先の摩耗は少ないが，仕上面は劣る傾向がある．またこの場合，工作物に作用する切削主分力方向と工作物の送り方向とが一致するため，送り機構のバックラッシュ（遊び）に起因する振動が生じやすい．

フライスの研ぎ直しには時間がかかるので，工具寿命を長く保つことが重要である．そのため，切削速度は旋削の場合よりも低く設定される．一方，1刃当りの送り量は，大きすぎても小さすぎても工具寿命が短くなるので注意を要する．

3.9.4 穴あけ加工

穴あけ加工（drilling）とは，主として旋盤，ボール盤，中ぐり盤（1章の図

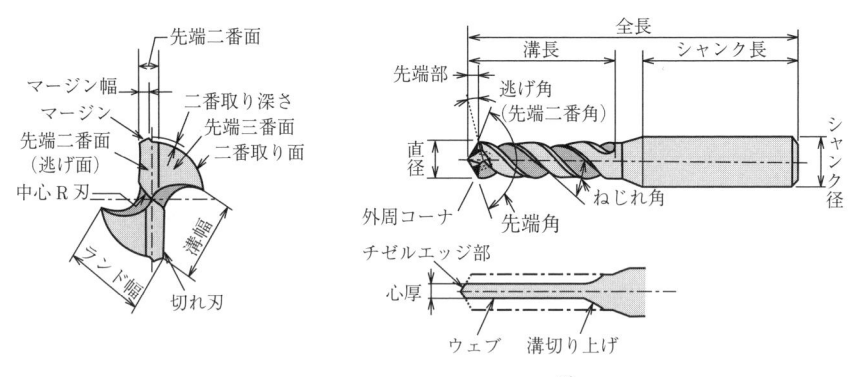

図 3.68 ねじれドリルの形状[57]

1.4〜1.6 参照）を用い，ドリルによって工作物に穴あけをする切削作業をいう。ドリルは**図 3.68** に示すように，二つの切れ刃をもつ**ねじれドリル**（twist drill）が一般的で，二つの切れ刃をつなぐ（芯になる）部分が同図の右下に示すウェブである。ウェブの先端はチゼルと呼ばれ，この部分ではすくい角が負，切削速度がほぼゼロで，切削というよりむしろ押込み状態になる。このため穴あけ作業時に自己求心性が乏しく，所要推力も大きい。この問題を解決するため，**図 3.69** に示すように，チゼルエッジ部の形状を修正することを**シンニング**（thinning）という。一方，刃先形状で重要なのが先端角と逃げ角であり，普通鋼用のドリルの場合，先端角 118°，逃げ角 12〜15°が用いられる。

ねじれドリルで安定的に加工できる穴の深さは，直径の 25 倍程度までであり，これより深い穴をあけるには，**ガンドリル**（gun drill）が用いられる。**図 3.70** は，その一例を示したもので，シャンクを貫通する油穴から高圧の切削液が供給され，直径の 100 倍程度の深穴を加工できる。さらに大口径の深穴の場合には，**図 3.71** に示すようにガンドリルとは逆に高圧の切削

図 3.69 各種シンニング例

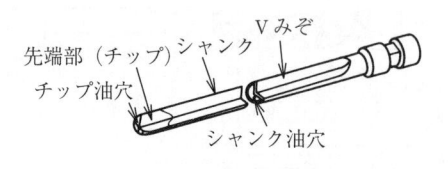

図3.70 ガンドリルの例

図3.71 BTA方式の工具ヘッドの一例[58]

油を工具ヘッドの外周から供給して，切りくずをボーリングバーの中空部を通して排出するBTA方式のものが使われる。いずれの方式も，ドリルは自ら開けた穴をガイドにして直進するように設計されており，円筒度の高い深穴が加工できる。

3.9.5 その他の切削加工

これまで述べた切削加工法以外に，丸穴を仕上加工するリーマ加工と中ぐり，複雑な形状の穴を加工するためのブローチ切削などがある。さらにねじ，歯車，形彫りなどのための各種切削加工法があるが，本項では，中ぐり，リーマ加工およびブローチ切削について簡単に述べる。

〔1〕 **中ぐりとリーマ加工** 　**中ぐり**（boring）とは，穴の内面を仕上げる切削作業であって，主として中ぐり盤（1章の図1.6参照）によって行われる。通常，工具を回転する中ぐり棒に取り付け，前加工した穴の切削仕上げを行う。

一方，**リーマ加工**（reaming）は，比較的小径の穴を**図3.72**に示すような**リーマ**（reamer）と呼ばれる切削工具を用いて仕上げる作業である。切削は，主として食い付き刃で行われ，外周刃によって寸法精度と良好な仕上面

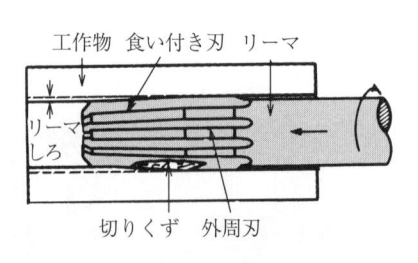

図3.72 リーマ加工

がつくられる。リーマ加工の取りしろは，直径で0.05〜0.3mm程度である。

〔2〕 ブローチ切削　　ブローチ切削（broaching）は，図3.73に示すような多数の切れ刃をもつ工具を前加工した穴に通し，ブローチの外形どおりの形状に一つの工程で仕上げる加工法である。この方法によって，複雑な形状の穴や内歯車などを比較的高精度に加工できる。加工方式としては押込み法と引抜き法があるが，押込み法は短いブローチの場合に限られる。

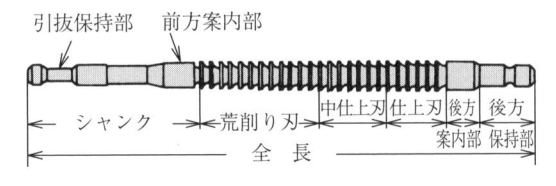

図3.73　ブローチの一般的形状

ブローチは，前後の案内部の間に多数の切れ刃が並んでおり，荒削り刃，中仕上刃，仕上刃の順にしだいに径が大きくなる。切削部の1刃当りの切込み深さ（切れ刃高さの差）と切りくずのたまる刃と刃の間隔が重要で，1刃当りの切込み深さは0.02〜0.06mmが適当とされている。切削速度は一般の旋削に比べて低く，鋼に対しては3〜数十m/min程度であるが，一つの工程で複雑な形状の穴が加工できるため，能率的である。最近では，焼入れ鋼に対してもブローチ切削が適用されており，生産性の向上に寄与している。

3.10　最近の切削加工技術

3.10.1　超精密切削

仕上面の最大高さ粗さ Rz が，可視光の波長 λ（視覚感度の高い部分で500〜600nm）の1/2程度になると，仕上面は鏡面の様相を呈しはじめる。さらに粗さが $\lambda/10$，つまり50〜60nm程度以下になると，視覚的にはほぼ完全な鏡面になる。超精密切削は，このような鏡面を能率的に創成するばかりでなく，加工面の形状についてもサブミクロンオーダの精度を実現する技術であ

る。なお，精密光学部品に適用するには，さらに粗さが小さいことが望ましく，紫外線に対する鏡面を得るには nm オーダの粗さが必要である。近年の光学部品やオプトエレクトロニクスデバイス（optoelectronics device）の高精度・高機能化と，これを創成する工作機械などの超精密化に伴い，このような超精密加工への需要が高まっている。

超精密切削を行うには，① 使用する工作機械の運動精度がサブミクロン以下であること，② 工作機械の剛性が高く，かつ加工中の振動と温度変化ができるだけ小さいこと，③ 工具切れ刃の形状が高精度で，かつ高い切削性能を有すること，④ 被削材が高度に均質で，かつ良好な被削性を有すること，などが重要である。以下，これらの内容について述べる。

〔1〕 **超精密工作機械**　運動転写を基本とする工作機械の回転軸には，数十 μm の流体膜だけで回転体を安定的に支持できる**静圧軸受け**（hydrostatic bearing）を採用する場合がほとんどで，最良のもので nm オーダの回転精度が得られる。一方，工具と工作物の相対位置を直線的に移動させるための直動案内には，静圧案内あるいは非常に高精度な V-V 転がり案内（**図 3.74**）[59]が用いられ，サブミクロンの案内精度が得られている[60]。しかし，これらの機械要素を組み合わせて工作機械を組み上げても，加工点の空間上の位置精度を十分に確保することは困難である。そこで，各案内軸に超精密なレーザセンサまたはリニアスケールを配置してフィードバック制御をかけることで，位置精度とその再現性を高めている。

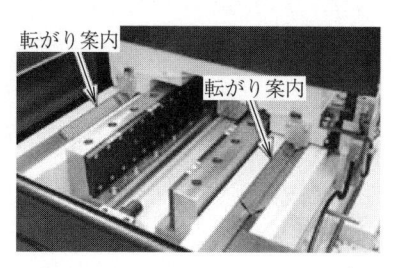

図 3.74 超精密 V-V 転がり案内[59]

近年では，nm オーダの最小移動距離を設定できる工作機械が市販されているが，切削熱や切削抵抗などのために加工中における切削点の位置は変動しやすく，これを nm オーダでコントロールするのは至難である。そこで，加工後に工作物形状を高精度に測定し，補正加工を施すことが行われる。この補正プロセスを機上で行えば，工作物のつかみ直しなどに起因する誤差が防げること

から，加工面形状の機上測定装置が種々考案されている。

図3.75は，微小非球面形状の機上測定装置の一例である[61]。図中の計測プローブはエアベアリングで保持され，プローブの変位はレーザセンサで計測される。

〔2〕**工具と工作物** 超精密切削には，おもに単結晶ダイヤモンド工具が用いられる。ダイヤモンドは，硬度と熱伝導率が非常に高く，かつ摩擦係数が低く，耐摩耗性にも優れているが，高温で鉄系材料などと反応する。そのため，工作物には均質性がきわめて高く，かつ被削性のよい，純アルミニウム，無酸素銅，無電解Niめっき層などが選ばれる。近年，数十nmの微細ダイヤモンド結晶を焼結した工具が開発されている[62]。この工具は，単結晶ダイヤモンドよりも靭性と耐摩耗性に優れていることから，炭化タングステンや超硬合金製の金型を超精密切削できる可能性がある。

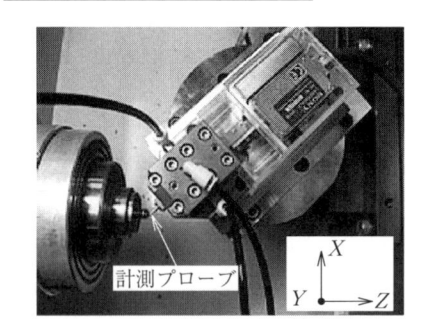

図3.75 微小非球面形状の機上測定装置の一例[61]

3.10.2 振動切削

振動切削とは，50〜100 Hz程度の低い振動数から，18 kHz程度以上の超音波振動の援用によって切削性能を高めようとする取組みの総称である。振動方向は，切削主分力，背分力，送り分力の3方向が考えられるが，主分力方向の振動が用いられることが多い。**図3.76**は振動切削装置の一例を示したもので，磁歪振動子の振幅をホーンで増幅し，工具ホルダをねじれ振動させ，これによって切削点に切削方向の振動を与えている。

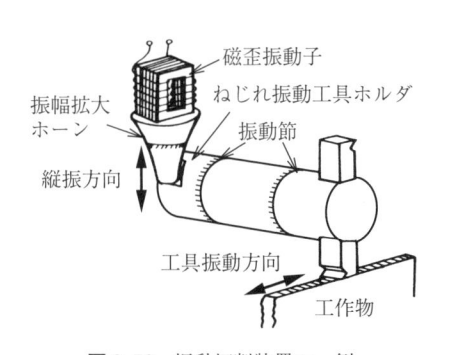

図3.76 振動切削装置の一例

このような振動を付与する狙いは，瞬間的に切りくずとすくい面間に空隙を生じさせ，加工点の冷却効果や潤滑効果を高めることにある。この瞬間的な空隙が発生する条件は，式 (3.60) で与えられる。

$$V_c < 2\pi a f = V_{cr} \tag{3.60}$$

ここで，f は振動数，a は工具刃先の振幅，V_c は切削速度である。また V_{cr} は臨界速度と呼ばれ，$V_c < V_{cr}$ の場合，工具と工作物の相対速度が負になる瞬間が現れるため，仕上面には間隔 l_T（$=V_c/f$）の微細な条痕が残される。このような振動切削の特徴は，① 切削液の潤滑効果と冷却効果が促進されるため，切削抵抗が減少し，切削温度の上昇が抑えられる，② 切りくずの排出性が向上する，③ 仕上面粗さ，加工精度が向上する，④ 切削バリが消滅する，⑤ 加工ひずみの少ない仕上面が得られる，⑥ 工具寿命が延びる，などである。

振動切削の駆動方式として，500 Hz 以下の低振動数では，油圧式，磁歪式などがあり，超音波振動させる場合には，通常ピエゾ振動素子が用いられる。

近年，工具刃先に微小な楕円振動を付与して切削する，楕円振動切削技術が開発されている[63]。図 3.77 に示すように，切りくずをかき上げるように工具刃先を楕円振動させることで，摩擦力を抑制したり，その発生方向を逆転させたりすることができる。その結果，せん断角が大きく（切りくずが薄く）なり，切削エネルギーが大幅に減少する。この技術を使うことで，高硬度の金型鋼や硬脆材料の超精密切削が可能になるなどの利点がある。しかし，設定できる V_{cr} の大きさには限度があることから，切削速度をあまり大きくできない。これは通常の振動切削でも同様であり，振動切削は加工能率に課題があるといえる。

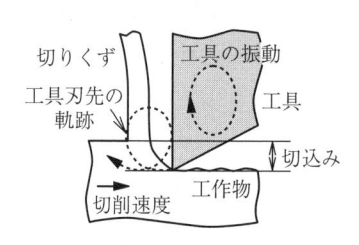

図 3.77 楕円振動切削モデル

一方，超音波振動はドリルを用いた穴あけ加工にも適用されており[64]，図 3.78 に示すように，主軸回転方向あるいは送り（スラスト）方向の振動を付

与することが試みられている。後者は，一般的な振動切削の利点のほかに，チゼルエッジ部の食い付きや切削性の向上に寄与することが報告されており，加工精度，ドリル寿命，微細穴加工の安定性などの点でも有利である。

3.10.3 難削材の切削加工

被削性の評価には 3.5.6 項で述べた被削性指数が用いられる。この値

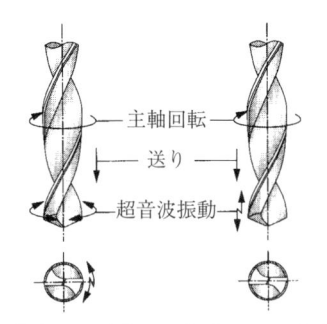

図 3.78 ドリル加工における振動の付加要領
(a) ねじれ方向　(b) スラスト方向

は，硫黄快削鋼（AISI-B1112）を切削するときの 20 min 寿命切削速度を基準に，評価材の寿命切削速度との比〔%〕で表される。例えば超硬工具を用いた場合，チタニウムでは 20〜30%，Ni 基超合金では 6〜15% となる。被削性指数の低さは難削性を表しているといえるが，この値は切削速度と工具摩耗との関係に着目した指標にすぎない。

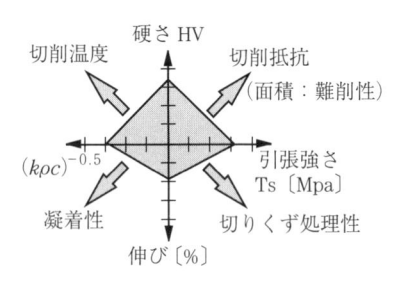

図 3.79 レーダチャートによる難削性評価

一方，**図 3.79** に示すように，被削材のビッカース硬さ（HV），熱特性値〔(熱伝導率 k × 密度 ρ × 比熱 c)$^{-0.5}$〕，伸び〔%〕，および引張強さ Ts〔MPa〕を指標にしたレーダチャートをつくることで，難削性を評価しようとする試みがある[65]。

$(k\rho c)^{-0.5}$ は，切りくず生成域での熱のこもりやすさを表し，この値が大きいと切削温度が高くなりやすく，工具と工作物の凝着や化学反応の促進につながる。またレーダチャートの面積は，材料の難削性に対応している。**図 3.80** は，代表的難削金属のレーダチャートを示したもので，図から，Ti 6Al 4V とインコネルはともに難削材であるが，その特性は明らかに異なる。このようなレーダチャートによって，それぞれの材料特性に応じた対策を見いだすことが

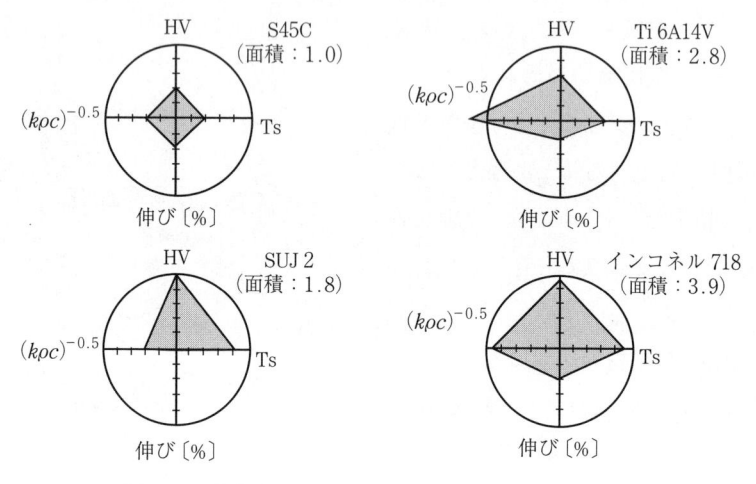

図 3.80 代表的難削金属のレーダチャート（S45C 基準）

できる．

　以上の分析は，金属材料を対象にしたものであるが，① SiC，超硬合金などの硬脆非金属材料，② 高い凝着性を有するプラスチックや変形しやすいゴム，そして ③ 材料の均質性が低く，かつ工具摩耗の激しい炭素繊維強化プラスチック（CFRP）や SiC ウィスカー強化金属などの複合材料も難削材である．

　① の硬脆材料は，ダイヤモンド工具を用いても切削が難しく，超微粒の多結晶ダイヤモンドなど新しい工具材料の開発，適切な工具刃先形状と加工条件の選定が重要である．② の凝着性の高いプラスチックや変形しやすいゴムの場合には，その冷凍によって被削性を向上させる方法（低温切削）が有効な場合がある．③ のファイバ強化複合材料の場合，仕上面の品質や粗さやは繊維方向の影響を強く受け，繊維に平行な方向に切削すると繊維は破断して抜け落ち，粗い仕上面になる傾向がある．これに対し，繊維に直行する方向に切削した場合，粗さは小さくなるが繊維そのものは切削しにくく，通常繊維の破断面が表面に現れる．

　複合材料のなかで，航空機用材料として近年注目されているのが CFRP である．これは，CFRP の比強度がジュラルミンに比べて格段に大きく，航空機の

構造強度と燃費の向上が期待されるためである。しかし，CFRPは強度の非常に強い炭素繊維を樹脂で固めたものであるため，端部のトリミングや穴あけにおいて，バリや層間剝離を生じやすい。また，工具は摩耗しやすく，炭素繊維そのものの切削も非常に困難である。そのため，工具形状や工具のコーティング法などについての検討が進められている。**図 3.81**（a）は，ダイヤモンドコーティングを施したドリルであけた穴周辺の写真である。図（b）に示すようなバリや剝離がなくなっており，穴の内面もきれいに仕上がっている。

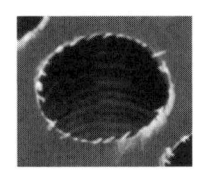

（a）コーティングあり（b）コーティングなし

図 3.81 ダイヤモンドコーティングを施したドリルであけた穴周辺の写真[66]

3.10.4 セミドライ加工，ニアドライ加工

古くから，切削，切断，穴あけ加工においては，切削油を加工点に滴下あるいは塗布して加工が行われてきたが，これは作業者に油剤が飛散しないための配慮でもあった。しかし加工の自動化に伴って，加工領域をスプラッシュガード（囲い）で覆い，大量の加工液が供給されるようになった。これは，おもに加工の高速化，高能率化に伴う加工熱の除去と，多量に発生する切りくずの排出のためである。しかし，加工液の大量使用は，その供給に必要なエネルギーと機械の回転部分（研削加工の場合には研削砥石）の負荷を増大させるばかりでなく，切削廃液の処理に多大な費用がかかり，その結果，総合的な加工コストと環境負荷を増大させる（トヨタ自動車の機械工場におけるエネルギー消費割合の試算では，加工液関連が 50% を上回っている）。

しかし，耐摩耗性の高い超硬工具の開発やコーティング技術の進歩によって，切削点の冷却の必要性は相対的に低くなっており，ごく少量の切削液供給（minimum quantity lubrication，**MQL**）状態での加工（セミドライ加工）ある

いは,極限まで切削液の使用を抑えた加工(ニアドライ加工)が試みられ,成果を上げつつある.

〔1〕 **ミスト供給によるセミドライ加工,ニアドライ加工** ミストの各種供給方法が開発されているが,狙いは境界潤滑性能の高い切削油(生分解性があって環境に優しい植物油あるいは合成エステル)を切削点にごく少量供給することにあり,流量は4～10 mL/h 程度である.使用される油剤は,鉱油よりも高価であるが,微量しか使わないから経済上の問題はない.さらに,ニアドライ加工の場合には,使用した油剤は大気中に放散され,加工面の洗浄や廃液処理が不要である.

一方,加工条件によっては冷却効果を高めるために,水を混入したミストをやや多めに(～1.5 L/h 程度)供給する場合もある.ミストの粒径もまた重要で,ミストが空中に浮遊しないように粒径の大きいものを単に吹きかける場合と,**図3.82** に示すように,微粒のミストを高圧で噴霧する場合がある.後者は,空気による冷却と切りくずの排出作用を期待する場合に使用される.なお,高温の切りくずに油性ミストが接触して発生する油煙や空気中の浮遊ミストは,作業者に不快感や健康への負担を与えることから,ミストコレクタの設置や排煙の処置が不可欠である.

図3.82 MQL用ミストホール付き工具ホルダ[67]

ミスト供給によるセミドライ加工,ニアドライ加工は,すでに実用化されているが,冷却性能や切りくずの排出性に依然課題があり,効果的な加工液の供給方法の開発や,切りくずを排出しやすくするために工作機械全体の構造を見直す,などの対策が必要である.

〔2〕 **ドライ加工** 環境への配慮からは,ドライ加工ができればこれに越したことはなく,鋳鉄,快削鋼,快削黄銅などの旋削やフライス加工では,ほとんど問題なくこれが適用できる.一部には,硬鋼の切削にドライ加工を適用

している例があるが，適用範囲を拡大するには耐摩耗性，耐凝着性をさらに高めた工具の開発が必要である．

〔3〕**油膜付き水滴の利用**　油膜付き水滴（oil on water，OoW）は，MQLの冷却性能を高めるために考案された新しい加工液の供給法で，**図3.83**に示すように，水滴の周りに油膜を形成させたミストを加工点に噴霧し，表面の油膜を工作物に付着させて潤滑効果を得ると同時に，水の気化熱によって効果的に冷却しようとするものである[68]．アルミニウム合金のエンドミル加工などでその効果が確認されているものの，切込みや切削速度を大きくすると，冷却効果が不足する恐れがある．

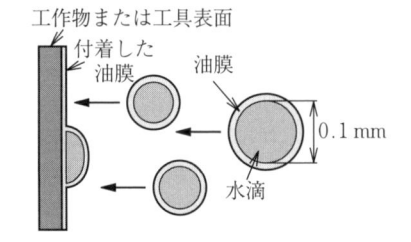

図3.83　油膜付き水滴（OoW）加工液の作用

4 研削加工

　機械加工には，強制切込み加工と圧力切込み加工があり，前者には，切削加工と**研削加工**（grinding）があることは1章で述べた。本章では，研削加工を取り上げ，その工具である**研削砥石**（grinding wheel）の概要と選択，研削加工に関わる諸問題の理論的解釈，研削加工技術とその特徴などについて概説する。

　研削加工は，高速回転する砥石の表面（砥石作業面）に分布する多数の砥粒切れ刃によって，工作物をごく微量ずつ削り取って精密に仕上げる加工法である。砥粒切れ刃は，切削におけるバイトに相当するが，その形状は不整いで，切れ刃の存在位置さえも不確か（確率的）である。このため研削加工は，切削加工とは異なるつぎのような特徴を有している。

① 研削作用は，微細かつ不規則な形状，分布をしている多数の砥粒切れ刃からなる多刃工具（研削砥石）による微細な切削作用の集積である。

② 砥粒には，非常に硬い天然あるいは人造の鉱物質（Al_2O_3，SiC，ダイヤモンドなど）を用いるため，焼入れ工具鋼のような硬い材料でも容易に加工できる。

③ 砥粒1個当りの切削断面積は非常に小さいので，一般に仕上面粗さは小さく，加工精度も高い。

④ 切削速度に相当する砥石周速度は非常に高く，一般の切削速度の10～50倍に達する。

⑤ 砥粒による切削は，大きな負のすくい角を有する切れ刃でなされるため，加工に必要なエネルギーが大きく，加工温度は高くなり，加工面に熱損傷が生じやすい。

⑥ 研削抵抗や熱衝撃によって砥粒は破砕あるいは脱落し，これに伴って新しい切れ刃が現れる。これを砥石の**自生作用**または**自生発刃作用**（self-sharpening）という。切削加工では，工具摩耗を避けることが重要であるが，研削砥石の適度な損耗は切れ味の維持につながる。

⑦ 研削砥石を使用するには，あらかじめその形状を整え，砥粒切れ刃を突き出させるための**ツルーイング**（truing，形直し）作業および**ドレッシング**（dressing，目立て）作業が必要である。

以上のような特徴をもつ研削加工には，特有の現象や問題点が存在する。また，工具である研削砥石の種類や特性が工作物の除去機構や加工性能に大きな影響を及ぼす。このため，研削作業においてはまず，工作物の材質や加工目的に応じた適切な砥石の選択が重要となる。

4.1 砥粒および研削砥石

4.1.1 砥粒の種類と性質

日本工業規格（JIS）では，砥粒を表す用語として，研削剤と研磨剤を使い分けているが，煩雑であることから，本章では統一して**砥粒**（abrasive grain または abrasives）と表記する。さて，研削加工は前述のような特徴を有することから，砥粒には①工作物に容易に貫入できる硬さ，②切れ刃を自生する適度な破砕性，③高温での化学的安定性と耐溶着性，耐摩耗性，などの要件が求められる。

これらの要件を満たすものとして，一般に硬い鉱物質の粒子が使われる。古くはガーネット（ざくろ石），コランダム（鋼玉），エメリー（コランダムと磁鉄鉱の混合物）などの天然砥粒が用いられてきたが，1890年代になって，より優れた性質をもつ人造の砥粒が開発され，現在では**アルミナ質砥粒**（alumina abrasive，A系砥粒）と**炭化ケイ素質砥粒**（silicon carbide abrasive，C系砥粒）が最も多く用いられている。

A系砥粒はボーキサイトを原料とし，不純物を除去した後に溶融，凝固させたアルミナ（Al_2O_3）塊を粉砕，整粒したものである。不純物を少量含む暗褐色のものと，純度の高い白色または薄褐色のものがあり，それぞれ**A砥粒**（regular alumina abrasive），**WA砥粒**（white alumina abrasive）と呼ばれる。

またC系砥粒は，純度の高いケイ石とコークスを原料とし，電気炉で溶融，結晶化させた炭化ケイ素（SiC）塊を粉砕，整粒したものである。黒色のもの

と高純度の緑色のものがあり，それぞれ **C 砥粒**（silicon carbide abrasive），**GC 砥粒**（green silicon carbide abrasive）と呼ばれる。

表 4.1 に，JIS R 6111 に規定されているアルミナ質および炭化ケイ素質砥粒の密度および化学成分の抜粋を示す。砥粒の硬さは，A 系がヌープ硬さ（HK）1 700 ～ 2 200 程度，C 系が 2 500 ～ 3 200 程度であり，一般の焼入れ鋼（HK700 程度）に比べて著しく硬いので，切削加工が難しい焼入れ工具鋼でも容易に加工できる。これらの砥粒は，不純物が多くなると硬さは低下するが，逆に靭性は増す性質をもち，A，WA，C，GC の順で硬さと破砕性が大きくなる。

表 4.1 アルミナ（Al_2O_3）質および炭化ケイ素（SiC）質砥粒の密度および化学成分（JIS R 6111 より抜粋）

（a）アルミナ質砥粒の密度および化学成分

砥 粒	粒 度	密 度 〔g/cm^3〕	化学成分〔%〕	
			Al_2O_3	TiO_2
WA	F4 ～ F220	3.93 以上	99.0 以上	—
A	F4 ～ F220	3.94 以上	94.0 以上	1.5 ～ 4.0
	F230 ～ F1200	3.85 以上	87.5 以上	—

（b）炭化ケイ素（SiC）質砥粒の密度および化学成分

砥 粒	粒 度	密 度 〔g/cm^3〕	SiC〔%〕
GC	F4 ～ F220	3.18 以上	98.0 以上
	F230 ～ F1200		96.0 以上
C	F4 ～ F220	3.18 以上	96.0 以上
	F230 ～ F1200	3.16 以上	94.0 以上

また**表 4.2** は，各種金属材料に対する砥粒の凝着試験結果を示したものである。A 系砥粒は鉄系材料に対して反応性が低く，C 系砥粒は反応性があるものの，鋳鉄に対しては反応しにくい。砥粒と工作物が反応すると，砥石の摩耗が進み，砥石作業面への切りくずの凝着によって目詰まりが発生しやすく，正常な研削作業が続けられなくなる。

表 4.2 各種金属材料に対する砥粒の凝着試験 [1]

金属材料	アルミナ（Al$_2$O$_3$）			炭化ケイ素（SiC）		
	反応	凝着	摩耗	反応	凝着	摩耗
低合金鋼	なし	なし	—	大	あり	大
ニッケル	なし	なし	—	大	あり	特大
ステンレス鋼	なし	なし	—	中	あり	特大
純　　鉄	小	小	—	大	大	大
鋳　鉄（2.4%C, 1.4%Si）	小	小	—	中	なし	小
鋳　鉄（2.8%C, 2.4%Si）	小	小	—	特小	なし	小

このように，砥粒によって硬さ，靭性，化学反応性などが異なるため，被削材と加工目的に応じて適切な砥粒を選択することが肝要である．一般に，強靭な鋼材にはA系砥粒が，鋳鉄および非鉄金属類にはC系砥粒が用いられる．また，比較的重研削の場合にはAやC砥粒が，仕上研削にはWAやGC砥粒が用いられる．

A系砥粒には，上記のほかに酸化クロムを含有した薄紅色のアルミナ砥粒（PA）や，単結晶質の解砕形アルミナ砥粒（HA）などがある．また，アルミナにジルコニアを加えて靭性と耐摩耗性を向上させたアルミナジルコニア砥粒（AZ）がある．おもな人造砥粒の特徴と用途を**表 4.3** に示す．

一方，ダイヤモンドと **cBN**（cubic boron nitride，**立方晶窒化ホウ素**）砥粒は，一般砥粒との対比で**超砥粒**（super abrasive）と呼ばれ，**表 4.4** に示す材料特性を有している．ダイヤモンドは，きわめて硬度が高く（品質や結晶方位によって大きく異なるが，ヌープ硬さ 6 000 ～ 10 000 HK 程度），摩擦係数が低く，熱伝導率が高く，熱膨張係数が小さく，砥粒として理想的な特性があるものの，約 600 ℃で表面の酸化が始まる．また，高温・高圧下で被削材であるFeやNi 中にダイヤモンドの炭素原子が拡散しやすく，また金属表面の酸化膜と還元反応（その結果，ダイヤモンド表面は酸化）しやすい．このため，ダイヤモンド砥粒が鉄系材料の研削に用いられることは，ほとんどない．ダイヤモンド砥粒には，天然のもの（ND）と人造のもの（SD），および砥粒保持力を

表 4.3 おもな人造砥粒の特徴と用途

人造砥粒	記号	特徴	色調	化学成分 (F4～F220)	用途
褐色アルミナ	A	WAに比べて靭性が高く，重研削が可能	褐色	Al_2O_3 94.0% 以上 TiO_2 1.5～4.0%	スラブなどの重研削，鋼材一般の研削，軟らかい鋼材の精密研削
白色アルミナ	WA	破砕性が高く，鋭いエッジをもつ	白色	Al_2O_3 99.0% 以上	焼入れ鋼，工具鋼などの精密研削，軽研削
淡紅色アルミナ	PA	高硬度で靭性に富み，研削性能が高い	淡紅色	Al_2O_3 98.5% 以上 $Cr_2O_3 + TiO_2$ 0.2～1.0%	特殊鋼，合金工具鋼などの精密研削，歯車研削
解砕形アルミナ	HA	単結晶砥粒で靭性に富み，研削性能が高い	桃色	Al_2O_3 98.50% 以上	合金鋼，工具鋼などの重研削
人造エメリー	AE	耐久性，耐摩耗性が高い	黒灰色	Al_2O_3 77.0% 以上	研磨布紙，研磨テープ
アルミナジルコニア	AZ (25)	靭性，耐摩耗性が高い	ねずみ色	Al_2O_3 65.0% 以上 ZrO_2 20～30%	ステンレス鋼，特殊鋼など難削材の切断砥石，オフセット砥石
黒色炭化ケイ素	C	硬度が高く，GCより靭性もあるが，Feと反応	黒色	SiC 96.0% 以上	非鉄金属，硬質非金属，鋳鉄の研削
緑色炭化ケイ素	GC	高硬度，高破砕性，鋭いエッジをもつ，Feと反応	緑色	SiC 99.0% 以上	超硬合金，特殊鋳鉄，非鉄金属，硬質非金属などの精密研削

表 4.4 各種砥粒の材料特性

		cBN	ダイヤモンド	アルミナ	炭化ケイ素
硬さ (HK)		4 500～4 700	6 000～10 000	1 700～2 200	2 500～3 200
反応性		高温下で水，アルカリと反応	Fe, Co, Niと高温下で反応	安定	Feと反応
熱安定性	空気中	1 300℃まで安定	600℃で酸化が始まる	2 100℃で溶融	1 500℃より酸化
	真空中	1 600℃よりhBNへ転換	1 400～1 700℃で黒鉛へ転換	同上	2 220℃で分解

高めてその消耗を低減するために，砥粒の表面に Ni などの金属を被覆したもの（SDC）がある。また，砥粒の製法によって破砕しにくいブロッキーなものから破砕性のよいものまで各種の砥粒が開発されている。

cBN は，3.5.1 項でも述べたように地球上には存在しない物質で，人工的に合成される。一般の cBN 砥粒（BN）のほかに，砥粒の保持力を高めてその消耗を低減するために砥粒の表面に金属被覆したもの（BNC）がある。cBN 砥粒は，ダイヤモンドに次ぐ硬さを有するばかりでなく高温硬さにも優れ，かつ鉄系材料との反応性が低いので，焼入れ工具鋼，ダイス鋼などの研削に適している。しかし，高温で加水分解するので，研削液の選択には注意を要する。

4.1.2 研削砥石の構造と表示

研削砥石は，**図 4.1** に示すように，砥粒とこれを結合，保持している**結合剤**（bond）からなり，そのなかに**気孔**（pore）が散在している。この，砥粒，結合剤，気孔を砥石構成の 3 要素と呼び，その割合や材質によって工具としての特性が大きく変化する。特に，**砥粒の種類**（abrasive material），**粒度**（grain size），**結合度**（grade），**組織**（structure），**結合剤の種類**（bonding material）が重要で，これを砥石の 5 因子と呼んでいる。以下，粒度，結合度，組織，結合剤について述べるとともに，研削砥石の製造法および表示法について概説する。

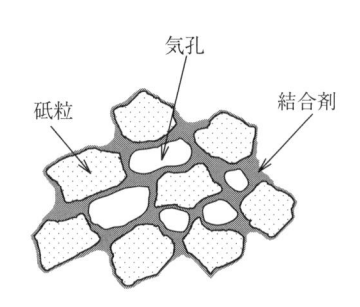

図 4.1 砥石構成の 3 要素

〔1〕**粒　　度**　粒度は砥粒径の指標値であり，ふるいを用いて分級する粒度 F4〜F220（旧 JIS では，#220 などと表記）の粗粒，粒度 F230〜F1200 までの一般研磨用微粉，粒度 #240〜#8000 までの精密研磨用微粉などが規定されている。ふるいによって分級する場合の粒度番号は，1 インチ（= 25.4mm）当りのふるい目の数（メッシュ）で示しており，粒度番号が大きいほど粒径は小さくなる。

一方,微粉は3種類の方法,すなわち沈降試験法,光透過沈降法または電気抵抗試験法によって分級される。なお,同じ粒度でも分級法によって粒径が相当異なっているので注意を要する (JIS R 6001 参照)。近年では JIS 規格よりさらに小さい,サブミクロンサイズの微粉が超精密研削などに用いられている。

著者らの試算によると,平均粒径〔μm〕と粒度番号 F には,ほぼ式 (4.1) に示す関係が認められる。

$$\text{平均粒径} = 22.9 \, F^{-1.08} \tag{4.1}$$

式 (4.1) は,**表 4.5** の右側に示す電気抵抗試験法による精密研磨用微粉の粒径(累積高さ 50 % 点)にも適用できる。

表 4.5 粒度表示と平均粒径 (JIS R 6001)

ふるいによる分級				精密研磨用微粉(電気抵抗試験法)			
粒度表示 (F)	平均粒径 〔μm〕	粒度表示 (F)	平均粒径 〔μm〕	粒度表示 (#)	累積高さ 50 % 点 の粒径 〔μm〕	粒度表示 (#)	累積高さ 50 % 点 の粒径 〔μm〕
16/20	1 180	80/100	177	240	57	800	14
20/30	840	100/120	149	280	48	1 000	11.5
30/40	590	120/140	125	320	40	2 000	6.7
40/50	420	140/170	105	360	35	3 000	4.0
50/60	300	170/200	88	400	30	4 000	3.0
60/80	250	200/230	74	600	20	8 000	1.2

一般に,粗研削には粗粒が,精密研削には F220 までの細粒が用いられる。また,工作物材料が硬くてもろい場合には細粒が,軟らかくて延性に富む場合には粗粒のものが用いられる傾向がある。

〔2〕**結 合 度** 結合度は,砥粒どうしの結合力の度合いを表し,研削加工中の砥粒の脱落や自生作用に深く関係する。JIS R 6240 では,**図**

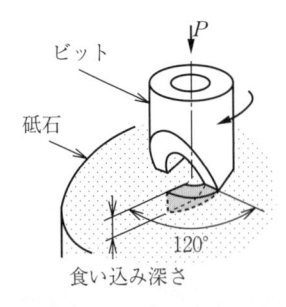

図 4.2 大越式結合度試験器(改良ビット法)

4.2に示す大越式結合度試験器（改良ビット法）によって結合度を評価するように定めている。結合度は，**表4.6**に示すように記号A～Zで表され，この順で結合力は強くなる。ただし，ビトリファイド砥石の場合，結合度と改良ビット法による食い込み深さとの関係が規定されているのは，結合度G～Rの範囲である。

表4.6 結合度記号と結合度区分

極　軟	軟	中	硬	極　硬
(A, B, C, D) E, F, G	H, I, J, K	L, M, N, O	P, Q, R, S	T, U, V, W, X, Y, Z

一般に，精密研削には結合力の弱い砥石が，重研削には結合力の強い砥石が用いられる。結合度は，結合剤の量と質ばかりでなく後述の組織との関係でも変化する。また，製造業者や製品のロットによって異なる場合もある。

〔3〕**組　　織**　組織とは，砥石中における砥粒の充填度合いを示す指標である。JISでは，**表4.7**に示すように砥粒率（砥粒の容積率）によって，

表4.7 砥石の組織と砥粒率　（JIS R 6210）

組　織	0	1	2	3	4	5	6	7	8	9	10	11	12
砥粒率	62	60	58	56	54	52	50	48	46	44	42	40	38
組　織	13	14	15	16	17	18	19	20	21	22	23	24	25
砥粒率	36	34	32	30	28	26	24	22	20	18	16	14	12

組織を0～25までの26段階に区分している。A砥粒ビトリファイドボンド砥石の結合度と体積百分率の関係を**図4.3**に示す。図のように，砥石の気孔率（気孔の容積率）は独立して変化するものではなく，砥粒率，結合度，および粒度によって変化する。一般の研削加工には，組織7～8の砥石が用い

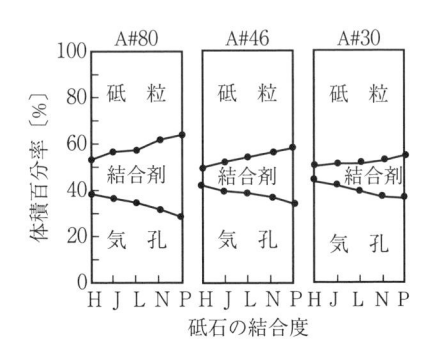

図4.3　A砥粒ビトリファイドボンド砥石の結合度と体積百分率の関係

られ，11を超えるものには多孔質のものが多い．特に研削熱の影響を嫌う場合には，組織番号の大きな砥石を選択する．

〔4〕 **結 合 剤** 適度に気孔が分散した状態で，砥石としての形状を保たせるために用いるのが結合剤である．結合剤には，砥粒の無用な脱落を防ぐとともに，砥石の使用目的に応じた弾性特性を与え，かつ摩滅した砥粒を脱落させて，自生発刃させる機能が求められる．

結合剤には，無機材料，有機材料および金属材料の3種類がある．**表4.8**に，結合剤の種類，特徴，性質，用途を示す．ビトリファイドボンド（V）はセラミック（磁器）質の結合剤であり，剛性が高いので精密研削に適している．一般に使われるA系やC系砥石の多くに，この結合剤が用いられており，結合剤と砥粒の配合比によって，砥粒の支持力や気孔の割合を大きく変化させることができる．なお，ビトリファイドボンド砥石の場合，焼成の過程でク

表4.8 結合剤の種類，特徴，性質，用途

結合剤	特徴	性質	用途
ビトリファイド（V）	・結合度を広範囲につくることができる ・適応砥粒：A系，C系，超砥粒	・砥粒の保持力が比較的強い ・経時変化がなく，品質が安定 ・剛性が高く，形状保持性に優れる	・精密研削 ・円筒研削 ・ホーニング
レジノイド（B）	・作製時の温度が低い ・ガラス繊維などの補強材を用いるもの（BF）がある ・適応砥粒：A系，C系，超砥粒	・ビトリファイドよりも強度が高いので，高周速度で使用できる ・弾性があり，衝撃の大きな研削にも適用できる	・高速自由研削 ・工具研削 ・オフセット研削 ・研削切断
メタル（M）	・ブロンズ，鉄系金属粉末などで焼結 ・適応砥粒：超砥粒	・砥粒保持力が大で，寿命が長い ・砥石形状を長く，維持できる ・熱伝導率大	・石材加工 ・硬脆材の鏡面加工
電着（P）	・ニッケルめっきなどにより台金に砥粒を強固に固定 ・適応砥粒：超砥粒	・砥粒が独立して突き出しているため，切れ味が非常によい	・複雑な異形品 ・極小品

ラック（ひび割れ）が入ることがあるので，大形の砥石をつくるのは難しい。

レジノイドボンド（B）は，熱硬化性樹脂を主体としたもので，ビトリファイドボンドよりも弾性に富み，結合力が強く，衝撃に対する安全性が高い。乾式研削にも適用でき，一般研削用のほか，切断用，手もちグラインダによる自由研削用など広い用途がある。なお，高速回転時の遠心破壊強度や耐衝撃性向上のため，グラスファイバなどの補強材を混入する場合がある。

メタルボンド（M）は，強い砥粒保持力があるので，おもに高価なダイヤモンドやcBN砥粒の結合剤として用いられ，硬脆材料の鏡面加工や切断用の砥石，石材加工用砥石などに用いられる。メタルボンド砥石の場合，気孔のないマトリックスタイプのものが多く，使用の前に目立て作業を行って，砥石作業面に砥粒を突き出させる必要がある。

超砥粒を有効に利用するため，金属製の台金に砥粒を電着した砥石（P）もあり，小径の砥石や，複雑な断面形状の砥石などに適用されている。一般に，電着砥石は目立て作業の必要がなく，砥粒の突き出し高さも大きいので能率的な加工ができるが，仕上面粗さは大きくなる。

以上のほかに，おもにセンタレス研削盤の調整車にはゴムボンド（R）のラバー砥石が，刃物の研磨などにはケイ酸ソーダ系のシリケートやマグネシアで結合した軟質砥石が用いられる。さらに鏡面仕上用として，結合剤に極軟質のポリビニールを用いた多気孔（ポーラス）砥石なども用いられている。

〔5〕 **研削砥石の製造法** 研削砥石の製造法の一例として，ビトリファイドボンド砥石の場合について簡単に述べる。まず，砥粒，結合剤，焼散性有機物を計量混合し，これに一時的粘着剤を加えてプレス成形する。これを乾燥した後に，加熱して高温（約1300℃）に保ち，結合剤を磁器化する。焼成の過程で，焼散性有機物はガス化して気孔を形成し，同時に砥石は収縮する。レジノイドボンド砥石も，熱硬化性樹脂を加熱して固化させるが，加熱温度は180℃程度である。いずれの砥石も焼成後は，規格形状に成形した後に回転バランス検査，内部欠陥の検査（超音波法）などを経て製品となる。

〔6〕 **研削砥石の表示法** 一般砥粒砥石の呼び記号の付け方はJIS R 6242

に規定されており，① 研削砥石の呼び方，② 規格番号，③ 形状番号，④ 縁形記号，⑤ 呼び寸法（外径 D ×厚さ T ×孔径 H），⑥ 砥石の明細，⑦ 最高使用周速度〔m/s〕の7種類の記号からなる．また，砥石の明細は，a) 砥粒の細分記号（製造業者独自の記号），b) 砥粒の種類，c) 粒度，d) 結合度，e) 組織，f) 結合剤の種類，g) 結合剤の細分記号（製造業者独自の記号）の順で表示する．一般砥粒砥石の表示例を以下に示す．

JIS R 6211-1	1A1	$205(D)\times10(T)\times50.8(H)$
規格番号	形状	寸法（外径×厚さ×孔径）

51	A	36	L	5	V	23	33
砥粒の細分記号	砥粒の種類	粒度	結合度	組織	結合剤の種類	細分記号	最高使用周速度

上記の例では，JIS R 6211-1 に規定されている円筒研削用砥石であり，その形状は1号平形のストレート砥石で，砥石の寸法は，外径 205 mm，厚さ 10 mm，孔径 50.8 mm であることを示している．

超砥粒ホイールの場合には JIS B 4131 に規定されており，① 規格番号，② 砥粒の種類，③ 粒度，④ 結合度，⑤ コンセントレーション（集中度），⑥ 結合剤の種類，⑦ 形状，⑧ 寸法（外径 D ×砥石の厚さ T ×砥粒層の厚さ X ×孔径 H）の順で表示する．超砥粒ホイールの表示例を以下に示す．

JIS B 4131	SD	200	N	75	B
規格番号	砥粒の種類	粒度	結合度	コンセントレーション	結合剤の種類

1A1	$205(D)\times20(T)\times3(X)\times50.8(H)$
形状	寸法（外径×厚さ×砥粒層厚さ×孔径）

超砥粒ホイールのコンセントレーション（集中度）は，一般砥粒砥石の「組織」に相当し，超砥粒の容積率 25 % を集中度 100 と定義している．コンセントレーションと含有砥粒の重量との関係は，**表 4.9** に示すとおりである．集中度は，研削の目的，結合剤の種類，加工条件などによって適宜選択する必要があり，砥石と工作物の接触面積が小さい小径砥石の場合には 75〜100，大径砥石の場合には 50〜75 の砥石を用いることが多い．

表 4.9 超砥粒ホイールのコンセントレーション(集中度)と含有砥粒の重量との関係

集中度	砥粒の容積率 [%]	砥粒の含有量 $[kg/m^3]$ (ct/in^3)	
		ダイヤモンド砥粒	cBN 砥粒
200	50.00	1 760 (8 800)	1 740 (8 700)
175	43.75	1 540 (7 700)	1 523 (7 620)
150	37.50	1 320 (6 600)	1 305 (6 530)
125	31.25	1 100 (5 500)	1 088 (5 440)
100	25.00	880 (4 400)	870 (4 350)
75	18.75	660 (3 300)	653 (3 270)
50	12.50	440 (2 200)	435 (2 180)
25	6.25	220 (1 100)	218 (1 090)

(備考) ダイヤモンドの密度は $3\,520\,kg/m^3$, cBN の密度は $3\,480\,kg/m^3$

4.1.3 砥石のツルーイングおよびドレッシング

研削加工においては，砥石外周の振れや形状誤差を抑制して加工精度を確保することが重要である。このため，砥石を砥石軸の先端に取り付けた後，砥石の外周を削って振れをとる。また，成形研削においては，ダイヤモンド工具などによって砥石の外周を希望の形状に成形する。これらの作業をツルーイング（形直し）という。ツルーイングは，砥石を交換したときだけでなく，研削作業中に砥石の形状誤差が許容値を超えた場合にも行う。

ドレッシング（目立て）は，摩滅した切れ刃を強制的に破砕，脱落させて砥石の切れ味を再生させ，あるいは結合剤に埋没した砥粒を突き出させる作業である。ドレッシングは，① ツルーイングを行ってもシャープな切れ刃が形成されない場合，② 砥粒が摩滅摩耗によって**目つぶれ**（glazing）した場合（**図4.4**），③ 研削作業によって切れ刃の**目こぼれ**（shedding）が激しくなった場合（**図4.5**），そして④ 切りくずが砥石作業面の凹部（チップポケット）に凝着して砥石が**目詰まり**（clogging または loading）した場合（**図4.6**）に行う。

一般砥粒砥石の場合には，砥粒の破砕性が高く，しかも一般に気孔を有する

128   4. 研削加工

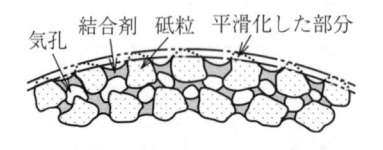

図4.4 目つぶれ

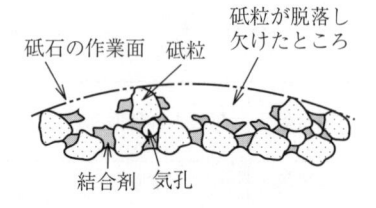

図4.5 目こぼれ

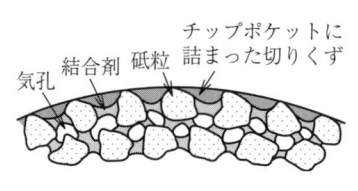

図4.6 目詰まり

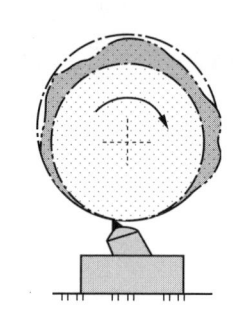

図4.7 単石ダイヤモンドドレッサによるツルーイング

ことから，**図4.7**に示すような，**単石ダイヤモンドドレッサ**などによってツルーイングを行えば，同時にシャープな切れ刃が形成され，改めてドレッシングを行う必要はない。そこで，ツルーイング自体をドレッシングと呼ぶこともある。

一方，超砥粒ホイールの場合には，無気孔のマトリックスタイプのボンドで結合されている場合が多く，ダイヤモンドドレッサでツルーイングしただけでは，結合剤中に埋没している砥粒を砥石作業面に突き出させることはできない。そこで，GCスティック砥石を大切込み，低速送りで研削したり，**図4.8**に示すように，テーブル上でGCカップ砥石を回転させ，この砥石に超砥粒ホイールを切り込みながら，テー

図4.8 超砥粒ホイールのツルーイング・ドレッシング法の一例

ブルに送り運動を与えることなどによって，目立てを行う．

4.1.4 砥石のバランシング

砥石のバランスが悪いと，加工中にびびり振動が発生して工作物の表面性状を損なうばかりではなく，作業上危険でもある．このような振動の発生を防ぐために，砥石の**バランシング**（balancing）を行う．バランシングには，フランジで固定した砥石を天びんに載せ，バランスピース（フランジに取り付けた小さなおもり）を移動させることで，静的な重力釣り合せを行う天びん式バランス法（**図 4.9**）や，転がり式バランス法が用いられる．しかし，静的なバランス法は砥石をスピンドルに取り付けた状態でのバランスを保証するものではない．そこで精密研削を行う場合には，**図 4.10**に示すような遠心力バランス法（機上バランス法）によって，高精度なバランシングを行う必要がある．この方法では，砥石をスピンドルに取り付けた状態で回転させ，アンバランスの大きさと方向を計測しながらバランス調整を行う．

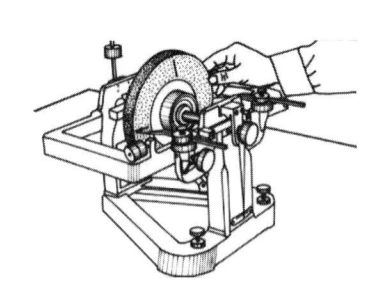

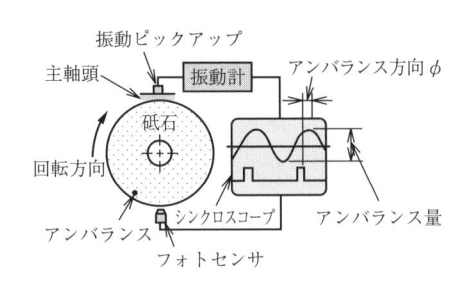

図 4.9　天びん式バランス法　　図 4.10　遠心力バランス法（機上バランス法）

4.2　研削液とその供給方法

切削液の機能，種類，特徴などについては，すでに 3.6 節で述べた．ここでは，これを研削加工に使用する場合について述べる．**研削液**（grinding fluid）は，一般に

① 砥粒，結合剤と切りくずおよび仕上面間の接触部を潤滑して摩擦を低減するとともに，砥石作業面への切りくずの溶着を防止する。
② 砥石と工作物の接触面の温度（研削温度）や工作物温度の上昇を防ぐ。
③ 破砕，脱落した砥粒や切りくずを洗浄，排除し，仕上面の品質低下を防ぐ。
④ 工作物，工作機械などを防錆する。

というような目的で使用される。

一般の平面研削の場合，砥石周速度は切削速度の10倍以上であり，砥粒が工作物との接触領域を通過するのに要する時間は，40 μs 程度にすぎない。このような短時間に，砥粒切れ刃と工作物の接触部を冷却するのは難しい。とはいえ，冷却能力を向上させるために研削液を高圧，高速で供給すると，供給ポンプの動力や研削動力が増大するばかりでなく，廃液の処理に多大な費用とエネルギーを要する。そこで最近では，研削液の使用を大幅に削減する，**MQL**（minimum quantity lubrication）の可能性が追求されている（3.10.4項参照）。

4.2.1 研削液の選定方法

研削加工は加工エネルギーが大きいので，工作物表面に熱損傷を与えやすい。このため，適切な研削液の選定と使用は特に重要である。表 4.10 に研削液の種類と特性および適応研削作業を示す。被削材や研削砥石，そして研削加

表 4.10 研削液の種類と特性および適応研削作業

種類	名称	希釈倍率	研削液の特性					適応研削作業
			潤滑性	耐溶着性	冷却性	洗浄性	浸透性	
水溶性	A1種	5〜30	○	△	○	×	△	金属類の研削，cBNホイールによる高能率研削
	A2種	20〜150	△	△	◎	○	○	精度が要求される研削
	A3種	80〜150	×	×	◎	○	×	能率が要求される研削，ダイヤモンドホイールによる研削

表 4.10 （つづき）

種類	動粘度	希釈倍率	研削液の特性					適応研削作業
			潤滑性	耐溶着性	冷却性	洗浄性	浸透性	
不水溶性 （N2〜4種）	10 mm²/s 未満	—	○	◎	×	◎	◎	ねじ研削，歯車研削，工具研削など，目詰まりや，研削焼け，割れを嫌い，精密さを要求される研削，cBNホイールによる軽研削
	10 mm²/s 以上	—	◎	○	×	○	○	

（備考） 1. 不水溶性の N1 種は，耐溶着性が○であるほかは，他の N 種にほぼ同じ.
2. 凡例：◎＝優　○＝良　△＝やや劣る　×＝劣る

工方式はさまざまであり，研削方法も日々進歩している．加工の目的に応じた具体的な研削液の選定については，油剤メーカのホームページを参照することが望ましい．

4.2.2 研削液の供給方法

図 4.11 に示すように，研削液はノズルにより加工点に供給するのが一般的である．しかし，砥石は高速回転しているため，連れ回り空気流が砥石の外周に発生し，研削液が加工点に届きにくいという問題がある．そこで，図 4.12 に示す直角ノズルによってこの空気流を遮断して研削液を供給する方法や，研削液が砥石に連れ回るように工夫した巻き付きノズルを使用する方法[2]などが

図 4.11　一般的な研削液の供給方法

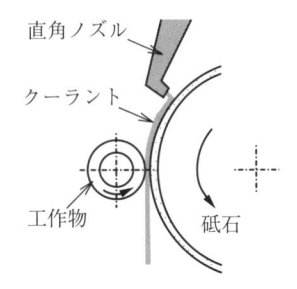

図 4.12　直角ノズルによる研削液の供給法[2]

ある。さらに高速研削では，研削液の供給圧力を高めた高圧注水システムも使用される。

一方，研削液使用量の抑制技術の一例として，図 4.13 に示す方法がある[3]。この方法は，環境に優しい植物性の潤滑油を微少量加工点に噴霧するとともに，工作物に熱伝達率の高い水を供給して冷却するものである。潤滑作用と冷却作用を分離することにより，研削液の使用量および消費電力を削減できる。

また，研削液のかわりに冷却した空気を使用する冷風研削も一部で実用化されている[4]。これは，−30℃程度に冷却した空気と微量の植物性潤滑油を用いて冷却と潤滑を行うもので，研削液の使用量を大幅に削減できるが，切りくずの洗浄，排除や，消費電力などに課題を残している。

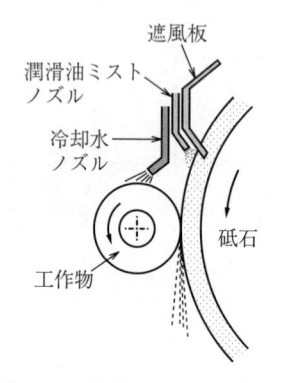

図 4.13 環境に優しい研削液使用量の抑制技術の一例[3]

4.3 研 削 機 構

本節では，主として1章の図 1.12 に示した横軸角テーブル形平面研削盤による平面**プランジ研削**（plunge cut grinding，砥石軸方向の送りを与えないで行う研削作業）を対象に，研削機構について概説する。

4.3.1 研削の幾何学

〔1〕 **砥粒切込み深さ**　　平面プランジ研削における工作物の除去作用は，切れ刃ピッチの小さい横フライスの切削作用（3章の図 3.67 参照）をイメージするとわかりやすい。すなわち，フライスの外周面上の切れ刃が砥石作業面上の砥粒切れ刃に相当し，フライスに代わり砥石を回転させ，切込みを与えながら工作物を送るという運動形態が類似している。したがって，フライス加工において1刃当りの切込み深さが切削機構を考えるうえで重要な因子であるの

と同様に，研削加工においては砥粒1個当りの切込み深さを示す**砥粒切込み深さ**（grain depth of cut）g が重要である。

砥石が回転している間，工作物も一定速度で移動しているため，砥粒切れ刃の工作物に対する切削径路（相対運動軌跡）はトロコイド曲線となるが，一般に，砥石周速度 V は工作物速度 v に比べて十分大きいことから，切削経路を砥石外周の円弧に等しいと考えて差し支えない。この場合，砥粒切込み深さと研削条件との関係式は，つぎのような幾何学的解析によって求めることができる。

すなわち**図4.14**に示す平面研削モデルの場合，砥石作業面上の切れ刃Ⅰが切削通過した径路を $\overparen{AB}$ とし，この切れ刃に後続する切れ刃Ⅱの切削径路を $\overparen{CF}$ とすると，この二つの径路で囲まれた ABFC の部分が一つの切りくずになる。したがって，切れ刃Ⅱの切込み深さは0から始まり，**最大砥粒切込み深さ**（maximum grain depth of cut）g_m（$=\overline{BE}$）に達した後，急速に小さくなる。ここで，g_m は式（4.2）で近似できる。

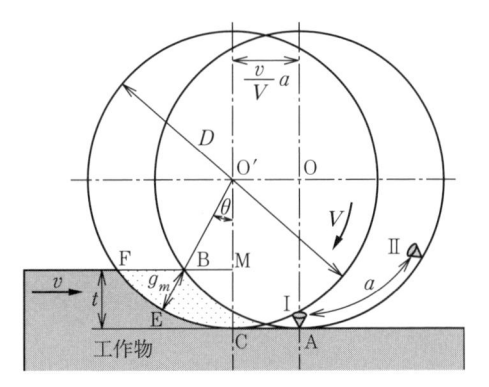

図4.14 平面研削モデル

$$g_m \fallingdotseq \overline{FB} \sin \theta \tag{4.2}$$

切れ刃Ⅰの軌跡 $\overparen{AB}$ の曲率中心を O，その後続切れ刃Ⅱの軌跡 $\overparen{CF}$ の曲率中心を O′ とすれば

$$\overline{OO'} = \overline{FB} = \frac{av}{V} \tag{4.3}$$

となる。ここで，a は連続した切れ刃の間隔である。

つぎに砥石切込み深さを t とすると，図の角度 θ は式（4.4）で表される。

$$\sin \theta = \frac{\overline{BM}}{\overline{O'B}} = \frac{\sqrt{(D/2 - g_m)^2 - (D/2 - t)^2}}{(D/2 - g_m)} \tag{4.4}$$

通常の平面研削作業においては，$D \gg t \gg g_m$ であるから，$\sin\theta$ は式 (4.5) で近似できる．

$$\sin\theta \fallingdotseq 2\sqrt{\frac{t}{D}} \tag{4.5}$$

式 (4.3) および式 (4.5) を式 (4.2) に代入すると

$$g_m \fallingdotseq 2a\frac{v}{V}\sqrt{\frac{t}{D}} \tag{4.6}$$

となる．なお g_m の値は，円筒外面研削においては，工作物の外径を d とすると式 (4.7) で与えられ，円筒内面研削においては，工作物の内径を d とすると式 (4.8) で与えられる．

$$g_m \fallingdotseq 2a\frac{v}{V}\sqrt{t\left(\frac{1}{D}+\frac{1}{d}\right)} \quad (\text{円筒外面研削}) \tag{4.7}$$

$$g_m \fallingdotseq 2a\frac{v}{V}\sqrt{t\left(\frac{1}{D}-\frac{1}{d}\right)} \quad (\text{円筒内面研削}) \tag{4.8}$$

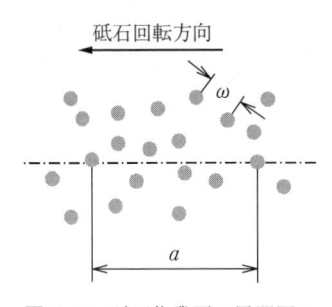

図 4.15 砥石作業面の展開図における平均切れ刃間隔 ω と，連続切れ刃間隔 a

式 (4.7), (4.8) を用いて g_m を計算するには，a の値を知る必要がある．a は，砥石作業面上の**平均切れ刃間隔**（mean cutting point spacing）ω ではなく，**図 4.15** に示す砥石作業面の展開図において，砥石回転方向の同一線上に並んでいる切れ刃の間隔，すなわち**連続切れ刃間隔**[5]（successive cutting point spacing）である．

連続切れ刃間隔 a は，フライスにおける切れ刃ピッチのように工具形状によって決まる値ではなく，切れ刃高さと，切れ刃先端形状の不揃い，隣接して切削を行う切れ刃との干渉，さらに切込み深さや工作物速度などの加工条件によって変化する[6]．このため，砥粒切れ刃の形状と立体的分布をモデル化した研削シミュレーションを行わないと a の値は決定できない．とはいえ，式 (4.6) 〜 (4.8) は，加工条件と砥粒切れ刃の

切削作用との関係を端的に表す重要な式である。

〔2〕**平均切りくず断面積**　研削中に砥粒に働く力は，砥粒切れ刃の切削断面積に比例すると考えられる。砥粒切削断面積も砥粒切込み深さと同様，個々の切れ刃の切削位置によって変化することから，その平均値を求めることにする。図4.14において，紙面に垂直な方向の研削幅をb，切込み深さをtとすれば，単位時間当りの除去体積Uは

$$U = bvt \tag{4.9}$$

となる。単位時間に，研削に関与する砥石の表面積はbVであるから，研削に関わる切れ刃の総数はbV/ω^2である。したがって，1個の切れ刃によって削り出される切りくずの体積uは式（4.10）で与えられる。

$$u = U\left(\frac{\omega^2}{bV}\right) = \omega^2 \frac{v}{V} t \tag{4.10}$$

一方，**未変形切りくず長さ**（undeformed chip length）l_cは，砥石と工作物の**接触弧長さ**（arc of contact）$l\ (=\widehat{AB})$に等しいと考えると，式（4.11）で近似できる。

$$l_c \doteqdot l \doteqdot \sqrt{Dt} \tag{4.11}$$

したがって，uをl_cで割れば，式（4.12）によって**平均切りくず断面積**（mean chip cross-sectional area）a_mが得られる。

$$a_m \doteqdot \omega^2 \frac{v}{V} \sqrt{\frac{t}{D}} \tag{4.12}$$

式（4.12）の$(v/V)\sqrt{t/D}$は，砥石や工作物の種類に無関係であり，研削の作動条件と幾何学的関係のみによって決まる無次元数なので，これをφとおくと式（4.13）が得られる。

$$a_m = \omega^2 \varphi \tag{4.13}$$

円筒外面と内面研削の場合，φは式（4.14）で表される。ここで，$1/d$の符号が正の場合は円筒外面研削を，負の場合は円筒内面研削をそれぞれ表す。

$$\varphi = \frac{v}{V}\sqrt{t\left(\frac{1}{D} \pm \frac{1}{d}\right)} \qquad (4.14)$$

式 (4.13) からわかるように，a_m は φ に比例するものであり，砥粒に加わる負荷は φ の大小によって決まることになる．すなわち，工作物速度 v と切込み深さ t が大きいほど，砥石周速度 V と砥石直径 D が小さいほど砥粒に大きな負荷が作用する．また d 以外の条件が一定なら，円筒内面研削，平面研削，円筒外面研削の順で砥粒に加わる負荷が大きくなる．このため一般には，φ の値が大幅に変わらないような加工条件が選定される．例えば，表 4.11 に示す一般的な研削条件を想定してみると，φ の値は表 4.12 に示すように 1×10^{-4} 前後の値に収まることになる[7]．

表 4.11 研削条件の一例

条件 \ 研削形式	平面研削	円筒外面研削	円筒内面研削
砥石直径 D [mm]	175	500	20
工作物直径 d [mm]	∞	50	30
砥石周速度 V [m/min]	1 500	1 800	1 200
工作物速度 v [m/min]	7.5	15	12

表 4.12 各種研削条件における φ の値 ($\times 10^{-4}$)

切込み深さ [μm] \ 研削形式	平面研削	円筒外面研削	円筒内面研削
2	0.17	0.55	0.58
5	0.27	0.87	0.91
10	0.38	1.24	1.29
20	0.54	1.75	1.82
30	0.65	2.14	2.24

〔3〕 切りくず長さ　1 個の切れ刃が 1 回の切削で削り取る切りくずの長さが，前述の未変形切りくず長さ l_c である．図 4.14 において未変形切りくず長さは，砥粒切れ刃が工作物断面上に描くトロコイド曲線に沿った切削径路長さ $\overset{\frown}{AB}$ に等しくなる．円筒内，外面研削の場合には式 (4.15) で近似できる．

$$l_c \fallingdotseq \left(1 \pm \frac{v}{V}\right)\sqrt{t\left(\frac{1}{D} \pm \frac{1}{d}\right)} \qquad (4.15)$$

なお，工作物と砥石の速度比 v/V の符号は，正が**上向き研削**（up-cut grinding），負が**下向き研削**（down-cut grinding）の場合を示す。v/V の値は普通 10^{-2} 程度であるのでこれを無視すると，平面研削における l_c は先の式（4.11）で近似できることになる。通常の平面研削では l_c の値は数 mm 程度であり，d 以外の条件が同じなら，円筒外面研削，平面研削，円筒内面研削の順で l_c は長くなる。

任意の砥粒の接触弧長さを，研削時間について合計したものが砥粒切削長さ L である。L は，砥石の回転数を N，研削時間を τ とすると，式（4.16）で与えられる。

$$L = l_c N \tau \qquad (4.16)$$

砥粒切削長さ L は，1個の砥粒が実際に切削した長さの総計であるから，砥粒の摩耗や切れ味の変化を検討したり，砥石寿命を論じたりする場合に必要な因子である。また，l_c/V は砥粒切れ刃の1回の切削時間，l_c/v は工作物の同一部が砥石と接触している時間を表し，いずれも研削温度の影響などを論じる場合に必要な因子である。

図 4.16 は，切りくずの形状と研削状態の関係を示したものである。g_m が大きすぎると，砥粒に過大な負荷が作用して，

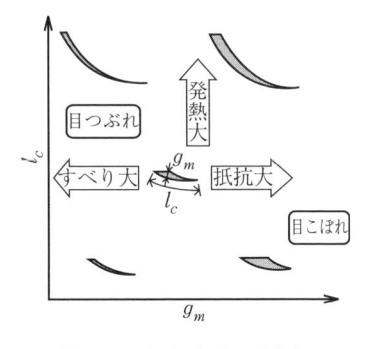

図 4.16 切りくずの形状と研削状態の関係

砥粒の破砕や脱落が顕著になる。この状態を目こぼれ（図 4.5 参照）状態であるという。逆に，g_m が小さすぎると砥石の自生作用が機能しなくなる。g_m が小さく，かつ l_c が大きい条件では，切れ刃先端の摩滅摩耗が進行し，砥粒切れ刃の切削性能が低下する。これを目つぶれ（図 4.4 参照）状態という。目つ

ぶれが激しい場合には，g_m が大きく，l_c がより小さくなるような加工条件に変更する必要がある．

4.3.2 砥粒切れ刃の形状と分布

〔1〕 **切れ刃の形状**　砥粒切れ刃先端の形状は，その切削性能を左右するばかりでなく，仕上面粗さや加工精度にも影響する．例えば，鋭い切れ刃は工作物に容易に食い込み，切削抵抗は小さく，工作物を除去する能力も高い．しかし，鈍化した切れ刃では研削抵抗が大きくなり，加工熱も多量に発生して仕上面の性状を害することが多い．

バイトやフライスなどの一般切削工具では，その刃先を研磨して所要のすくい角，逃げ角などに成形できる．しかし，砥粒の場合には人為的に切れ刃の形状をそろえることは不可能であり，自然の破砕面を切れ刃として利用せざるを得ない．このため，砥粒切れ刃の形状は不ぞろいで，通常大きな負のすくい角を有する．

切れ刃の形状を調べるには，**図 4.17** に示すように走査形電子顕微鏡（SEM）や光学顕微鏡で直接観察したり，切れ刃先端のプロファイルを粗さ計などで求めたりする方法と，加工面の研削条痕から間接的に調べる方法などがある．

多数の砥粒の先端形状を観測してみると，比較的鋭利なもの，ある程度丸みをもっているもの，多数の微小突起があるものなどさまざまであるが，多くの切れ刃について平均的に見るときは，理想化されたある種の形状で代表させると，研削現象を理論的に取り扱ううえで便利である．これまでに提案されている砥粒切れ刃形状のモデルを分類するとつぎのようになる．

① 円すいあるいは角すい　先端がとがっていると見なすもので，そのプロファイルは三角形状になる．粗ドレッシングした直後には，この形状が多い．切れ刃の先端角は，ほぼ 140°～160°であって，粒径の小さい砥粒ほど先端角は小さくなる傾向がある．

② 球形　刃先の丸み半径は 10～20 μm であるといわれている．

③ 先端に丸みをもつ円すい形　砥粒による引っかき試験の結果，砥粒切

↑
砥粒

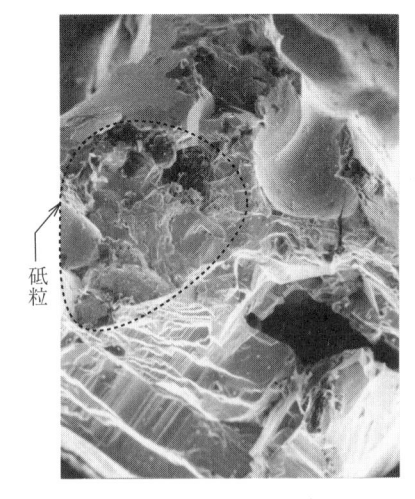

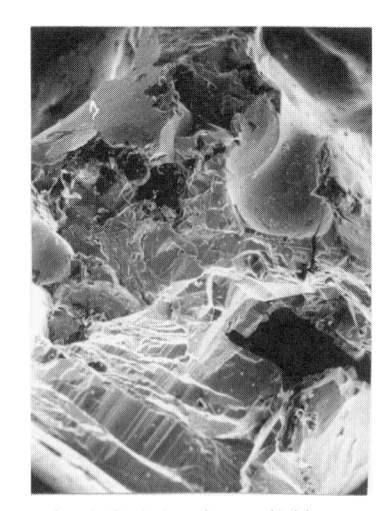

(備考) **立体写真の見方**：二つの写真の中央に顔を近づけ（25 cm 程度），遠方を見ると3枚の写真が見えてくるので，少しずつ中央の写真に焦点を合わせる。そうすると，立体写真が見える。

図 4.17 精密ドレッシングを行った WA 砥粒の走査形顕微鏡による立体写真[8]

込み深さが大きいときには円すいによる切削に近く，切込みが小さいときには球による切削に近いので，このような形を想定することができる。

④ **先端が平らな円すい形** 砥粒の先端が摩滅したときの形状である。また，ドレッサの送り速度を非常に小さくして結合度の高い砥石をドレッシングした場合にも，このような形状が見られる。

〔2〕 **切れ刃の分布** 砥粒切れ刃は，砥石作業面上にランダムに分布している。いま砥石の単位表面積に存在する切れ刃の数を C，平均切れ刃間隔を ω とすれば

$$\omega = \frac{1}{\sqrt{C}} \tag{4.17}$$

の関係がある。前述のように，ω は砥粒最大切込み深さや平均切りくず断面積を決めるのに必要な値である。そこで，砥石内部の任意断面における理想的な平均砥粒間隔を考察してみよう。

図 4.18 に示すように,砥石内部の単位平面 AB(面積:1×1)で切断される砥粒の数 N_p を考える。N_p は,d_0 を砥粒の平均直径として,$1^2 \times d_0$ の体積のなかに中心を有する砥粒数である。砥粒 1 個の体積は $\pi d_0^3/6$ であるから,V_g を砥粒率とすると,式 (4.18) の関係が得られる。

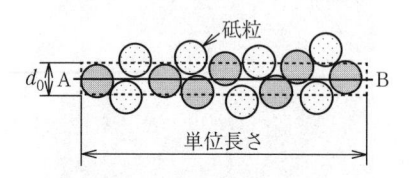

図 4.18 砥石内部の砥粒分布

$$N_p \times \frac{\pi}{6} d_0^3 = V_g \times 1^2 \times d_0 \tag{4.18}$$

よって N_p は,式 (4.19) で与えられる[9]。

$$N_p = \frac{6V_g}{\pi d_0^2} \tag{4.19}$$

したがって,砥石内部における平均砥粒間隔 ω' は

$$\omega' = \frac{1}{\sqrt{N_p}} = \sqrt{\frac{\pi}{6V_g}} \times d_0 \tag{4.20}$$

となる。V_g は普通 0.4〜0.5 であることから,これを入れて計算すると,$\omega' = (1.14〜1.02) d_0$ となって,ω' は砥粒の平均径 d_0 とほとんど等しいことになる。しかし,ω' は砥石内部の一断面における平均間隔として求めたものである。砥石の表面では,砥粒が脱落,欠損しているので,砥石作業面における平均切れ刃間隔 ω はこれより大きくなる。砥粒が脱落,欠損する割合は,結合度が弱い砥石ほど,ドレッシングを粗くするほど大きく,これに伴って ω は大きくなる。図 4.19 は各種砥石の平均切れ刃

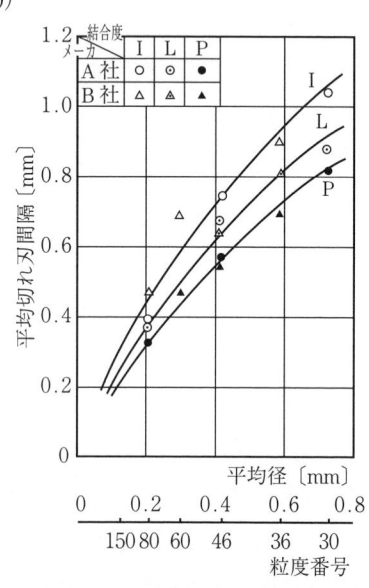

図 4.19 各種砥石の平均切れ刃間隔 ω の実測値[7]

間隔 ω の実測値で，ω は d_0 の約 $1.3 \sim 2$ 倍になっている[7]。

4.4 研 削 抵 抗

研削中に砥石に加わる力を**研削抵抗**（grinding force）という。研削抵抗の大小は工具としての砥石の切れ味を端的に示すもので，その値や方向を知ることは研削機構を検討するうえで重要であるばかりでなく，実作業において種々のトラブルを防止し，あるいは適正な加工条件を選ぶために必要である。

平面**トラバース研削**（traverse grinding，砥石軸方向に送りを与えて行う研削作業）の場合，研削抵抗 F は**図 4.20** に示すように，砥石外周の接線方向に働く**接線研削抵抗**（tangential grinding force）F_t，砥石と工作物の接触面に対し垂直に働く**垂直研削抵抗**（normal grinding force）F_n，トラバース送り方向に働く**送り研削抵抗**（axial grinding force）F_s の，たがいに直交する三つの分力に分けることができる。これは，円筒内面および外面のトラバース研削時も同様である。

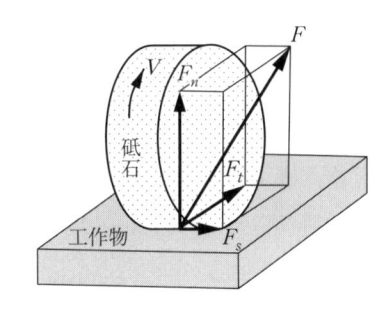

図 4.20 研削抵抗の三つの分力

接線研削抵抗 F_t〔N〕は，砥石を回転させるための動力に直接関係するもので，所要動力 P〔W〕は，砥石周速度を V〔m/s〕とするとき，式（4.21）で与えられる。

$$P = \frac{F_t V}{\eta} \tag{4.21}$$

ここで，η は砥石軸モータの効率である。

金属材料を研削する場合，一般に垂直研削抵抗 F_n は F_t の約 2 倍になる。F_n は，砥石軸や工作物の弾性変位，砥石と工作物間の接触変位，工作物の切り残しなどに関係し，仕上寸法精度を問題とする場合には特に重要である。

一方，送り研削抵抗 F_s はトラバース送り速度にほぼ比例して増大するもの

であるが,前2者に比べはるかに小さい。

4.4.1 研削抵抗の実験式

研削抵抗は,Schlesingerをはじめとして近年に至るまで,多数の研究者によって測定され,多くのデータが発表されている。また,研削加工条件の研削抵抗に及ぼす影響も詳細に検討され,これを実験式として表すことが試みられている。実験式のほとんどは,研削条件のベキ指数関数の形で表されており,円筒トラバース研削における接線研削抵抗 F_t について,式(4.22)のようにまとめられる[10]。

$$F_t = k\, t^{\alpha} V^{-\beta} v^{\gamma} s^{\delta} B^{\varepsilon} \tag{4.22}$$

ここに,t は砥石の切込み深さ〔mm〕,V は砥石周速度〔m/min〕,v は工作物速度〔m/min〕,s は工作物1回転当りの送り量〔mm/rev〕,B は砥石幅〔mm〕であり,k は比例定数である。式(4.22)における各指数をまとめたものが,**表4.13**である。また竹中[11]は,平面研削における接線および垂直研削抵抗について実験式(4.23)を与え,それぞれの指数値は**表4.14**のようになるとしている。

$$F_t = k\, t^{\alpha} V^{-\beta} v^{\gamma}, \quad F_n = k'\, t^{\alpha'} V^{-\beta'} v^{\gamma'} \tag{4.23}$$

表4.13,表4.14からわかるように,各指数の値は研究者によっていくらかの差はあるが,研削抵抗に及ぼす加工条件の大まかな影響を知ることができ

表4.13 研削抵抗実験式(4.22)の指数値

研 究 者	α	β	γ	δ	ε	備 考
Saljé	0.45 0.4 0.43	0.45 0.4 0.43	0.45 0.4 0.43	0.45 0.4 0.43	— — —	80K 60L C45鋼 46L
Masslow	0.6	—	0.7	0.7	—	
Koloreuritch	0.5	0.9	0.4	0.6	—	
Norton Co.	0.5	0.5	0.5	0.5	0.5	
渡 辺	0.88	0.76	0.76	0.62	0.38	

表 4.14 研削抵抗実験式（4.23）の指数値

材　質	α	α'	β	β'	γ	γ'	比 F_t/F_n
焼入れ鋼	0.84	0.84	—	—	—	—	0.49
硬　鋼	0.87	0.86	1.03	1.06	0.48	0.44	0.57
軟　鋼	0.84	0.82	0.70	0.68	0.45	0.44	0.55
鋳　鉄	0.87	0.87	—	—	0.61	0.50	0.35
黄　銅	0.87	0.77	—	—	0.60	0.50	0.45

る。すなわち，研削抵抗は砥石の切込み深さ t，工作物速度 v，および送り量 s の増加とともに増大し，砥石周速度 V が増加すると減少するといえる。

4.4.2　研削抵抗の理論[7]

研削中の砥粒切れ刃の切削状態を平面トラバース研削の場合を例にして**図 4.21** に示す。図のように，砥石と工作物の接触面内では多数の切れ刃が同時に切削を行っている。この切れ刃数を**同時研削切れ刃数**（the number of active cutting edges in grinding zone）と呼ぶ。

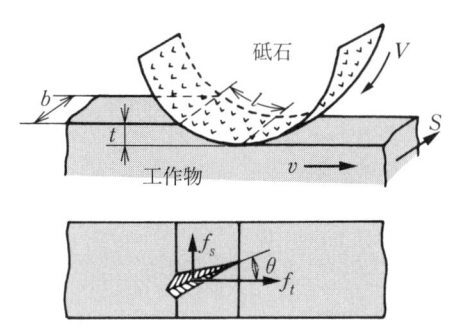

トラバース研削の場合，工作物表面における切れ刃の切削痕は研削方向（砥石の回転方向）とある小さな角度 θ をなす。θ は，工作物に砥石軸方向の送りを与えたために生じたもので，式（4.24）で与えられる。

図 4.21 研削中の砥粒切れ刃の切削状態（平面トラバース研削の場合）

$$\tan \theta = \frac{S}{V}\left(1 \pm \frac{v}{V}\right)^{-1} \fallingdotseq \frac{S}{V} \tag{4.24}$$

ここに，S はトラバース送り速度で，v/V の符号は，正が上向き研削，負が下向き研削の場合である。つぎに切れ刃 1 個に働く力について考えると，図

4.20と同様に，接線方向の力f_t，垂直力および送り方向の力f_sに分けることができ，f_sは式(4.25)で与えられる。

$$f_s = f_t \tan \theta \tag{4.25}$$

ここで，f_tは切れ刃の平均切削断面積（平均切りくず断面積）a_mに比例するものとし，その比例定数を**比研削抵抗**（specific grinding force）k_sと定義すると，k_sは単位切削断面積当りの接線研削抵抗を表すものであり，式(4.26)の関係が得られる。

$$f_t = k_s a_m \tag{4.26}$$

また，垂直力f_nと接線力f_tとの比をλとおけば，式(4.27)が得られる。

$$f_n = \lambda f_t = \lambda k_s a_m \tag{4.27}$$

つぎに，同時研削切れ刃数jは，接触弧の長さをl，研削幅をb，平均砥粒間隔をωとすれば

$$j = \frac{lb}{\omega^2} \tag{4.28}$$

であるから，研削抵抗の3分力F_t，F_nおよびF_sは，式(4.11)，(4.12)，および式(4.25)～(4.28)を用いて式(4.29)のように導くことができる。

$$F_t = jf_t = \frac{lb}{\omega^2} k_s a_m = k_s bt \frac{v}{V}, \quad F_n = jf_n = \lambda k_s bt \frac{v}{V}, \quad F_s = jf_s = \lambda k_s bt \frac{vS}{V^2} \tag{4.29}$$

式(4.29)から，研削抵抗の接線分力および垂直分力は，いずれも研削幅b，砥石切込み深さtおよび工作物速度vに比例し，砥石周速度Vに逆比例することがわかる。一方，**図4.22**は，研削抵抗と砥石切込み深さおよび研削抵抗と工作物速度との関係を示したもので，F_tおよびF_nは必ずしも理論式どおりにtあるいはvに比例しているわけではない。このような食い違いの生じる理由は，比研削抵抗k_sが一定値をとらず，砥粒切削断面積（切りくず断面積）によって変わるためである。つまり，3.2.3項で述べた切削における寸法効果

4.4 研削抵抗   145

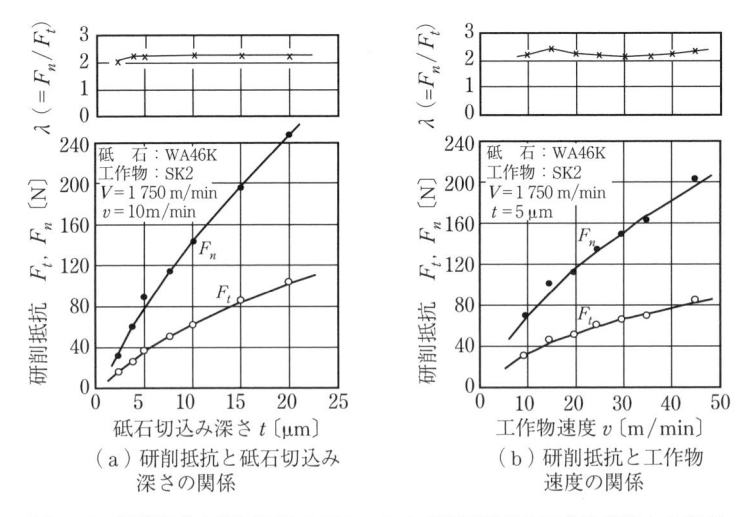

図4.22 研削抵抗と砥石切込み深さ，および研削抵抗と工作物速度との関係

(a) 研削抵抗と砥石切込み深さの関係
(b) 研削抵抗と工作物速度の関係

と同様の現象が現れたものと考えられる。

なお，図4.22には**研削抵抗の2分力比**（grinding force ratio, F_n/F_t）の値も示している。図のようにλは切込みや工作物速度によってほとんど変わらない一定値（$\lambda \fallingdotseq 2.3$）になっている。このように，$\lambda$は工作物材料によってほぼ決まる値で，鋼の場合$\lambda = 1.8 \sim 2.5$の範囲にあり，焼入れした硬い鋼ほど大きい。また，鋳鉄では$\lambda \fallingdotseq 3$，超硬合金では$\lambda \fallingdotseq 4$となる。

4.4.3 比研削抵抗と比研削エネルギー

切りくず断面積当りの接線研削抵抗である比研削抵抗k_sは，式（4.29）から式（4.30）によって計算できる。

$$k_s = \frac{F_t}{bt}\left(\frac{V}{v}\right) \tag{4.30}$$

すなわち，接線研削抵抗F_tを実験によって求めておけば，F_tを研削条件によって決まる値〔$bt(v/V)$〕で割ることにより，比研削抵抗k_sが得られることになる。過去に発表された研削抵抗の実験値をもとに比研削抵抗k_sを計算し，このk_sと式（4.14）に示した無次元数φとの関係を両対数紙上にプロッ

146   4. 研 削 加 工

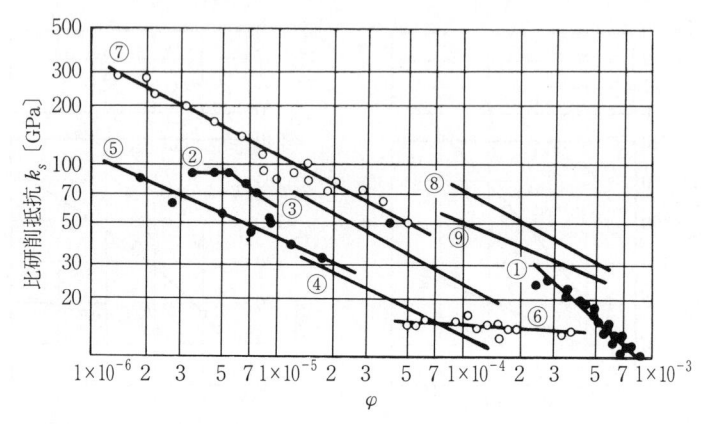

実験者	砥 石	工作物	変 数	備 考
① Schlesinger	46L	硬 鋼	V, t	
② Shaw	32A46H	SAE112	t	
③ Coenen	C46F	鋳 鉄	v, t	$S = 5$ mm
④ Coenen	C16F	鋳 鉄	v, t	$S = 20$ mm
⑤ 関口・長谷川	A46H	軟 鋼	v, t	
⑥ 佐 藤	A46L	SF54	V, v, t	
⑦ 竹 中	A46K	硬 鋼	V, v, t	
⑧ 小 野	A46M	軸受け鋼	v, t	$V = 900$ m/min
⑨ 小 野	A46M	軸受け鋼	v, t	$V = 1\,800$ m/min

図 4.23 比研削抵抗 k_s と φ の関係

トすると**図 4.23**のようになる。図中の⑤に示した軟鋼における k_s は，切削実験における比切削抵抗（$\omega = 1 \sim 2$ GPa）よりもはるかに大きく，$k_s = 30 \sim 100$ GPa である。また k_s は φ が小さいほど大きな値を示しており，明らかに寸法効果を示している。図のように k_s と φ は，両対数紙上でほぼ直線関係を有するので，式（4.31）で表すことができる。

$$k_s = k_0 a_m^{-\varepsilon} \tag{4.31}$$

ここで，k_0 は比例定数（比研削抵抗定数）である。式（4.31）を式（4.29）に代入すれば，式（4.32）のような接線研削抵抗の一般式が得られる。

$$F_t = k_0 b \left(\frac{v}{V}\right)^{1-\varepsilon} t^{1-\frac{\varepsilon}{2}} \left(\frac{1}{D} \pm \frac{1}{d}\right)^{-\frac{\varepsilon}{2}} \omega^{-2\varepsilon} \tag{4.32}$$

ε は 0.25〜0.5 の範囲にある定数であるが，仮に $\varepsilon = 0.4$ とおけば

$$F_t = k_0 b \left(\frac{v}{V}\right)^{0.6} t^{0.8} \left(\frac{1}{D} \pm \frac{1}{d}\right)^{-0.2} \omega^{-0.8} \tag{4.33}$$

となる．この式 (4.33) は，表4.13に示した渡辺の指数値とほぼ一致している．式 (4.33) における k_0 を，各種工作物材料について実験的に求めた一例を**表 4.15**に示す[7]．このように，各材料についてあらかじめ k_0 の値を知っておけば，研削抵抗は計算によって求められることになる．

表 4.15 各種工作物材料の比研削抵抗定数 k_0（砥石：A60P）

材 料	軸受け鋼	1.2 % C 鋼	0.6 % C 鋼	1.2 % C 鋼	0.6 % C 鋼	0.2 % C 鋼	鋳 鉄	黄 銅
熱処理	焼入れ	焼入れ	焼入れ	焼なまし	焼なまし	焼なまし	焼なまし	焼なまし
ビッカース硬度 HV	880	630	440	275	200	110	130	130
$k_0(\times 10^4)$	150	147	150	121	125	106	95	77

M. C. Shaw ら[12]は，加工条件を大幅に変化させて研削抵抗を測定し，これから**比研削エネルギー**（specific grinding energy）e を求めている．比研削エネルギーは，工作物の単位体積を研削除去するのに要するエネルギーのことであり，式 (4.34) で表すことができる．

$$e = \frac{F_t V}{bvt} \tag{4.34}$$

k_s を表す式 (4.30) と比較すれば明らかなように，両者は完全に一致し，その単位次元の解釈こそ違うが，比研削エネルギー e と比研削抵抗 k_s とはまったく同一のものである．

さて，**図 4.24**は，SAE 1112 鋼の研削，マイクロミーリング，および旋削の場合の比せん断エネルギー e_s と切りくず厚さとの関係を示したものである．比せん断エネルギーとは，単位体積の切りくずのせん断に費やされるエネル

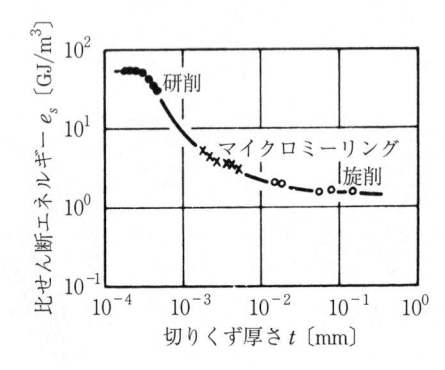

図 4.24 SAE1112鋼の研削，マイクロミーリング，および旋削の場合の比せん断エネルギー e_s と切りくずの厚さの関係

ギーのことであって，全加工エネルギーの1/2であると仮定している．図のように研削，マイクロミーリングおよび旋削の各場合を通じて，比せん断エネルギーは切りくず厚さが小さいほど大きくなり，一つの曲線で表せる．このことから研削加工は，切込みが極度に小さくなった切削加工であるともいえる．

4.4.4 研削抵抗の時間的変化

研削を長時間続けて行うと，一般に研削抵抗は増加する．これは，最初鋭利であった砥粒切れ刃が，研削によりその先端が摩耗して平らになり，摩耗平たん部に作用する摩擦力が付加されるためである．**図 4.25**は，鋭利な砥粒および鈍化した砥粒に作用する力を示す．ドレッシングされた当初の鋭利な刃先に作用する力は，図（a）における水平分力 f_t および垂直分力 f_n であって，この力によって切れ刃は工作物に食い込んで切りくずを排除できる．しかし切れ刃が摩耗した砥粒では，図（b）のように切れ刃のすくい面に働く f_t' および f_n' のほかに，逃げ面の平たん部で工作

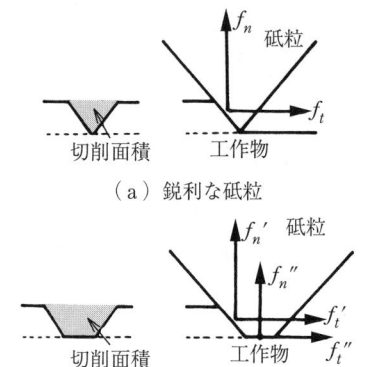

図 4.25 鋭利な砥粒および鈍化した砥粒に作用する力

物と摩擦し，その水平分力 f_t'' と垂直分力 f_n'' が新たに加わる．逃げ面と接触している工作物表層部では降伏状態にあると考えると，工作物の降伏圧力を k_n，切れ刃の摩耗平たん面積を a_g とすれば，f_n'' は式（4.35）で表せる．

$$f_n'' = k_n a_g \tag{4.35}$$

また，水平分力（摩擦力）f_t'' は

$$f_t'' = \mu f_n'' = \mu k_n a_g \tag{4.36}$$

となる．ここに，μ は砥粒と工作物の摩擦係数である．このように，研削抵抗は砥粒切れ刃の摩耗平たん面積 a_g の影響を直接受ける．また，摩耗平たん部の摩擦熱によって切れ刃先端の温度がさらに高くなり，これに伴って工作物の軟化・凝着が起こり，その結果，目詰まりが生じて研削抵抗はますます増加することになる．

図 4.26 は，研削抵抗の時間的変化を示したもので，時間の経過に伴って研削抵抗がしだいに増加することがわかる．研削抵抗が一定限度に達すると工作物表面にはびびり模様や研削焼けが生じる．また，はなはだしいときには砥粒が急激に脱落して，目こぼれ状態になる．この場合は，鈍化した砥粒切れ刃が脱落または破砕によって消滅するので，研削抵抗はいったん下がるが，再び時間とともに上昇して，同様の過程を繰り返す．

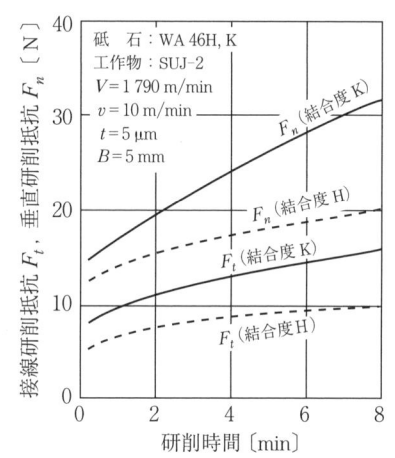

図 4.26 研削抵抗の時間的変化

4.5 研 削 温 度

比研削抵抗は，比切削抵抗の 10 〜 50 倍に達することから，研削によって消費されるエネルギーあるいは研削熱は切削に比べて非常に大きい．しかも，後述のように研削熱の多くは工作物側に流入することから，**研削温度**（grinding temperature）は高くなりやすい．このため，工作物の熱膨張による仕上寸法精度の低下，加工面表層の引張残留応力の発生，さらには研削焼けや割れなど

の熱損傷が生じることもある。

このため，研削による発生熱量や研削温度を知ることは，研削機構を理解する上においても，研削作業条件を適切に選定するためにも重要である。そこで本節では，研削温度の意義と分類，研削温度の解析，研削熱による加工表面損傷とその対策などについて概説する。

4.5.1　研削温度の分類と意義

従来，研削温度はつぎの4種類に分類して取り扱われている。

〔1〕　**工作物の平均温度上昇**　　発熱源（砥石と工作物の接触面）から工作物へ熱が流入すると，工作物全体が温度上昇する。この**工作物の平均温度上昇**（mean workpiece-temperature rise）を θ_w で表す。精密研削では熱膨張を抑制して高い寸法精度を得る必要があることから，θ_w をできるだけ低く抑える必要がある。

〔2〕　**砥石と工作物の接触面温度上昇**　　砥石と工作物の接触面は高温度に加熱され，工作物表層の局部的な熱変形，熱変態，研削焼け・割れなどの原因になる。このような，砥石と工作物の**接触面温度上昇**（interference zone temperature rise または grinding zone temperature rise）は一様ではないので，接触面の平均温度上昇 $\bar{\theta}$ と最高温度上昇 θ_m によって評価される。

〔3〕　**砥粒切れ刃の温度上昇（砥粒切削点温度の上昇）**　　**砥粒切れ刃の温度上昇**（cutting edge temperature rise）θ_g は，砥粒切れ刃と工作物あるいは切りくずが接触する部分の温度上昇を指す。θ_g は，熱衝撃による自生作用の発現や切れ刃の熱損傷，あるいは高温でのすり減り摩耗（摩滅摩耗）を考えるときに重要である。また，研削熱が発生し，かつ，その授受が行われるのはまさにこの領域にほかならない。微小域の砥粒切れ刃温度は，工作物の融点近くまで上昇することも考えられるが，これを測定するのは困難であり，解析も容易ではない。

〔4〕　**切りくずの平均温度上昇**　　研削加工によって排出された直後における**切りくずの平均温度上昇**（mean chip-temperature rise）θ_c である。鉄系材

料の場合，空中に放出された切りくずは激しく酸化し，火花となって飛び散る．その過程で切りくず温度は著しく変化する．そこで，切りくずが形成されて工作物から分離される瞬間における温度上昇を考え，これを θ_c で表す．

図 4.27 は，上記 4 種類の研削温度を図示したものである．θ_w, $\bar{\theta}$, θ_m, θ_g の順にミクロな部分の温度であり，その値もこの順に高くなる．単に研削温度といっても以上のうちどれを指すかによって温度の値はもちろん，温度に及ぼす加工条件の影響も変わるから注意しなければならない．とはいえ，これら 4 種類の温度は独立的に変化するものではなく，相互に関係があることはいうまでもない．

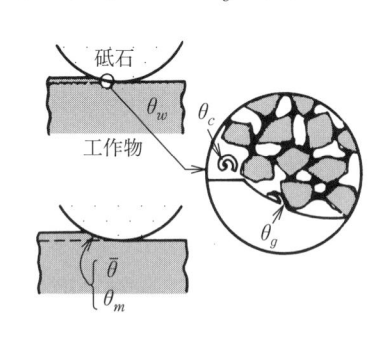

図 4.27 研削温度の分類 (θ_w, $\bar{\theta}$, θ_m, θ_g, θ_c)

本節では，主として工作物の加工寸法精度や仕上面表層の性状に大きな影響を及ぼす，工作物の平均温度上昇 θ_w と接触面の温度上昇について概説する．

4.5.2 工作物の平均温度上昇[7]

研削によって発生する全熱量を Q_0 とし，工作物，砥石および切りくずに流入する熱量をそれぞれ Q_w, Q_s および Q_c とすると，研削液などによる冷却の影響がないとき

$$Q_0 = Q_w + Q_s + Q_c \tag{4.37}$$

となる．つぎに全熱量 Q_0 のうち工作物に流入する割合を $R_w(=Q_w/Q_0)$，工作物の比熱を c 〔J/(kg・K)〕，質量を M 〔kg〕とすると，工作物の平均温度上昇 θ_w 〔K〕は式 (4.38) のようになる．

$$\theta_w = \frac{R_w Q_0}{cM} \tag{4.38}$$

研削で消費されるエネルギーはすべて熱に変換されるものとすると，研削時間

τ 〔s〕中に発生する全熱量 Q_0 〔J〕は,式(4.39)で与えられる.

$$Q_0 = F_t(V \pm v)\tau \fallingdotseq F_t V \tau \tag{4.39}$$

ただし,F_t 〔N〕は接線研削抵抗,V 〔m/s〕は砥石周速度,v 〔m/s〕は工作物速度を表す.式中の符号は,(+)が上向き研削,(−)が下向き研削の場合である.式(4.39)を式(4.38)に代入すると θ_w は式(4.40)で与えられる.

$$\theta_w = \frac{R_w F_t V \tau}{cM} \tag{4.40}$$

いま,図4.28のような円筒外面のトラバース研削の場合について,θ_w を算出してみよう.工作物の直径を d 〔m〕,長さを L 〔m〕,毎秒回転数を n 〔s^{-1}〕,1回転当りの送り量を s 〔m/rev〕,工作物の密度を ρ 〔kg/m^3〕とすれば,工作物の質量 $M = \pi d^2 L \rho / 4$ 〔kg〕,工作物の周速度 $v = \pi d n$ 〔m/s〕であり,1工程の研削時間 $\tau = L/(sn)$ であるから,これらを式(4.40)に代入すると,1工程終了後の工作物の平均温度上昇は式(4.41)で与えられる.

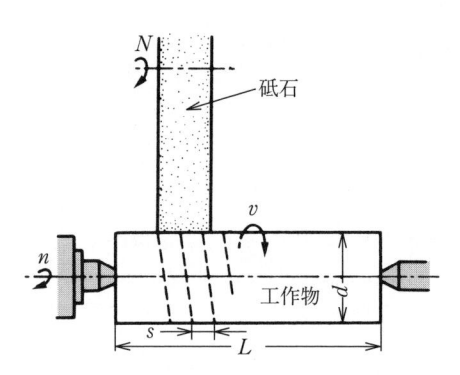

図4.28 円筒外面のトラバース研削

$$\theta_w = \frac{4 R_w F_t V}{c \rho v s d} \tag{4.41}$$

式(4.33)で表される接線研削抵抗 F_t を式(4.41)に代入すると式(4.42)の関係が得られ,工作物の平均温度上昇に及ぼす加工条件の影響がわかる.

$$\theta_w \propto t^{0.8} V^{0.4} v^{-0.4} \tag{4.42}$$

すなわち,工作物の温度上昇を少なくするには,砥石切込み深さ t および砥石周速度 V を小さくし,工作物速度 v を大きくすればよい.工作物速度を大きくすると研削抵抗が大きくなるにもかかわらず温度が低下するのは,工作物表面の加熱時間が短くなるからである.

4.5 研削温度

さて,式(4.40)で与えられるは1回のトラバース研削終了時における温度上昇である。一方,トラバース研削を繰り返す場合には,工程数が増えるほど θ_w は高くなるが,θ_w に比例して工作物表面から熱が放散されるので,温度の上昇速度はしだいに減少し,θ_w はある一定値に近づくことになる。研削工程数 m に対する工作物の温度上昇は式(4.43)によって表される。

$$\theta_w = \frac{R_w F_t V\tau}{\alpha A \tau_\gamma} \left\{ 1 - \exp\left(-\frac{m\alpha A \tau_\gamma}{cM}\right) \right\} \tag{4.43}$$

ここで,α:工作物表面の熱伝達率〔W/(m^2·K)〕,τ:1工程中の研削時間,τ_γ:1工程中の放熱時間,A:工作物の表面積である。式(4.43)は2章の式(2.29)と同じ形であり,1次遅れ系の状態を表している。ここで,最終的な温度上昇 Θ_w($m\to\infty$ としたときの θ_w)は,式(4.44)で与えられる。

$$\Theta_w = \frac{R_w F_t V\tau}{\alpha A \tau_\gamma} \tag{4.44}$$

円筒外面トラバース研削において,研削工程数 m の増加に伴う工作物の平均温度上昇 θ_w の測定結果を図 4.29 に示す。砥石切込み深さ $t=5\,\mu m$ では約5工程後に,$t=10\,\mu m$ の場合には約12工程後にそれぞれ約13℃および27℃で θ_w は一定となり,式(4.43)の傾向と一致している。また,この実験値から工作物表面の熱伝達率 α を逆算すると,$\alpha=70\,W/(m^2·K)$ となる。この値は,回転する円柱形鋼材での通常値〔$6\sim35\,W/(m^2·K)$〕よりもかなり大きい。これは,砥石と工作物の接触面では高温になっているうえに,砥石に連れ回る高速の空気流のために放熱量が大きくなることがおもな原因と考えられる。

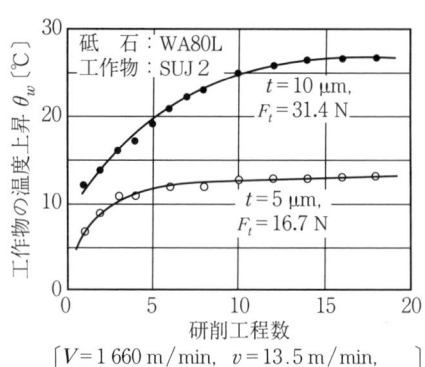

図 4.29 研削工程数の増加に伴う工作物の平均温度上昇 θ_w の測定結果

砥石:WA80L 工作物:SUJ 2
$t=10\,\mu m$, $F_t=31.4\,N$
$t=5\,\mu m$, $F_t=16.7\,N$
[$V=1\,660\,m/min$, $v=13.5\,m/min$, $d=54\,mm$, $s=8\,mm/rev$, $L=320\,mm$]

4.5.3 砥石と工作物の接触面温度上昇

砥石と工作物の接触面では,多数の切れ刃が種々の切込み深さで同時に切削を行っており,決して一様な状態ではないが,便宜上ここでは接触面全体が一様な熱源によって加熱される場合の接触面の平均温度上昇 $\bar{\theta}$ と最高温度上昇 θ_m を求める。また,接触面は砥石形状に沿った円弧状であるが,砥石切込み深さは砥石の直径に比べて非常に小さいので,これを平面と見なしてもよく,その傾きも無視できる。また,接触面の長さも工作物の寸法に比べて非常に小さいので工作物は半無限体と考えて差し支えない。そこで,砥石と工作物の接触状態は半無限体平面上を正方形熱源が移動しているというモデルに置き換えることができる。このような場合の摩擦面温度については,2章で説明した Jaeger の理論を用いて解析する。

まず,研削加工中に単位時間,単位接触面積当り工作物へ流入する熱量 q 〔W/m^2〕は式(4.45)で与えられる。

$$q = \frac{R_w F_t V}{bl} \tag{4.45}$$

ここで,R_w は全発熱量のうち工作物に流入する割合,l は砥石と工作物の接触長さ,b は研削幅である。2章で述べた無次元長さ L が5以上の場合,式(2.47)と式(4.45)より,接触面の平均温度上昇 $\bar{\theta}$ および最高温度上昇 $\theta_{\max}$ はそれぞれ式(4.46),式(4.47)で与えられる。

$$\bar{\theta} = 0.752 \times \frac{R_w F_t V}{b\sqrt{k\rho c}\sqrt{vl}} \tag{4.46}$$

$$\theta_{\max} = 1.5\,\bar{\theta} \tag{4.47}$$

ここで,k,ρ,c はそれぞれ被削材の熱伝導率,密度および比熱である。さらに,式(4.33)で求めた接線研削抵抗 F_t を式(4.46)に代入すると,式(4.48)が得られる。

$$\bar{\theta} = \frac{0.752 R_w k_0}{\sqrt{k\rho c}}\, t^{0.55} V^{0.4} v^{0.1} \omega^{-0.8} \left(\frac{1}{D} + \frac{1}{d}\right)^{0.05} \tag{4.48}$$

4.5 研削温度

式 (4.48) より，接触面の温度上昇に及ぼす研削諸条件の影響が明らかになる。R_w は一般砥粒砥石で鋼材を研削した場合 60 〜 70 % 程度である[13]が，これを一定と仮定すれば，$\bar{\theta}$ は砥石切込み深さ t，砥石周速度 V および工作物速度 v が大きくなるほど高くなる。先に述べた工作物の平均温度上昇 θ_w は，v が大なるほど低くなるのであるが，$\bar{\theta}$ については逆に高くなることが注目される。

さて，**図 4.30** は砥石と工作物の接触面近傍の温度分布の測定結果の一例[14]である。この測定は，**図 4.31** に示すように，工作物の裏面に小径の穴をあけておき，ここに先端半径約 10 μm のコンスタンタン線を板ばねにより一定荷重で軽く接触させ，工作物との間に熱電対を構成させることによって行っている。工作物を上面から順次切り込んで平面研削していくと，測定点が表面に近づくほど指示温度は高くなり，測定点が表面に現れた瞬間の値が接触面温度を表すことになる（図 4.30 における曲線 1）。

なお，$\bar{\theta}$ は工作物の材質により変化し，式 (4.48) に示すように，工作物の熱定数 $\sqrt{k\rho c}$ が小さいほど高

図 4.30 砥石と工作物の接触面近傍の温度分布の測定結果

番号	研削表面からの深さ〔μm〕	番号	研削表面からの深さ〔μm〕
1	0	7	280
2	20	8	380
3	40	9	440
4	60	10	580
5	120	11	680
6	180	12	980

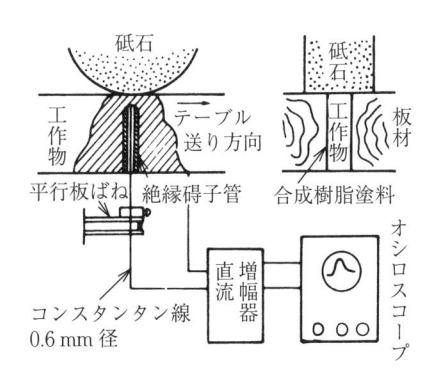

図 4.31 研削面表層温度の測定方法

くなる。例えば，ステンレス鋼や焼入れした高速度工具鋼などは，一般の炭素鋼に比べて熱伝導率 k が小さいので，同じ条件で研削しても接触面温度は高くなりやすい。

4.5.4 研削熱による加工表面の損傷

焼入れ鋼などを通常の加工条件で研削した場合，砥石と工作物の接触面温度は数百℃に達し，重研削や高速研削では工作物の融点に近づく場合がある。工作物がこのような高温まで加熱されると，加工表面に種々の熱損傷が現われる。その代表的なものが**研削焼け**（grinding burn）と**研削割れ**（grinding crack）である。研削焼けや割れを生じた工作物は，耐摩耗性，耐食性，および疲労強度が低下するため，熱損傷は極力避ける必要がある。

〔1〕**研削焼け** 研削焼けとは，研削熱によって仕上面の表層が酸化して着色する現象をいう。研削焼けの色は，最初は薄いわら色であるが，加工条件が苛酷になると順次，褐色，赤褐色，紫，青と変化していく。これは，焼戻し処理における，いわゆるテンパーカラーと同様である。焼戻し処理では比較的低温で長時間の加熱を行うのに対し，研削焼けの場合には非常に短時間に変色する。

研削焼けの発生条件を調べるために，砥石周速度 V と切込み深さ t を変えて研削実験を行い，研削焼けが発生したか否かを調べた結果を**図 4.32**[15]）に示す。図において○印は研削焼けが発生せず，×印は発生したことを表す。さらに領域Ⅰ，Ⅱ，ⅢおよびⅣは，研削焼けの色によって区分したもので，それぞれ，わら色，褐色，赤褐色および紫色であることを表している。図中の太い実線は研削焼けの発生限界線であって，これより左下の部分では焼けは発生しない。ほかの加工条件についても詳細な実験を行った結果，円筒外面研削において研削焼けの発生条件は式（4.49）で表すことができる[15]）。

$$Vl = V\sqrt{\frac{t}{1/D + 1/d}} \geq C_b \tag{4.49}$$

すなわち，砥石周速度 V と接触弧の長さ l の積が，ある一定値 C_b 以上にな

4.5 研削温度

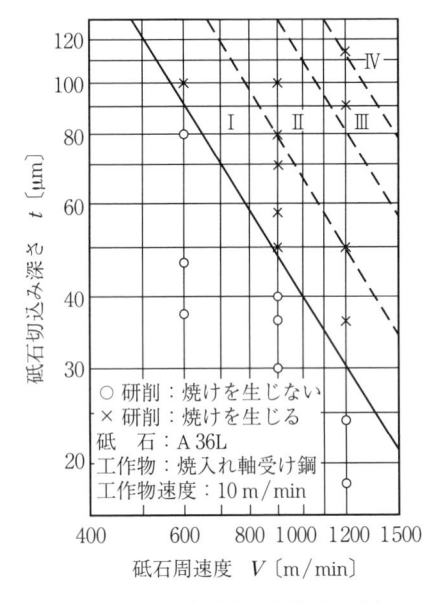

図 4.32 研削条件と研削焼けの発生

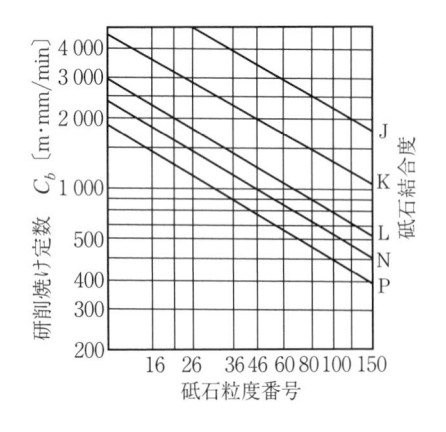

図 4.33 焼入れ軸受け鋼を研削した場合における各種粒度,結合度と C_b の関係

ると研削焼けが生じる。C_b は工作物の材質と砥石の種類によって決まる定数(研削焼け定数)であって,その値は砥石の粒度が細かいほど,結合度が高いほど小さくなる。**図 4.33** に,焼入れ軸受け鋼を研削した場合における各種粒度,結合度と C_b の関係を示す[15]。C_b が小さいことは,研削焼けを生じさせない条件範囲が狭くなることを意味している。つまり研削焼けを防止するには,粒径の大きい,かつ結合度の低い砥石を選択し,V および l を必要以上に

表 4.16 各種鋼材の研削焼け定数値 C_b (A60P 砥石)

被削材	C_b [m·mm/min]	$\sqrt{k\rho c}$ [kJ/(m²s$^{0.5}$K)]
軸受け鋼(焼入れ)	890	8.4
1.2%C 鋼(焼入れ)	940	9.6
0.6%C 鋼(焼入れ)	990	11.3
1.2%C 鋼(焼なまし)	1 440	13.0
0.6%C 鋼(焼なまし)	1 550	13.8
0.2%C 鋼(焼なまし)	1 770	14.6

大きくしないことが重要である。なお，工作物材質による C_b の値は**表4.16**のようになり，$\sqrt{k\rho c}$ が大きいほど大きな値となる[15]。

〔2〕 **研削割れ** 被削面には高い引張残留応力が生じやすいことは，3.7.3項で述べた。このような引張応力が，被削材の破断強度を上回ると，表面に亀裂が生じ応力を緩和して平衡する。これが研削割れである。研削割れは，加工面に不規則な網目状，あるいは研削方向にほぼ直角に微細なクラックとして現れ，表面から0.5mm程度の深さに及ぶこともある。

引張残留応力の原因には，研削熱による残留応力のほかに，工作物表層部の変態に伴う体積収縮がある。後者の影響が危惧される場合には，加工前に適当な温度で焼戻しを行う必要がある。研削割れを生じやすい材料には，焼入れ高炭素鋼，浸炭鋼などがある。

4.6 研削仕上面粗さ

研削加工は，工作物の表面を能率的かつ高精度に加工することを目的に開発され，発展してきた加工法である。研削による**仕上面の粗さ**（surface roughness）は，研削砥石や加工条件，研削盤の性能などによって変化する。また一般砥粒砥石を用いる場合には，ドレッシング条件の選定によって大きく変化する。

加工能率を重視する場合には，最大高さ粗さ Rz が 6μm 以上の粗仕上げを行う場合があるが，一般には1.5〜6μmの中仕上げや0.2〜1.5μmの精密仕上げが行われており，最近では0.2μm以下の超精密仕上げが求められることも多い。従来，超精密仕上げを行う場合には，微粒かつ非常に軟質の一般砥粒砥石が用いられてきたが，最近では微粒の超砥粒ホイールによって鏡面仕上げが容易に行えるようになった。

本節では，平面研削における仕上面の創成機構と粗さの理論について概説する。

4.6.1 仕上面粗さの実験式

仕上面粗さには非常に多くの因子，例えば砥石周速度 V，工作物速度 v，トラバース送り s，砥石幅 B などの作動条件のほかに，砥石の種類と作業面の状態，研削盤の振動などが複雑に影響し，理論的な取扱いは簡単ではない。そこで，仕上面粗さと研削条件との関係を実験式で表そうという試みがなされてきた。

Saljé ら [16]~[19] は，研削仕上面の**最大高さ粗さ**（maximum height roughness）Rz は各種パラメータのベキ指数関数形で表せるとして，実験式を求めている。それらを整理すると式（4.50）のようになる。

$$Rz = k\, t^a\, V^{-b}\, v^c\, s^d\, B^{-e} \tag{4.50}$$

式（4.50）における各指数値を示したのが**表 4.17** である。これより，砥石切込み深さ t，工作物速度 v，トラバース送り s の増加は仕上面粗さを大きくし，砥石周速度 V，砥石幅 B の増加は仕上面粗さを小さくすることがわかる。

表 4.17 研削仕上面粗さの実験式（4.50）の指数値 [7]

研究者	a	b	c	d	e
Saljé	0.18	1.0	0.18	0.47	0.47
渡　辺	0.25	0.5	0.5	0.38	0.38
Werner	0.26	0.51	0.51	—	—
Masslow	0.4	—	0.6	0.45	—

式（4.50）の傾向を詳細に吟味し，併せてどのような理由によって各因子の影響が生じるのかを解明するためには，まず仕上面粗さの生成機構を明らかにする必要がある。

4.6.2 仕上面粗さの理論

仕上面の砥石軸方向の垂直断面形状は，砥石作業面上に分布する多数の砥粒切れ刃によって工作物がつぎつぎと切削除去され，切り残された部分のプロファイルによって定まる。したがって，仕上面粗さには切れ刃の先端形状とその分布状態が影響することは明らかである。ここでは，砥粒切れ刃のモデルと

その運動軌跡をもとに，仕上面粗さの生成機構を幾何学的に解析する。なお解析にあたっては，砥粒の大きさと形状は一定で，研削中に破砕，脱落，摩耗せず，砥粒切れ刃の分布状態も変化しないものとする。また，工作物は弾性変形も熱変形もせず，加工中の振動もないものとする。

〔1〕 **砥粒切れ刃の高さと配列が一定である場合の面粗さ** ここではまず，先端の直径がd_0である砥粒が砥石の最外周面に，同じ突き出し高さで格子状に配列している理想的な砥石によって仕上面が創成される場合について考える。つまり，図4.34に示す砥粒切れ刃が**平均切れ刃間隔**（mean cutting point spacing）ω，**連続切れ刃間隔**（successive cutting-point spacing）aで配列されている直径Dの砥石を用いて平面研削する場合，図4.35に示すように，研削加工された工作物表面には，連続した2個の砥粒切れ刃によって高さhの山が削り残される。一般の平面研削では$V \gg v$であるから，砥粒切れ刃の軌跡は近似的に円弧であると考えると，図4.35の下図に示すhは式(4.51)で近似できる。

$$h \simeq \frac{1}{4}\left(\frac{v}{V}\right)^2 \frac{a^2}{D} \tag{4.51}$$

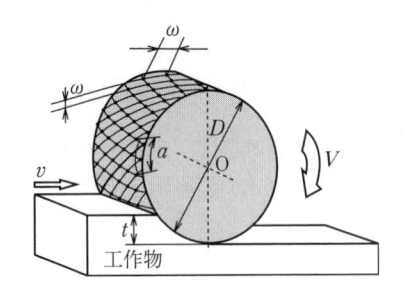

図4.34 切れ刃の分布が均一な砥石 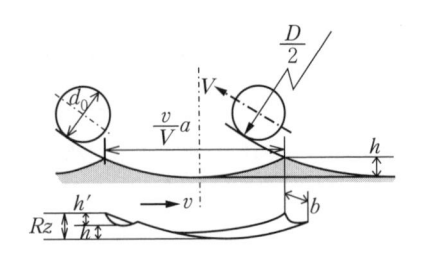 図4.35 砥粒切れ刃による切削条痕モデル

一方，切削条痕を砥石軸方向に眺めると，高さh'で幅bの切削痕が残される。$h' \ll b$とすると，高さhを基準にした砥石軸方向の山の高さh'は式(4.52)で近似できる。

$$h' \fallingdotseq \frac{1}{4}\frac{b^2}{d_0} \tag{4.52}$$

したがって，切れ刃高さが均一で a，b および d_0 が一定である砥石の場合，仕上面の最大高さ粗さ Rz は式（4.53）で与えられる．

$$Rz = h + h' = \frac{1}{4}\left(\frac{v}{V}\right)^2\frac{a^2}{D} + \frac{1}{4}\frac{b^2}{d_0} \tag{4.53}$$

いま，砥石軸方向の幅 ω の間に n_0 本の切削条痕が通過すると考えると，1 個の砥粒の切削幅 $b = \omega/n_0$ となる．このとき，連続切れ刃間隔 a は

$$a = n_0\omega \tag{4.54}$$

で与えられる．したがって，式（4.53）は式（4.55）のようになる．

$$Rz = \frac{1}{4}\left(\frac{v}{V}\right)^2\frac{(n_0\omega)^2}{D} + \frac{1}{4d_0}\left(\frac{\omega}{n_0}\right)^2 \tag{4.55}$$

式（4.55）は，きわめて単純な切削モデルに基づいた解析結果であるが，最大高さ粗さ Rz を小さくするには，工作物速度 v，平均切れ刃間隔 ω を小さくし，砥石周速度 V，砥石直径 D，砥粒先端の直径 d_0 を大きくする必要のあることを示している．なお式（4.55）の関係は，実験式（4.50）の傾向と矛盾しないものの，v と V の指数値は大きく異なり，また砥石切込み深さ t と無関係になっている．

以上の議論は，砥粒切れ刃の深さ方向分布は考慮せず，高さのそろった切れ刃が砥石作業面に整然と配列されたモデルを前提としている．しかし実際には，砥粒切れ刃先端の高さも砥石作業面上の分布もランダムなため，粗さは上記の理論値よりも大きくなる．そこでつぎに，砥粒切れ刃の高さと分布がランダムな場合について考える．

〔2〕 **砥粒切れ刃の立体的分布を考慮する場合の面粗さ**[7]

砥粒切れ刃は，砥石の理想円筒面上に平面的に分布しているのではなく，実際にはわずかな出入りがある．このため図 **4.36** に示すように，仕上面粗さに

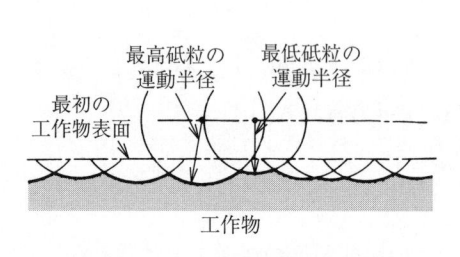

図 4.36 研削方向の仕上面粗さ

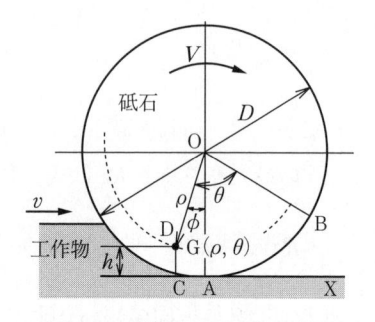

図 4.37 砥粒切れ刃の切削高さ

は切れ刃高さの不ぞろいが影響する。したがって，仕上面の創成機構を考える場合には，切れ刃の立体的分布を考えに入れる必要がある。

図 4.37 において，点 O は砥石軸，AX は理想的な仕上面を示す。いま，仕上面と紙面に垂直な任意の断面 DC（以下，これを基準断面と呼ぶ）を通過する切れ刃 G の砥石内部における位置を，極座標 (ρ, θ) で表すことにする。ここで，ρ は砥石中心 O からの距離（半径），θ は点 O を極とし，OB を原線とする角度である。ただし，砥石作業面上の B 点が A 点に砥石周速度 V で移動する間に，工作物上の基準断面 CD は OA の位置まで，工作物速度 v で移動するものとする。この場合，式 (4.56) の関係が得られる。

$$\frac{\rho\phi}{v} = \frac{D(\theta - \phi)}{2V} \tag{4.56}$$

砥石直径に比べ，切込み深さは十分小さいので，$\rho \fallingdotseq D/2$ とおくと，ϕ は式 (4.57) で与えられる。

$$\phi = \left(\frac{v}{V+v}\right)\theta \tag{4.57}$$

また，式 (4.56) と式 (4.57) および図 4.37 に示した幾何学的関係より，円弧の長さ $\rho\phi$ は近似的に式 (4.58) で与えられる。

$$\rho\phi = \rho\theta\left(\frac{v}{V+v}\right) \fallingdotseq \sqrt{2\rho\left\{h - \left(\frac{D}{2} - \rho\right)\right\}} \tag{4.58}$$

したがって，$V \gg v$ であることを考慮すれば，任意の砥粒 G (ρ, θ) の基準

断面（図 4.37 の DC 断面）における切削高さ h は式（4.59）で与えられる。

$$h \fallingdotseq \frac{D}{2} - \rho + \frac{D}{4}\left(\frac{v}{V}\right)^2 \theta^2 \tag{4.59}$$

つぎに，この基準断面における仕上面の創成過程について考える。**図 4.38** はその様子を示したもので，ハッチングを施した部分が最終的な仕上面の断面曲線を表し，破線は一定の頂角 2γ を有する円すい形砥粒切れ刃群による切削痕を示している。図において，刃先 P による切削痕は，刃先 Q による切削痕（GQJ）に完全に包含され，最終的な仕上面には影響しない。このように，切削時間の前後を問わず，① ある切削痕を完全に包含し，② 切削高さの差が最小であるような切削痕をもつ切れ刃を，もとの切れ刃の**後続切れ刃**と呼ぶことにする。このとき，点 Q を通る NM を底辺とし，点 P を頂点とする二等辺三角形のなかには Q 以外の切削痕は存在しない。つまり，三角形 PNM の切削に関与する砥石体積内には，1 個の砥粒切れ刃だけが存在することになる。

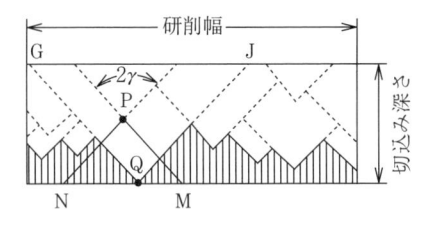

図 4.38 基準断面における研削仕上面の創成過程

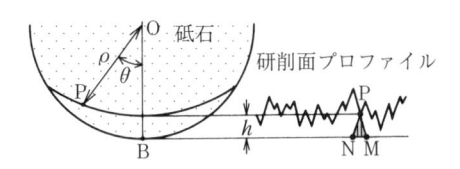

図 4.39 等切削高さ曲線と仕上面の断面曲線プロファイル

図 4.39 に，頂角 2γ の切れ刃群で切削した等切削高さ曲線と仕上面の断面曲線（プロファイル）を示す。式（4.59）は任意の切れ刃 G の切削による谷底深さ h を表していることから，逆に，任意の高さ h の谷底（切削痕）は，式（4.60）で与えられる等切削高さ曲線（図 4.39 の左図で高さ h を通る曲線）上に存在する切れ刃で削られたものといえる。ここで，R は砥石の半径（= $D/2$）を示す。

$$h = R - \rho + \frac{R}{2}\left(\frac{v}{V}\right)^2 \theta^2 \tag{4.60}$$

このような谷底が仕上面プロファイル中に残っているということは，h よりも低い谷底を切削除去する他の切れ刃が存在しなかったことを示す．すなわち，図 4.40 に示すように，谷底 P を頂点とし，頂角 2γ の二等辺三角形 PNM の部分を通過すべき砥石内部の体積 u には，切れ刃は 1 個も存在しなかったことになる．u は，砥石最下点 B における断面形状が二等辺三角形 PNM に等しい砥石内部の三日月状体積（図 4.40 の左図の灰色部分の体積）であり

$$u = 2\int_0^h R\theta_x \times 2\tan\gamma(h-x)dx \tag{4.61}$$

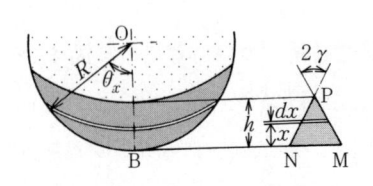

図 4.40 砥石内部の立体体積

で与えられる．ここに，θ_x は基準断面における高さ x の切削に関与する等切削高さ曲線が砥石外周を切る点までの角度であって，$\theta_x = (v/V)\sqrt{2x/R}$ で与えられるので，これを式 (4.61) に代入すると，式 (4.62) が得られる．

$$u = \frac{16}{15}\frac{\tan\gamma}{G}h^{\frac{5}{2}} \tag{4.62}$$

ここで，G は加工条件によって決まるパラメータであり，$G = (v/V)\sqrt{1/(2R)}$ で表される．いま，**切れ刃の立体的平均間隔**（three-dimensional mean spacing of cutting edges）を ν とすれば，砥石単位体積中には $1/\nu^3$ の切れ刃が存在するから，式 (4.62) は式 (4.63) のように表すことができる．

$$\frac{u}{\nu^3} = \frac{16}{15}\frac{\tan\gamma}{G\nu^3}h^{\frac{5}{2}} < 1 \tag{4.63}$$

式 (4.63) は，仕上面プロファイル中に谷底高さ h の切削痕が存在するための条件式となるもので，図 4.39 の場合には u/ν^3 の値がたまたまゼロであったことを意味している．そこで，仕上面中の一番高い h を最大谷底高さ H_v とすれば，これより高い谷底は存在しないため，式 (4.63) の右辺の値は限りなく 1 に近づき，式 (4.64) が得られる．

4.6 研削仕上面粗さ

$$\frac{16}{15}\frac{\tan\gamma}{G\nu^3}H_v^{\frac{5}{2}}=1 \tag{4.64}$$

式 (4.64) に, $G=(v/V)\sqrt{1/(2R)}$ を代入すると式 (4.65) が得られる.

$$H_v=\left(\frac{15}{16}\right)^{\frac{2}{5}}\nu^{\frac{6}{5}}(\cot\gamma)^{\frac{2}{5}}G^{\frac{2}{5}}=0.975\nu^{1.2}(\cot\gamma)^{0.4}\left(\frac{v}{V}\sqrt{\frac{1}{2R}}\right)^{0.4} \tag{4.65}$$

なお小野ら[7]によれば,仕上面の最大高さ粗さ Rz と H_v の間には, $Rz=1.4H_v$ の関係があるとされている.したがって,仕上面粗さは G の 0.4 乗に比例し,砥石の立体的切れ刃間隔 ν が小さく,切れ刃頂角 2γ が大きいほど小さくなるといえる.なお,式 (4.65) も式 (4.55) と同様,砥石切込み深さ t に無関係となっている.

図 4.41 は,WA46L を用いて砥石周速度 V と工作物速度 v を変えて焼入れ鋼の円筒外面を研削した場合の最大高さ粗さ Rz,10 点平均粗さ Rz_{JIS} および算術平均粗さ R_a を測定し,パラメータ G について整理したものである.いずれの粗さ値も G が増えるに従って大きくなり,そのベキ指数を求めると,約 $0.4\sim0.5$ となっており,式 (4.65) の指数値とほぼ一致する.

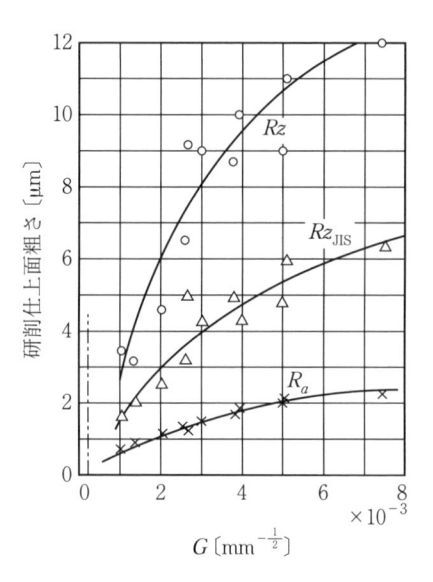

図 4.41 円筒外面研削におけるパラメータ G と仕上面粗さ Rz, Rz_{JIS}, R_a の関係

〔3〕極限粗さ 式 (4.65) において,例えば $v=0$ とすれば研削パラメータ $G=0$ となり, $Rz\Rightarrow0$ の完全平面になるはずであるが,実際には**図 4.42** のように 0 にならず,一定の粗さ値(**極限粗さ** H_v^*)に近づく[7].この極限粗さが存在する理由はつぎのとおりである.すなわち,図 4.40 で仮想した砥石内部の三日月状体積 u は, G が小さくなるに従ってしだいに砥石の全周

に広がり，$G=0$ の極限では砥石外周面に沿ったリング状体積〔断面の高さ H_v, 底辺 ($2H_v \tan\gamma$)〕になって，これ以上増加しないからである．この場合，極限粗さは式 (4.66) で表すことができる．

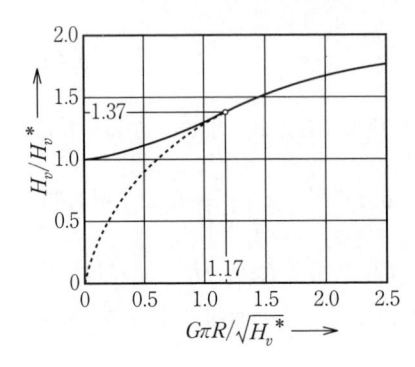

図 4.42 G が小さい領域における仕上面粗さ

$$H_v^* = \sqrt{\frac{v^3 \cot\gamma}{2\pi R}} \quad (4.66)$$

このため，砥石軸方向に送りを与えない平面プランジ研削では，いかに作動条件を整えても，また，同一箇所を新たに切込みを入れないで何度研削（スパークアウト研削）しても，理論上仕上面粗さは極限粗さ H_v^* より小さくなることはない．なお，H_v を表す一般式 (4.65) が成立するための必要条件は

$$G \geqq G_c = \frac{1.17\sqrt{H_v^*}}{\pi R} \quad (4.67)$$

のようになる．すなわち仕上面粗さは，$G \geqq G_c$ の範囲では式 (4.65) で表され，$G < G_c$ の場合にはこれから外れ，G が小さくなるとともに H_v^* に近づき，$G=0$ において $H_v = H_v^*$ となる．この関係を，縦軸に粗さ比 H_v/H_v^* を，横軸に G の無次元量をとって表したのが図 4.42 である．

なお，一般の円筒外面研削では，多くの場合 $G \geqq G_c$ を満足する．例えば，図 4.41 において1点鎖線で示したのが G_c の位置であり，すべての実験点は $G \geqq G_c$ となっている．一方，平面研削において工作物速度 v をかなり小さく設定すると，式 (4.67) の条件を満足しない場合が出てくる．

4.6.3 ドレッシング条件と仕上面粗さ

一般砥粒砥石の場合，砥石の外周面を正しく成形するとともに，砥粒切れ刃を鋭利にするため，研削加工を開始する前にドレッシングが行われる．しかし単石ダイヤモンドドレッサを用い，大きな送りでドレッシングすると，**図 4.43**

に示すように，砥石の作業面にねじ山状の凹凸が形成される。これは，旋削加工での粗さの形成プロセスと同様である。このねじ状凹凸が大きい場合には，その形状が工作物表面に転写され，ねじ状表面を呈するので注意しなければならない。

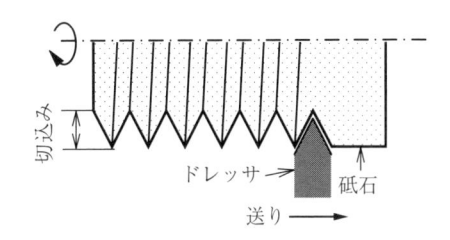

図4.43 単石ダイヤモンドドレッサによるねじ山状凹凸の創成

先に，スパークアウト研削を何度行っても仕上面粗さはある程度以上よくならない，という極限粗さの存在を述べた。極限粗さは式（4.66）に示したように，切れ刃の立体的平均間隔νと切れ刃の頂角2γによって決まるものである。つまり，適正なドレッシング条件を選定して，適度なνおよび2γを有する切れ刃群を創成することにより，仕上面粗さを向上させることができる。すなわち，ドレッサの切込みを小さく，特に送り速度を極度に小さく（例えば0.03 mm/rev以下）して極精密ドレッシングを行うと，砥粒切れ刃は大きな破砕を起こすことなく，切れ刃の分布密度は大（立体的切れ刃間隔νが小）となり，しかも切れ刃先端角2γも180°に近くなることから，極限粗さは0に近づく。ただし，このような砥石で研削を行うと，研削焼けが発生しやすくなるので，式（4.48）に示した研削温度の上昇を抑制し，あるいは式（4.49）に示したVlを小さくするような，軽研削を行う必要がある。

4.7 研削砥石の損耗と寿命

砥石の損耗にはつぎの三つの形態がある。すなわち，研削時間とともに砥粒の先端が徐々に平たん化する**摩滅**（attritions wear），砥粒が劈開面や内部のクラックに沿って破壊する**破砕**（grain fracture），そして砥粒を結合している結合剤（結合橋）の破壊による砥粒の**脱落**（bond facture）である。砥粒の過度な破砕や脱落は，砥石の損耗や仕上寸法精度の低下につながるが，適度な破砕や脱落は，摩滅によって鈍化した切れ刃を更新して砥石の切れ味を保つことが

できるので，実際作業上望ましい。

4.7.1 砥粒の破砕と脱落

図4.44は，研削条件（V, v, t）を広範囲に変化させた場合の砥粒の破砕および脱落による砥石損耗量ωと，研削の作動条件および幾何学条件のみによって決まる無次元量φ〔式（4.14）参照〕との関係を示したものである[7]。砥石損耗量はφとほぼ一義的な関係にあって，φの小さい範囲では砥石損耗は少なく，φの増大とともに徐々に増加し，φがある一定値以上になると急増する。例えば，A46Iの砥石の場合，$\varphi<3.5\times10^{-4}$では，砥粒に作用する力が小さいので，切れ刃は摩耗あるいは細かく破砕するだけで，砥石の損耗量は少ない。しかし，$\varphi>3.5\times10^{-4}$では，砥粒に作用する力が結合剤の支持強さを超えるようになり，結合橋が破壊されて砥粒が脱落しはじめ，砥石の損耗が急増する。

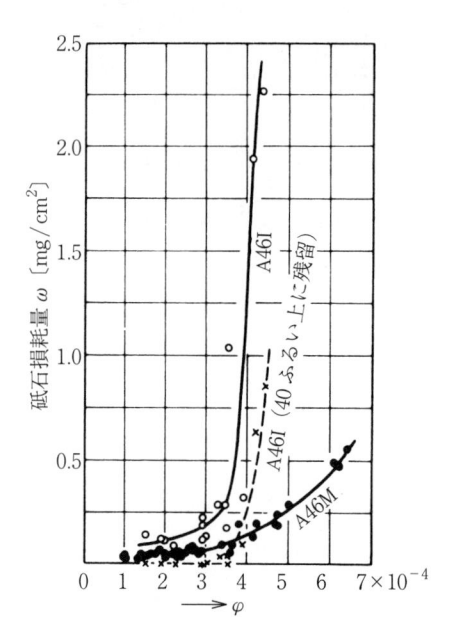

図4.44 砥石損耗量ωとφの関係

砥石の自生作用を活発に行わせるためには，1個の砥粒に働く力，すなわちφを大きくすればよいが，図4.44におけるωの急増点（臨界点）を超すような研削条件では，砥粒に作用する力が結合強度に対応した値を超えるので，特別な場合以外は用いない。

4.7.2 砥粒の摩滅

精密研削では，仕上面粗さと寸法精度が重視されるので，砥石の自生作用が

激しい加工条件は好まれない。この場合，砥粒切れ刃は加工の進行に伴って目つぶれを起こし，研削性能はしだいに低下する。このとき，摩滅した切れ刃の一部は，破砕して切れ刃が再生するものの，多くの切れ刃は摩滅した状態で砥石寿命まで残存する。

砥粒の摩滅には，その機械的性質のみならず，化学的性質も重要な役割を果たす[20),21)]。図 4.45[22)] は砥粒の摩滅量（砥石 1 回転当りの砥石半径減少量）と相対研削温度との関係を示したもので，両者はほぼ比例することが認められ，砥粒の摩滅には熱化学的な影響が大きいことがわかる。

摩滅による砥粒切れ刃の平たん化は砥石が寿命に至る直接的な原因である。切れ刃の摩滅状態を定量化するために，全砥石作業面積に対する砥粒切れ刃の摩耗平たん面積の比，すなわち，**摩耗平たん面積率**（wear frat area ratio）がよく使われ，これによって研削中の砥粒切れ刃と研削抵抗の変化を解析した研究[23)〜26)]は多い。

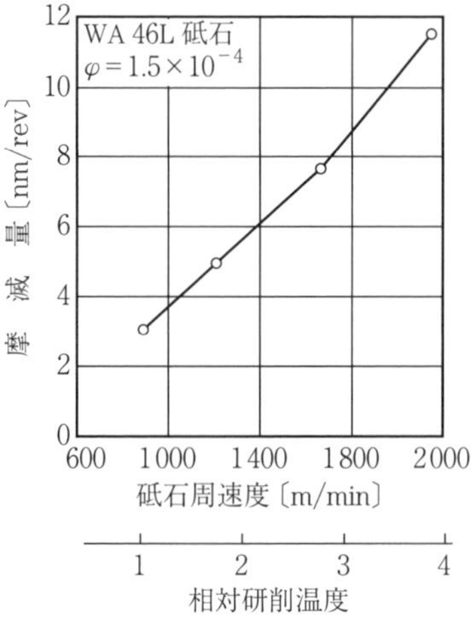

図 4.45 砥粒の摩滅量と研削温度との関係

表 4.18 砥石 1 回転当りの摩滅量〔μm〕

砥　　石	A46L		C46L	
切込み〔μm〕	5	10	5	10
焼入れ軸受け鋼	2.00	5.15	3.05	8.07
硬　　鋼	0.96	1.86	1.37	3.05
鋳　　鉄	3.65	8.40	1.71	2.77
黄　　銅	0.02	0.38	0.00	0.01

（備考） $V = 1\,670\,\mathrm{m/min}$, $v = 17\,\mathrm{m/min}$, $D = 245\,\mathrm{mm}$

表 4.18 は，A 系および C 系砥粒によって各種工作物材料を研削した場合の摩滅量を示したものである[7)]。同表から，A 系砥粒は硬鋼の加工に，C 系砥粒は鋳鉄および黄銅の加工に適していることがわかる。

4.7.3 研削性能の劣化と研削抵抗の変化

砥石の研削性能は加工の進行に伴ってしだいに劣化し，やがて研削を続行できない状態になる．そこで，新しい切れ刃を露出させるために，再ドレッシングして研削性能を回復させる．この，研削開始から再ドレッシングまでの実研削時間を**砥石寿命時間**（redress life time）と呼ぶ．

砥石は，図4.4～4.6に示したように，① 目つぶれ形，② 目こぼれ形，③ 目詰まり形と呼ばれる三つの研削状態が研削時間に伴って進行し，研削性能が劣化する．

① 目つぶれ形　鋼類の研削時に多く見られる状態で，比較的結合度の高い砥石で軽研削した場合に起こりやすい．砥粒切れ刃の摩滅平たん化により研削抵抗は増大していくが，工作物の仕上面粗さは徐々に良好となる．ただし，この状態では，研削焼けが発生しやすいことから，研削温度の上昇を防ぐことが重要である．

② 目こぼれ形　研削抵抗に対して砥石の結合度が低すぎる場合や，ドレッシングが精密すぎる場合に発生しやすい．この場合，砥粒の破砕と脱落が激しく生じて砥石作業面が乱れるため，加工精度の点から研削作業の続行が不適当となる．ただし，難研削材を加工する場合には，このような加工状態をあえて選ぶことがある．

③ 目詰まり形　比較的延性に富む融点の低い金属，例えばアルミニウム合金，銅合金などを研削する場合に生じやすい．この状態では，切りくずが高温のために軟化して気孔中に堆積したり，切れ刃に溶着したりして，研削作業が困難になる．

4.7.4 砥石寿命の判定方法

加工を能率的かつ経済的に行うには，砥石寿命の知識が必要である．砥石寿命は，① 工作物表面上のびびりマークの発生，② 研削音の増大，③ 研削焼けの発生，④ 研削抵抗の急増および激減，⑤ 仕上面粗さの悪化，⑥ 加工精度の低下，などのような現象の観察や測定によって知ることができる．

4.7 研削砥石の損耗と寿命

このような現象は，それぞれ単独ではなく，相互に関連して発生するものである．上記各項目のなかで，特に研削焼けとびびりの発生が，感知しやすくかつ重要である．そこで，研削焼けとびびりの発生点を基準とする砥石寿命を考えてみよう．

図 4.46 は，研削抵抗の時間的変化を示すもので[7]，ドレッシング送り $f_d=0.1$ mm/rev の場合，研削時間が 3.5 min 程度を上回ると研削抵抗が急増している．このとき，研削焼けの発生が認められるので，この時点をもって研削焼け形砥石寿命とすることができる．

なお，ドレッシングが非常に精密な場合，研削開始直後から研削焼けが発生したり，研削抵抗が急減したりする（仕上面粗さが増大する）ことがあるが，これはドレッシング条件に対して研削作動条件の選定が適切でなかったためである．

つぎに，図 4.47 に円筒外

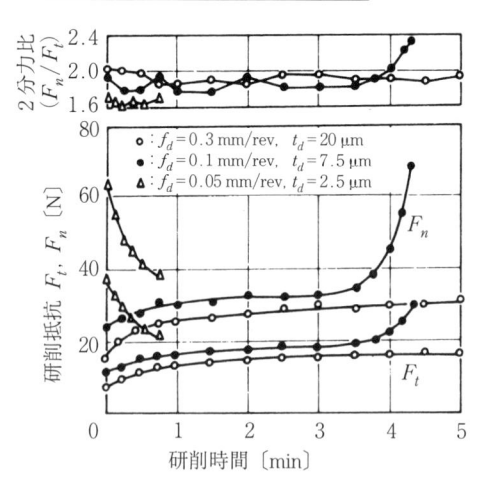

[平面研削，湿式，WA60 KmV，焼入れ炭素工具鋼，
V：1540 m/min, v：2.5 m/min, t：20 μm,
b：6 mm, l：2 mm]

図 4.46 研削抵抗の時間的変化

[WA46M，焼入れ炭素工具鋼
$V=1690$ m/mim, $v=15$ m/min
$t=5$ μm, $f_d=0.3$ mm/rev]

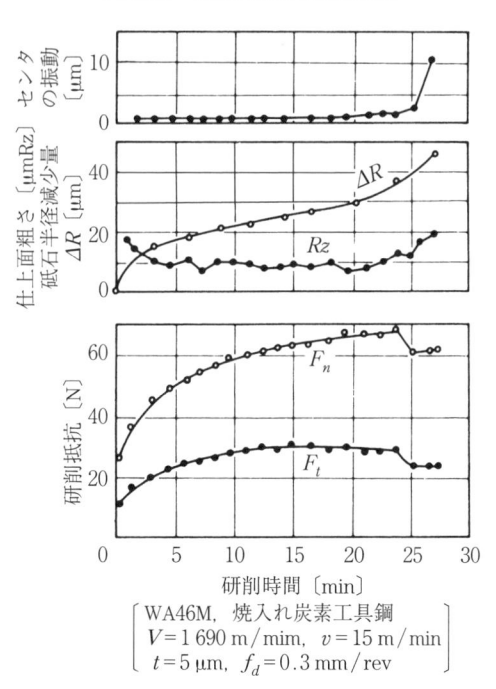

図 4.47 びびり形砥石寿命にいたる研削過程の例

面研削における，びびり形砥石寿命にいたる研削特性を示す[7]。研削の進行に伴って砥粒切れ刃の逃げ面が摩滅し，研削抵抗は徐々に増加するが，ある時点で（図の場合，24分後）砥粒が脱落しはじめるため，研削抵抗が急減し，同時に仕上面上にびびりマークが現われる。この時点をもってびびり形砥石寿命とする。この場合，仕上面粗さは砥粒の摩滅に伴って研削開始時よりも良好になるが，寿命後の砥粒の脱落によって粗さは急激に増大する。

4.8 研削加工の精度

4.8.1 プランジ研削における寸法の創成過程

図 4.48 は，円筒プランジ研削において，砥石台を工作物に一定速度 V_p で送り込んで所定の寸法を得ようとしたときの，経過時間 τ と工作物半径減（寸法創成量）S_R との関係を示す[27]。砥粒切れ刃の上すべりのため，工作物半径減は砥石が工作物に接触した瞬間には開始されず，ある時間 τ_e 遅れる。τ_e から過渡的な研削過程が終了する時間 τ_s までの間は，半径の減少速度 $dS_R/d\tau$ は V_p よりも小さく，時間とともにこれに接近する。定常状態に入ると，$dS_R/d\tau$

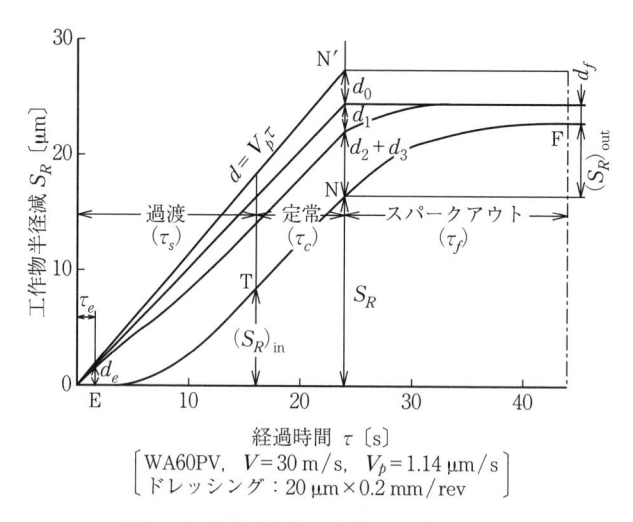

図 4.48 経過時間と工作物半径減との関係

と V_p は一致する。定常状態に達した後のある瞬間 N では，工作物半径減 S_R は，砥石台の送り込み量 d $(=V_p\tau)$ よりも $(d_0+d_1+d_2+d_3)$ だけ小さくなる。

ここに，d_0：砥石の半径方向の摩耗量，d_1：研削システム全体の弾性変形による切り残し，d_2：砥石と工作物の接触変位による切り残し，d_3：砥粒切れ刃の塑性的上すべりによる切り残し，である。つぎに，N' 点で砥石台の送り込みを中止しても研削作用は継続され（この状態を，スパークアウト研削という），工作物半径減は図のような経過をたどる。つまり，砥粒の最終的な上すべりにおいて生じる垂直抵抗に対応した切り残し d_f と，最終的な砥石の摩耗量 d_0 の和だけ切り残されることになる。

研削においては，上記のような切り残し因子ばかりでなく，研削中における砥石と工作物の熱膨張，砥石と工作物の干渉領域に発生する工作物の局部的熱変形[28]などによって過研削（切りすぎ）が発生する。

4.8.2 寸法精度の向上

研削において，仕上寸法精度に影響する因子のうち主要なものをあげると，① 研削熱による砥石，工作物，工作機械の熱変形，② 砥石の摩耗による形状，寸法の変化，③ 加工系の振動，工作機械のガタ，④ 研削抵抗による研削盤，工作物，取付け治具などの弾性変形（システム剛性），⑤ 接触領域の局部弾性変形（接触剛性），のようになる。

①のうち工作物全体の熱変形や砥石と工作物の干渉領域に発生する工作物の局部的熱変形は，乾式で平面プランジ研削を行う場合，特に大きな影響を及ぼす。また，研削中の工作物表層は高温に加熱されることから凸状に変形させる熱応力が発生し，研削後の工作物は**図4.49**に示すような凹状に仕上がる[29]。冷却性能のよい研削液を研削点に多量に供給することや，十分なスパークアウト研削を行うことは，このような形状誤差発生の抑制に不可欠である。

②は砥石の目直しによって，③は剛性の十分な精密研削盤を選ぶことによって影響を小さくできる。ところが，④と⑤の影響は，研削抵抗が生じる限り避けることができず，加工精度を左右する。

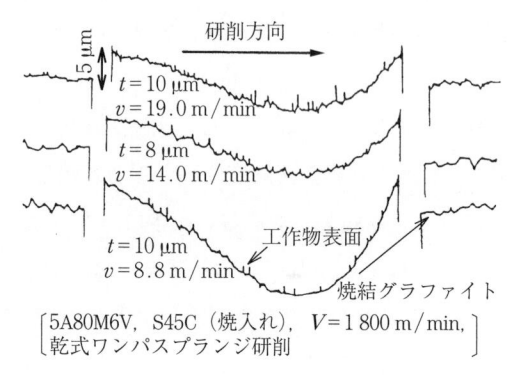

図 4.49 仕上面形状の測定結果の一例

4.9 最近の研削加工技術

4.9.1 高能率研削

平面研削における**加工能率**は，工作物速度 v と砥石切込み深さ t の積で表すことができ，加工能率を高めるには，v または t あるいはその両方を大きくする必要がある。前者を大きくする加工法がスピードストローク研削であり，後者を大きくする加工法がクリープフィード研削である。

〔1〕 **スピードストローク研削** 汎用平面研削盤のテーブル往復回数は，10〜100 往復/min 程度であるが，**スピードストローク研削**（speed stroke grinding）では 500〜1 000 往復/min にも達する。スピードストローク研削は，強力なリニアモータや油圧サーボあるいはクランク機構などによって実現されているが，このような高速反転の機能を生かすには，**砥石の連続切込み**（infeed plunge grinding）を行うと有利である。スピードストローク研削では，テーブル反転時のオーバランを抑制できることから，加工長さが短い工作物のプランジ研削，プレス金型に用いるパンチ類のかき上げ研削，自由曲面を創成するコンタリング研削などでその優位性が発揮できる。

図 4.50 に，スピードストローク研削によるコンタリング研削の一例を示す。このような，3 次元形状も高能率に創成することができる。なお，スピードス

トローク研削では，テーブル運動中に常時加減速が行われることから，加工中の砥粒切込み深さや切りくず長さはつねに変化する[30]。

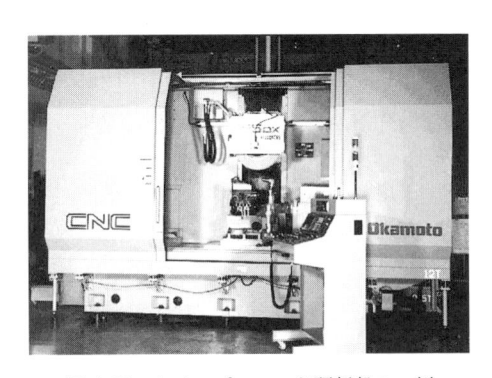

〔2〕 **クリープフィード研削**

クリープフィード研削（creep feed grinding）は，砥石切込み深さ t を通常の100～1000倍と大きく，逆にテーブル送り速度 v を 1/10～1/100 と小さくして研削する方法で，一般にプランジ研削方式で使われる。図4.51にクリープフィード研削盤の一例を示す。

図4.50 スピードストローク研削によるコンタリング研削の一例

クリープフィード研削では，砥石と工作物の接触弧長さが極端に長くなり，接触面温度が高くなりやすいので，加工領域に大量の研削液を高圧で供給したり，多孔質で軟らかい砥石（結合度：E，F，G）を使用したりする必要がある。一方，クリープフィード研削では砥石が工作

図4.51 クリープフィード研削盤の一例

物に接触し続け，かつ最大砥粒切込み深さも非常に小さいので，砥粒の脱落は少なく，研削比は大きくなる傾向がある。

〔3〕 **超高速研削**　3.2.5項で述べたように，切削速度が非常に速くなると，切りくずとすくい面の接触温度が上昇し，半溶融状態の薄い層が潤滑的な役割を果たすため，摩擦力の減少に伴ってせん断角が増大し，切削抵抗は減少すると考えられている。このような効果を狙って，**超高速研削**（ultrahigh speed grinding）が試みられている。実験的には大気中の音速を超える相対速度で研削した例[31]もあるが，一般的には $V=80～160\,\mathrm{m/s}$ の範囲（通常の

研削では $V=30\,\mathrm{m/s}$ 程度）で行われる．

砥石周速度の高速化によって最大砥粒切込み深さ g_m が小さくなり，同時に研削抵抗が低くなるため，研削比は大きくなることが期待できる．また，理論的には仕上面粗さも小さくなるが，砥石回転の高速化により工作機械の振動が発生しやすくなり，仕上面粗さは必ずしも小さくはならない．超高速研削の実現には，破壊強度の高い特殊な砥石を用いる必要があり，研削点に超高圧で注水する必要もある．その結果，加工エネルギーや加工コストが大きくなる傾向があるので，本研削方式が広く用いられるには，さらなる研究が必要である．

最近では，超高速研削とクリープフィード研削を組み合わせた HEDG（high efficient deep grinding）も実用化されている[32]．HEDG では超耐熱合金製のタービンブレードなどを高能率に加工できる．一方，加工長さが短い工作物に対しては，超高速研削とスピードストローク研削を組み合わせて，砥石を連続的に切り込むことにより，高能率に加工を行う**ハイスピードストローク研削**（high speed stroke grinding）が行われる場合がある[32]．

4.9.2　スライシングとダイシング[33]

Si，石英，サファイアなどの結晶材料に対して，**図 4.52** に示すように薄いディスク形の砥石（ブレード）を用いて薄く切断することを**スライシング**（slicing）と呼ぶ．一方，小さい工作物を細かく切断したり，ウェーハに細い溝を入れる場合を**ダイシング**（dicing）という．通常，直径 50 ～ 100 mm，厚さ 50 ～ 200 μm の砥石を用いることが多い．いずれの場合も，薄刃のブレードを比較的大きな径のフランジで固定するため，ブレード径の 1/3 程度の直径の工作物しか切断できない．

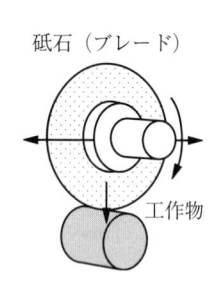

図 4.52　スライシング

4.9.3　ワイヤソー切断

Si，サファイア，SiC などの結晶インゴットを切断（スライシング）するの

に薄形（ブレード状）砥石を用いてきたが，近年のインゴットの大形化に伴い，ワイヤ状の砥石を用いて切断する方法が主となっている．**図 4.53** に示すように，ピアノ線状のワイヤにダイヤモンドなどの砥粒を電着した**ワイヤソー**（wire saw）を送りながら，そのワイヤに工作物を押し付けて切断する．平行に並べた複数のワイヤソーを用いるのが一般的で，ブレードによる切断よりも大きな直径の工作物が能率的に切断できるのが特徴である[34]．

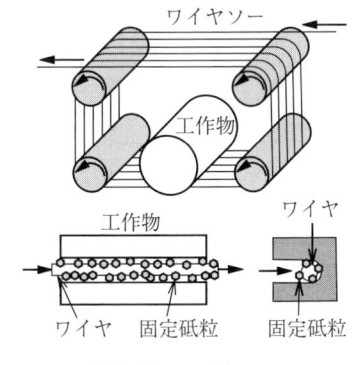

図 4.53 ワイヤソー

ワイヤを用いたスライシングには，上記のほかにピアノ線状のワイヤと遊離砥粒を懸濁した研磨液を用いる方式も広く用いられているが，固定砥粒方式のほうが加工能率は高い．

4.9.4 ELID 研削

研削加工における仕上面粗さを向上させるためには，砥粒の微細化が有効である．そこで，従来から軟質，多孔質の微粒砥石が鏡面仕上げに用いられている．しかし，軟質，多孔質の砥石はその形状維持に課題があり，対策として結合度を上げると目詰まりしやすくなる．そこで，**図 4.54** に示すように，鋳鉄などをボンドにした砥石を陽極とし，砥石作業面に対向する陰極を設けて，電極間隙を 0.1 ～ 0.3 mm に設定する．両極に直流パルス電圧を印加し，あらかじめ砥石のボンド部のみを選択的に電解除去し，効果的にプレドレッシングを行う．この電解ドレッシングを加工中にも行うことで，砥石作業面の目つぶれや目詰まりを抑え，高効率かつ形状精度の高い鏡面研削を行うことができる．このように，**電解インプロセスドレッシング**（electrolytic in-process dressing, ELID）を行いながら研削する方法を，**ELID（エリッド）研削法**と呼ぶ[35]．インプロセスで砥石を目立てするため，長時間切れ味が維持できるのが大きな特徴である．この方法によって，SiC, WC, セラミックなど，硬質

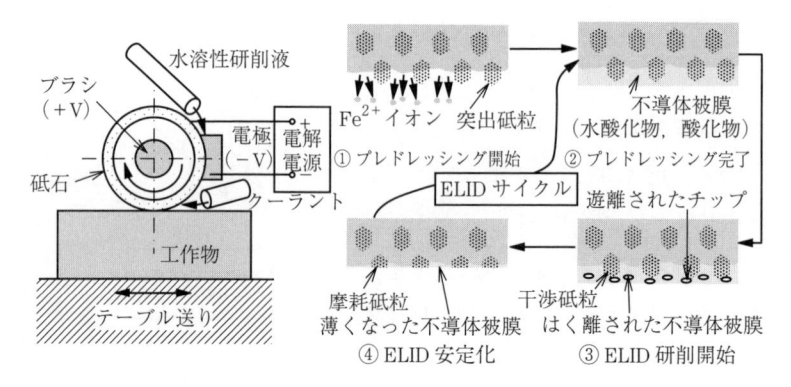

図4.54 電解インプロセスドレッシング（ELID）の原理

かつ難加工性を有するさまざまな材料に対して高能率かつ高品位に鏡面加工を行うことができる。

4.9.5 自由曲面の超精密研削

従来の汎用カメラや反射鏡などには球面レンズや球面ミラーが用いられていたが，近年，収差を減少させて光学特性を向上させ，あるいはレンズ枚数を減らすために非球面形状をもつ光学部品のニーズが増大している．非球面レンズは一般に$Z=f(R)$で表される軸対称の形状が主となっており，図4.55に示すように縦軸の砥石主軸（Y軸）をX軸案内上に，ワーク主軸（C軸）をZ軸案内上にそれぞれ設置し，(X, Z)同時2軸CNC制御して，軸対称の非球面形状を研削加工している[36]．近年は各軸の送り分解能が1 nmの非球面加工機が開発されており，SiC，WC，セラミックなどの硬脆材料の鏡面研削が実現されている．

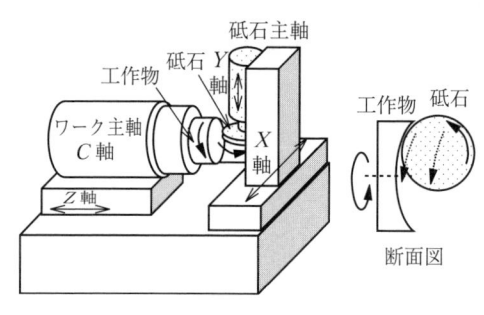

図4.55 軸対称非球面形状の研削法

砥石としては，ほとんどの場合，微粒のダイヤモンドホイールが用いられ，結合剤としてはレジノイドボンドが主で，ビトリファイドやメタルボンドも用いられることがある。

4.9.6 超精密・微細研削加工

近年，光通信用マイクロデバイス，AV機器やバーチャルリアリティ用光学デバイスなどのニーズが増大し，超精密機械加工技術のマイクロ化，複雑形状化，高機能化がいっそう要求されている。また，プラスチックレンズなどの部品は射出成形法で，ガラス製の微細部品はガラスプレス法で，量産されている。このような分野では，微細金型の加工がキーテクノロジーとなっている。ここでは，超精密・微細研削加工技術である，研削によるマイクロファブリケーション技術について概説する。

〔1〕 **マイクロ軸対称非球面形状の研削加工** 外径と近似曲率半径が比較的大きい凹面形状の加工物を研削加工する場合，立形研削スピンドルに算盤玉状の微小砥石を取り付けて加工するのが一般的であるが，近似曲率半径が2 mmより小さい場合には，鏡面研削が困難になる。このため図4.56に示すように砥石軸を工作物の回転軸に対して45°傾ける方式の研削システム（斜軸マイクロ非球面研削法）が使用されている。また，直径が非常に小さい砥石の周速度を通常レベルに近づけるために，研削スピンドルに最大回転数15×10^4 rpmの空気静圧軸受けを用いた例もある。図4.57は，非球面（凹面）の近似曲率半径と有効径が約250 μmの超硬合金型を約ϕ 300 μmのレジノイドボンドダイヤモンドホイール

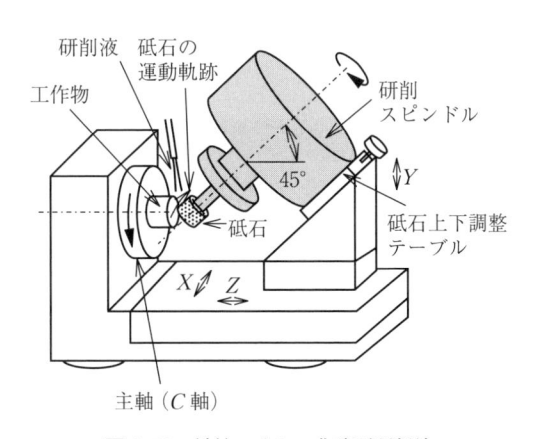

図4.56 斜軸マイクロ非球面研削法

180   4. 研削加工

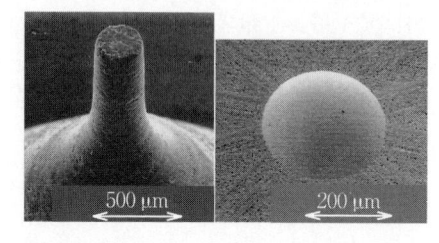

図 4.57 マイクロダイヤモンドホイールの SEM 写真（左）と超硬合金製マイクロ非球面形の SEM 写真（右）

により研削した一例である[37),38)]。このように，研削によってもマイクロ非球面の超精密加工が可能である。

〔2〕 フレネル形状の研削加工

図 4.58 に示すような，Y 軸（縦軸），Z 軸の同時 2 軸加工機によるフレネル形状の研削加工法が提案されている。先端がとがったナイフエッジ状の断面を有する砥石を用い，Y 軸と Z 軸を同時 2 軸制御しながら研削加工を行うものである。砥石にはレジノイドボンドダイヤモンドホイールを用いている。このホイールを，機上で #200 のダイヤモンドホイールによりナイフエッジ状にツルーイングし，ナイフエッジの先端を使ってフレネル形状を創成する。研削後の工作物形状の一例（SEM 写真）とその断面形状を**図 4.59** に示す[39),40)]。

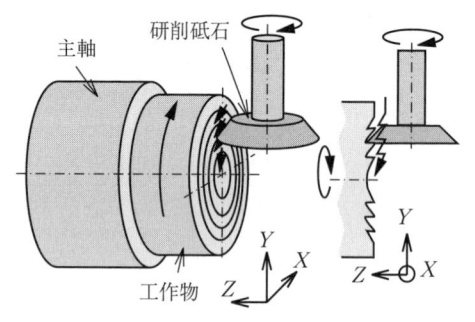

図 4.58 (X, Y) 同時 2 軸制御マイクロフレネル形状研削法の概念図

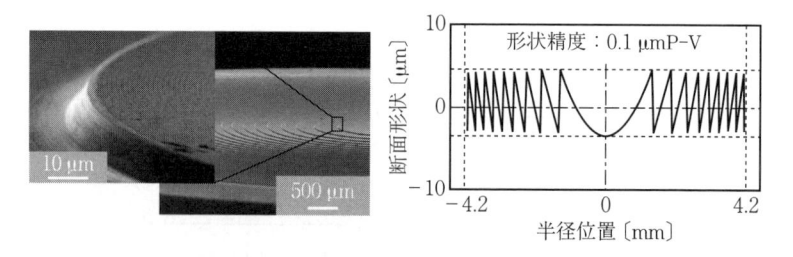

図 4.59 同時 2 軸制御研削によるマイクロフレネル形状と SEM 写真

5 研磨加工

強制切込み加工には切削加工と研削加工があり，圧力切込み加工には固定砥粒加工，半固定砥粒加工および遊離砥粒加工があることは1章で述べた。圧力切込み加工は，工作物表面をごく微量ずつ除去することによって良質な仕上面を得る加工法であり，研磨加工ともいわれる。本章ではおもに遊離砥粒による研磨加工の加工機構とその理論的取扱い，研磨資材の概要と選択，研磨機などについて記述し，最後に各種研磨加工と最近の研磨技術について概説する。

5.1 研磨加工の分類と特色

5.1.1 研磨加工の分類

研磨加工は，**図5.1**に示す固定砥粒，半固定砥粒，遊離砥粒による研磨加工に分類される。固定砥粒による研磨加工は，砥粒が樹脂や焼き物の材料に混ぜられ，砥石やペレットに成形された工具によって研磨する加工で，超仕上げやホーニングなどが含まれる。**遊離砥粒による研磨加工**（loose abrasive machining）は，工具と工作物間に砥粒を挟み込み，一定の圧力条件下において工具と工作物をたがいに相対運動させて，砥粒切れ刃の先端で工作物をごく微量ずつ削り取って精密に仕上げる加工法である。このとき，砥粒は水や研磨液中にばらばらの状態で存在する。この加工法には，代表的な加工法であるラッピング，ポリシングに加え，バフ仕上げ，バレル研磨，超音波加工なども含まれる。ラッピングは湿式と乾式に分類され，ポリシングは，機械的作用のみで加工する**メカニカルポリシング**（mechanical polishing）と，図5.1では砥粒を用いないので

```
研磨加工 ─┬─ 固定砥粒 ─┬─ 超仕上げ
         │           ├─ ホーニング
         │           └─ 砥石研磨
         ├─ 半固定砥粒 ─┬─ ベルト研削
         │            ├─ フィルム研磨
         │            └─ 砥粒内包パッド研磨
         └─ 遊離砥粒 ─┬─ ラッピング ─┬─ 湿式
                     │             └─ 乾式
                     ├─ ポリシング ─┬─ メカニカルポリシング
                     │             └─ メカノケミカルポリシング ─┬─ 湿式
                     │                                        └─ 乾式
                     ├─ バフ仕上げ
                     ├─ バレル研磨
                     └─ 超音波加工
```

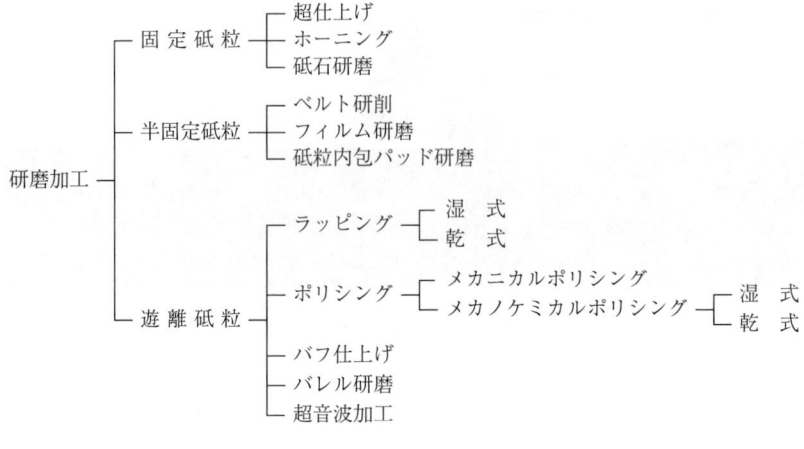

図 5.1 研磨加工の分類

省いたが，1章の図1.1に示した化学エネルギーによる加工として位置付けられる化学研磨，すなわち**ケミカルポリシング**（chemical polishing），これらを複合して加工する**メカノケミカルポリシング**（mechanochemical polishing, **MCP**）に分類される。メカノケミカルポリシングは日本で命名された和製英語であり，**メカニカルケミカルポリシング**（mechanical chemical polishing）と呼ぶのが正しい。この加工方法は，シリコンウェーハ上に半導体デバイス回路を形成するための製造プロセスに，米国で初めて採用され，現在では，**ケミカルメカニカルポリシング**（chemical mechanical polishing, **CMP**）の呼び名が広く用いられている。本書では，これらをまとめてメカノケミカルポリシングと呼ぶが，MCPは，メカニカル作用が強いときに，CMPは，ケミカル作用の強いときに用いられることもある。一方，半固定砥粒による研磨加工は，遊離砥粒と固定砥粒の中間に位置し，可撓性のあるフィルムやベルト，あるいはパッドなどに砥粒を緩く保持させて研磨する加工法である。

これらの加工法は，あらゆる材料の最終仕上げとして用いられているが，遠くは狩猟時代における矢尻の研磨から，産業革命時代におけるレンズの加工，さらには半導体時代におけるシリコンウェーハの加工へと発展してきた。この間，研磨加工は滑らかさだけを追求する鏡面化から形状精度をも向上させる高

精度化へと変遷し，これら二つの目的を達成するため，多種多様な研磨法が開発されてきている。工作物材料も鋼やアルミニウムなどの金属材料から，ガラス，セラミックス，シリコンウェーハなどの脆性材料まで多岐にわたっている。

5.1.2 研磨加工の特色

遊離砥粒を用いた研磨加工において，砥粒切れ刃は，切削におけるバイトに相当するが，砥粒は固定されておらず，工具と工作物間で運動しながら工作物を削っていく。ラッピングとポリシングは，切削や研削加工に比べつぎのような特色をもっている。

① 工具と工作物の単純な相対運動と工作物の自重だけでも加工できるので，誰でも短時間で習熟できるが，高い精度で仕上げるためには長時間にわたる鍛錬や多くの経験，ノウハウを必要とする。

② 多数の砥粒切れ刃で工作物をごく微量ずつ削り取っていくので，加工能率は低いが，鏡面を容易に得ることができる。さらに，化学的作用を複合することにより加工変質層のない無擾乱の高品位面を得ることもできる。

③ 工具形状を面転写する圧力切込み加工であり，加工装置には高い運動精度や剛性を必要としない。

④ 研磨液中に分散，懸濁された研磨剤は飛散しやすく，衣服や装置が汚れやすい。

⑤ メカノケミカルポリシングでは装置を腐食させる研磨液も用いられるため，この装置では高級な構造材料を使用することが要求される。

⑥ 最終仕上げには軟質工具が用いられることが多く，縁だれが発生しやすく，高い形状精度を得ることは難しい。

このように研磨加工は多くの長所や短所をもっており，これらをよく理解したうえで用いなければ，高い形状精度と高品位面を併せもつ仕上面を効率よく得ることは難しい。このため，最初に研磨機構と理論的取扱いについて述べる。

5.2 研磨機構

遊離砥粒(loose grain)を用いる**ラッピング**(lapping)または**ポリシング**(polishing)は，いずれも**図 5.2**に示すように**工具**(tool)と**工作物**(workpiece)の間に，工作物より硬い**砥粒**(abrasive grain)を入れて圧力を加え，たがいに擦り合わせながら，砥粒切れ刃によって工作物の表面を極微量ずつ削り取り，滑らかに仕上げる加工法である。ラッピングとポリシングの違いを**表 5.1**に示す。ラッピングに対し，ポリシングで用いられる砥粒は平均**粒径**(grain size)が数十分の一と小さく，工具には軟質のものが用いられる。**仕上面**(finished surface)も**梨地面**(satin finished surface)から**鏡面**(mirror finished surface)となり，ケミカル作用を複合したメカノケミカルポリシングでは無欠陥の高品位面を得ることが可能になる。仕上面の最大高さ粗さ Rz はラッピングでは μm オーダであるが，ポリシングでは nm オーダに，さらにメカノケミカルポリシングでは原子オーダまで向上する。以下，ラッピング，メカニカルポリシング，メカノケミカルポリシングについて，切りくずの生成機構を説明する。

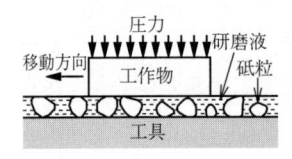

図 5.2 遊離砥粒によるラッピングまたはポリシングの概念図

表 5.1 ラッピングとポリシングの違い

加工法		砥粒	工具	仕上面	最大高さ粗さ Rz
ラッピング		数〜数十 μm 径の粗い砥粒	鋳鉄などの硬質工具	梨地面	$1 \sim 0.01$ μm
ポリシング	メカニカル	1 μm 径以下の微細砥粒	ピッチなどの軟質工具	鏡面	$10 \sim 1$ nm
	メカノケミカル	200 nm 径以下の微細砥粒	ポリウレタンなどの軟質工具	無欠陥の高品位面	$1 \sim 0.1$ nm

5.2.1 切りくずの生成機構

ラッピングとメカニカルポリシングにおける切りくずの生成機構は，表5.1に示したように砥粒の大きさや工具の材質が異なるだけで，本質的には同じである。ここではまずラッピングとメカニカルポリシングにおける切りくず生成機構について説明する。

〔1〕 **ラッピングとメカニカルポリシングにおける切りくず生成**　切りくずは図5.3に示すように，① 砥粒が工具と工作物の間で転動して工作物や工具を引っかいたり，砕いたりする，② 砥粒が工具表面に保持されて工作物を引っかいたり，砕いたりする，③ 砥粒が工作物表面に保持されて工具を引っかいたり，砕いたりする，ような挙動を示すときに生成される。

図5.3 切りくずの生成機構

これらの挙動が加工に及ぼす影響は，工作物，砥粒，工具の材質，研磨液などの条件によって異なり，工具はほとんど摩耗せず工作物が大きく加工される場合や，反対に工作物に比べて工具が大きく摩耗する場合が起こる。また，工作物が金属材料か硬脆材料かによって切りくずの生成機構は異なってくる。図5.4に金属材料と硬脆材料の切りくず生成モデルを示す。金属材料では，図（a）に示すように砥粒の押込みによって弾性変形や塑性変形が起こるだけであり，**転動**（rolling motion）する砥粒や，工具に保持された砥粒の**引っかき**（scratching）により切りくずが生

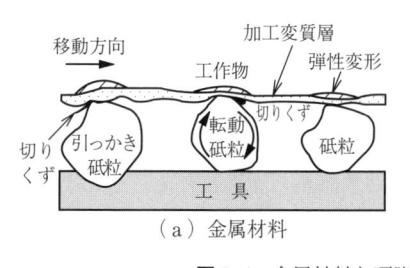

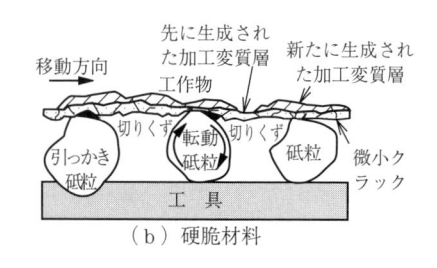

（a）金属材料　　　（b）硬脆材料

図5.4 金属材料と硬脆材料の切りくず生成モデル

成される。

　一方，硬脆材料は圧縮強度より引張強度が小さいため，図（b）に示すように転動砥粒や引っかき砥粒が工作物表面に押し付けられることにより，表面から内部に向かって微小クラックが発生し，そのクラックが交差して大部分の切りくずが生成される。このようなメカニカルポリシングにケミカルな作用が加わると，大きく切りくず生成機構が変化する。

〔2〕 **メカノケミカルポリシングにおける切りくず生成**　湿式のメカノケミカルポリシングにおける切りくず生成モデルを**図5.5**（a）に示す。工作物表面は研磨液により化学的に変質し，機械的に脆弱な被膜が形成される。軟質工具に保持された砥粒は，この脆弱になった表面層をごくわずかずつ削り取る。あるいは工具表面が被膜と直接接触し，摩擦力により擦り取る。このように，脆弱になった工作物表面層だけが削り取られるので加工変質層は発生しない。したがって，無擾乱の高品位面を得ることが可能になる。

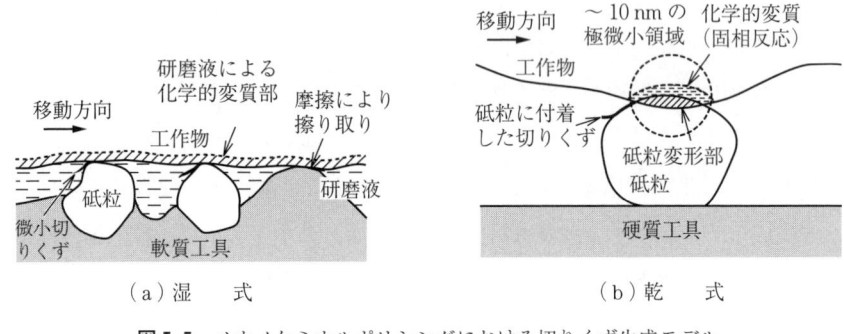

図5.5　メカノケミカルポリシングにおける切りくず生成モデル

　一方，図（b）に乾式のメカノケミカルポリシングにおける切りくず生成モデルを示す。軟質な砥粒と硬質の工作物が接触する極微小領域に生じる機械的・熱的エネルギーにより化学的変化（固相反応）が誘起，促進され，反応生成物が砥粒に付着してごく微少量ずつ工作物表面から除去される。このように軟質砥粒を用いて反応生成物を除去するので，スクラッチや加工変質層は生じず，高品位の平滑面を得ることができる。

5.2.2 形状生成機構

研磨加工では，工具と工作物が面接触し，それらの間に介在する多数の砥粒が切れ刃となって工具面形状にならって配置され，工作物をわずかずつ削り取ることで加工が進む．すなわち，研磨加工は**面形状転写加工**（surface profile transfer machining）である．**図5.6**に示すように，工作物に平面を得たい場合には平面の工具を，凹面を得たい場合には凸面の工具を用いることになる．このため工作物を高い形状精度に仕上げるには，正確な工具形状が必要になる．

高精度の平面を得る一つの方法として，古くから使用されてきた**3面擦り合わせ法**（three-face lapping method）の概念を**図5.7**に示す．

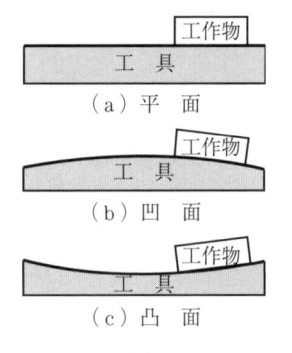

図5.6 研磨加工における面形状転写

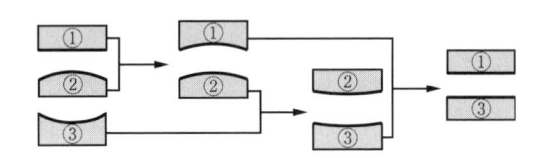

図5.7 3面擦り合わせ法の概念図

凹凸が不明な3面を交互に擦り合わせることで最終的に3面とも平面が得られるというのが3面擦り合わせ法の原理である．ここでは，平面，凸面，凹面をもつ工具①，②，③を交互に使用していかに平面が得られてゆくかを示している．最初に①と②の工具を擦り合わせることにより工具①の形状は緩やかな凹面になる．つぎに，②と③の工具を擦り合わせると，工具②は凸面，③は凹面のままである．さらに，凹面の工具①と凹面の工具③を擦り合わせると，いずれの工具も平面に近づく．この3面擦り合わせを繰り返し行えば徐々に3面ともに平面に近づけることができるが，長時間の研磨が必要になり，しかもこの方法は職人芸が必要な技術でもある．

現在では，この3面擦り合わせ法に代わり，**ラップ定盤**（lapping plate）の形状を短時間で修正する方法として，図5.8に示す円環状の**修正リング**（conditioning ring）による定盤形状修正法が用いられている。この方法では，定盤形状が凸面の場合，修正リングを内側へ移動して定盤の内周側を多く削り取り，逆に凹面の場合，修正リングを外側に移動して定盤形状を平面に修正している。

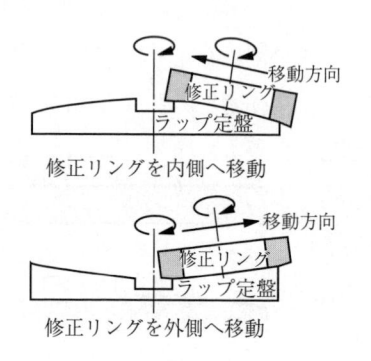

図5.8 修正リングによる定盤形状修正法

5.2.3 研磨理論

前述の修正リングを定盤に対して移動することによって定盤は形状修正できるが，移動量や加工時間などの最適加工条件の選定は，現在でも経験的なノウハウに頼っている。このため本節では研磨加工を理論的に扱ってみる。

加工量（stock removal amount）は，通常加工深さw〔μm〕として表されることが多く，工具と工作物間の相対速度v〔km/min〕と圧力p〔kPa〕と研磨時間t〔min〕の積に比例し，式（5.1）で表せる。この式はPrestonの式[1]と呼ばれ，ラッピングやポリシングに適用できることが示されている[2),3)]。

$$w = \eta v p t \tag{5.1}$$

ここで，ηは比例定数であり，工作物に対しては比加工量・圧力比〔μm/(km·kPa)〕，工具に対しては比工具摩耗量・圧力比〔μm/(km·kPa)〕と呼ばれており[4)]，工作物と工具の性質，砥粒の大きさ，種類などによって決まる値で，加工能率や工具摩耗率を示す定数である。この定数は，Preston定数と呼ばれることもある。

相対速度vは，工具と工作物の運動様式から基本的に求めることが可能である。ここでは，角速度ω_Tで回転している環状工具上で円板状工作物が角速

度 ω_W で回転している場合について，図 5.9 に示す工作物上の任意の点 $P_W(R_W, \theta_W)$ の相対速度 v を導いてみる．この点における工作物回転による速度 v_W と工具回転による速度 v_T は式 (5.2) で表すことができる．

$$\left.\begin{array}{l}v_W = R_W \omega_W \\ v_T = R_T \omega_T\end{array}\right\} \quad (5.2)$$

これらの速度ベクトル間に余弦定理を適用すると，相対速度 v との間に

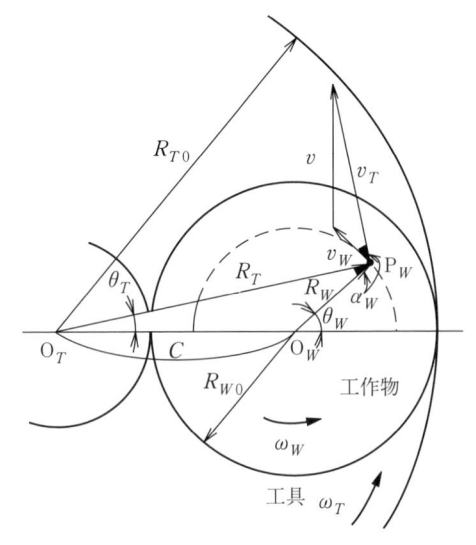

図 5.9 工具と工作物間の相対速度

$$v^2 = v_W^2 + v_T^2 - 2 v_W v_T \cos \alpha_W \tag{5.3}$$

の関係が成立する．さらに，三角形 $P_W O_T O_W$ に余弦定理を用いると

$$\cos \alpha_W = \frac{R_W^2 + R_T^2 - C^2}{2 R_W R_T} \tag{5.4}$$

が成立し，$R_W^2 = R_T^2 + C^2 - 2 R_T C \cos \theta_T$ を考慮すると，相対速度 v は，式 (5.5) で表すことができる．

$$v^2 = R_T^2 (\omega_T - \omega_W)^2 + C^2 \omega_W^2 + 2 R_T C (\omega_T - \omega_W) \cos \theta_T \tag{5.5}$$

したがって，工具と工作物の回転速度が等しい $\omega_W = \omega_T$ の場合

$$v = C \omega_W = C \omega_T \tag{5.6}$$

が成立し，工作物上のすべての点で相対速度は一定となる．

一方，圧力 p はすきま理論[5]により算出することができる．この理論は与えた荷重とポリシャの変形により生じる圧力の積分値が等しいこと，および系に働く全モーメントの積分値がゼロになることから導かれるが，詳細は文

献5）に譲る。

点 P_W における相対速度 v と圧力 p から，式 (5.1) を用いて，加工量を算出することができるので，各点において加工量を求め，初期形状から差し引くことにより現形状を求めることができる。

理論計算の一例として，図 5.10 に円板のガラス（BK 7）をピッチ工具と酸化セリウム砥粒を用いて研磨加工を行ったときの加工量と工作物平面度変化の実験値と計算値を示しており，両者はよく一致している[6]。現在では，修正リング形研磨や小径工具による揺動研磨（図 5.11）についても実験値と理論値はよく一致し[7]，研磨時における工作物の形状変化過程をシミュレーションすることが可能になっている。

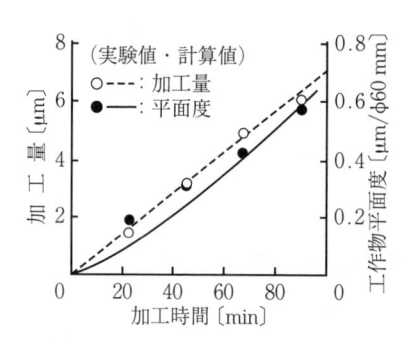

図 5.10 加工量と工作物平面度変化の実験値と計算値の比較

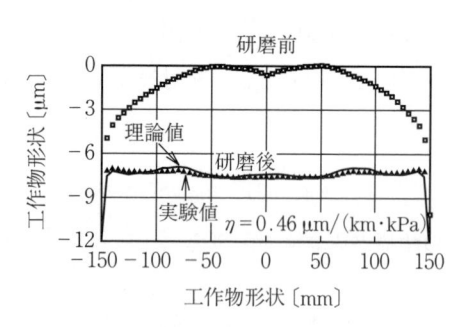

図 5.11 揺動範囲を調整した小径工具による石英ガラスの揺動研磨形状

5.3 研磨資材

研磨加工では，砥粒を保持する役目を果たすラップ，ポリシャと呼ばれる研磨工具と，切れ刃となる砥粒，および砥粒を懸濁あるいはペースト状にする研磨液が必要で，これらを研磨資材と呼ぶ。

5.3.1 砥粒の種類と性質

研磨砥粒に求められる一般的な要件として，① 硬くて耐摩耗性に富む，

5.3 研磨資材

② 粒径数 10 μm 以下のものが容易に得られ，大きさと形状がそろっている，③ 形状は細長いものより球形に近いものがよく，鋭いコーナ部をもつ，④ 融点が工作物より高い，⑤ 価格が安い，ことがあげられるが，メカノケミカル研磨用砥粒では，これらに加えて，⑥ 研磨液中で凝集しにくい，⑦ 工作物に対する化学的作用を併せもつ，ことも必要とされる。

これらの要件を満たす砥粒として，4章の研削加工でも述べたように，硬い鉱物質である A，WA 砥粒や C，GC 砥粒が一般に使用されている。硬い C 系砥粒は荒仕上げに，粉砕されやすい A 系砥粒は仕上げに用いられるが，目詰まりを生じやすい。これらの砥粒より硬い材料を加工するためには，価格は高いがダイヤモンド砥粒や cBN（立方晶窒化ホウ素）砥粒が利用されている。これらの研磨砥粒の分類を図 5.12 に示す。本節では研削砥石の砥粒として取り上げなかったおもな研磨砥粒について，以下，説明する。

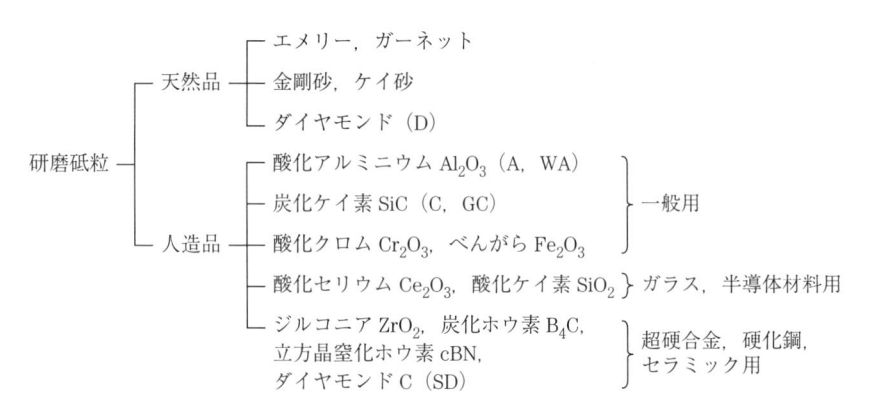

```
                  ┌─ エメリー，ガーネット
         ┌─ 天然品 ─┼─ 金剛砂，ケイ砂
         │         └─ ダイヤモンド（D）
研磨砥粒 ─┤
         │         ┌─ 酸化アルミニウム Al₂O₃（A，WA）    ┐
         │         ├─ 炭化ケイ素 SiC（C，GC）            ├ 一般用
         └─ 人造品 ─┼─ 酸化クロム Cr₂O₃，べんがら Fe₂O₃   ┘
                   ├─ 酸化セリウム Ce₂O₃，酸化ケイ素 SiO₂ }ガラス，半導体材料用
                   └─ ジルコニア ZrO₂，炭化ホウ素 B₄C，  ┐
                      立方晶窒化ホウ素 cBN，             ├ 超硬合金，硬化鋼，
                      ダイヤモンド C（SD）               ┘ セラミック用
```

図 5.12 研磨砥粒の分類

① **酸化クロム**（chrome oxide）　クロム酸を熱処理して製造する緑色の粉末であるが，製造法によって種々の形状を取り，研磨特性も大きく異なる。他の研磨砥粒に比べて高価であるが，研磨性能は優れており，バフ研磨においては万能の研磨砥粒として重宝されている。製造時の加熱温度が高く，粒子の大きさが $1 \sim 2\,\mu m$ で，六角板状結晶のものが最も研磨能率に優れている。

② **べんがら**（colcothar） 酸化鉄（Fe_2O_3）であり，硫酸鉄，酢酸鉄などの結晶粉末をるつぼに入れて約800℃で焼成してつくる。焼成温度の高低により2種類あり，低温では紅色，高温では暗紫赤色になり，硬さ，研磨能力に差がある。0.1 μm内外の微粉がバフ研磨に常用されているが，研磨性能はアルミナや酸化クロムに劣る。

③ **酸化セリウム**（cerium oxide） Ce_2O_3を主成分とする微粉であり，ガラスの仕上研磨に賞用されている。過去には，べんがらがもっぱら使用されていたが，複合作用による酸化セリウムの高い研磨能力が認められてからは，これに切り替えられた。分散性のよいサブミクロンの微粒セリア系スラリは，シリコン半導体の研磨にも使用され，層間絶縁膜や素子間分離用浅溝絶縁膜の研磨に用いられている。

④ **酸化ケイ素**（silicon oxide） SiO_2は，ガラス研磨に用いられていたが，近年になって，化学作用を複合したシリカ系スラリとして，シリコン半導体デバイスの研磨に大量に消費されている。砥粒径はnmオーダときわめて小さく，複合作用による高い研磨速度と原子オーダの滑らかな表面を実現している。

⑤ **ジルコニア**（zirconia） ZrO_2 85%，TiO_2 15%からなる共晶体粒子で，従来のA，C系砥粒ではチタニウムやオーステナイト系ステンレス鋼などに対して歯が立たなかったために開発されたものである。硬度はA，C系砥粒より低いが，靭性はC系砥粒と比較して数倍大きく，耐摩耗性も優れている。現在ではジルコニア系スラリとしてシリコン，ガラスなどの研磨に用いられ，優れた研磨能率を発揮している。

5.3.2 研磨液

研磨液（polishing slurry）は，研磨剤を溶媒に溶いて分散させたものである。溶媒に求められる一般的な要件として，① 砥粒を均一に分散させ，長時間にわたり沈殿などを生じさせにくい，② 切りくずを効率的に排出し，高い冷却性能を有する，③ 砥粒の切れ味を増進させ，工具と工作物間の摩擦を減

少させて発熱を抑える，④ メカノケミカル研磨では，工作物との化学反応性が重視される，ことなどがあげられる。

これらの要件を満たす溶媒として，水と鉱油が使用されている。前者では，水や純水に界面活性剤を添加したものを用いる。**界面活性剤**（surfactant）は，砥粒の分散性の向上，工作物への砥粒の付着防止などのために用いる。油性の溶媒には，加工能率向上のために，通常，低粘度の軽油が用いられる。油性の溶媒は，防錆効果をもつので金属加工用によく用いられる。なお，ダイヤモンド砥粒は水に分散しにくいので，油性の溶媒が使われることが多い。

CMP では，水や純水に化学作用をもつ添加剤を加え，砥粒を分散させた**スラリ**（slurry）と呼ばれる研磨液が用いられる。このスラリは，半導体材料の発展とともに進化したといっても過言ではなく，いまでは**表 5.2** に示すような特性をもつシリカ系，セリア系，アルミナ系，ジルコニア系のスラリが開発されている。これらのスラリは，サブミクロンから nm オーダの微細な研磨剤を，工作物と化学反応する溶媒中に分散させたもので，高い加工能率と同時に，加工変質層のない高品位面を半導体材料表面に創成できる。

表 5.2 CMP 用スラリの特性

種　類		製　法	砥粒径	特　徴	用　途
シリカ系 (SiO_2)	フュームドシリカ	火炎酸化	50 nm	超高純度であり，加工能率は高いが，加工面品位が若干劣る。	SiO_2, poly-Si
	コロイダルシリカ	イオン交換	20〜200 nm	シリカ粒子がコロイド状になっている。アルカリ性でpH 8〜11。	Si, SiO_2, poly-Si, サファイア
セリア系（CeO_2）		溶解法	〜1 μm	加工能率が高い。中性。	SiO_2, 石英, ガラス
アルミナ系（Al_2O_3）		仮焼成	〜1 μm	シリカやセリアに比べてきわめて硬い。酸性にして配線用メタルに対応。	Al, Cu, W, Ta, TaN, TiN
ジルコニア系（ZrO_2）		アルカリ溶融	〜1 μm	超微細でコロイド状であり，比較的高い加工能率。	Si, SiO_2, ガラス

5.3.3 研磨工具

研磨工具(polishing tool)に求められる一般的な要件は，① 表面には砥粒を容易に保持できる微小凹凸をもつ，② 均質，緻密である，③ 摩耗しにくく，耐薬品性があり，長時間正確な形状を維持できる，などである．

これらの要件を満たす研磨工具の材料を表5.3に示す．ラッピングでは鋳鉄，鋼，銅，黄銅，錫などの金属材料が，半導体の研磨用には，金属イオンによる汚染を嫌い，セラミックやガラスなどの硬質材料が用いられる．一方，ポリシングでは，軟らかいピッチ，ウレタン樹脂，エポキシ樹脂，木材などの軟質工具が用いられる．ポリシングで用いられる軟質工具は，**ポリシャ**(polisher)，あるいは**研磨パッド**(polishing pad)とも呼ばれ，高精度の平面に加工されたステンレス鋼やセラミック，ガラスなどの定盤面に貼り付けて使用される．

表5.3 研磨工具の材料

種類			工具材料	用途
ラッピング	金属材料	硬質	鋳鉄，鋼，銅，黄銅	一般用
		軟質	鉛，すず，はんだ	セラミック
	非金属材料		セラミック，ガラス，石英	化合物半導体用
ポリシング	天然素材		ピッチ，蜜ろう，パラフィン，松やに，木材，皮革	ガラス，サファイア
	人造素材	硬質	アクリル，塩化ビニル，ポリカーボネート	ガラス
		軟質	人工皮革，ウレタンゴム，テフロン，ウレタン樹脂，エポキシ樹脂，フェルト，不織布	一般，半導体用

〔1〕**鋳鉄ラップ** 鋼製品や焼入れ鋼などの**ラップ仕上げ**(lap finishing)に一般に用いられる**ラップ材料**(lap material)が鋳鉄である．鋳鉄のなかでも硬度が低く，組織が細かく，グラファイトが均一に分散したねずみ鋳鉄が広く用いられる．図5.13(a)に鋳鉄ラップの一例を示す．ラッピングの過程で，鋳鉄表面に析出した軟らかいグラファイトが削り取られ，その場所に砥粒が埋め込まれるので，高い砥粒保持能力が得られる．そのほか，耐摩耗性が良

5.3 研磨資材

好で，組織の緻密なミーハナイト鋳鉄もよく用いられる．

〔2〕 その他のラップ材料

その他のラップ材料に，図 5.13（b）～（d）に示す銅，錫，セラミックなどがある．鋳鉄が荒仕上げに用いられるのに対し，銅やすずは中仕上げや最終仕上げに用いられる．ダイヤモンド砥粒を用いる場合には，銅ラップが用いられることが多い．さらに，金属イオンによる汚染を防ぎたい場合にはセラミックラップが用いられる．これらのラップ定盤上には，一般的に図（b），（c）に見られるような幅 2～3 mm，深さ 5 mm 程度の格子状や渦巻き状の溝が付けられ，砥粒の供給や切りくずの排出を促進する役割を果たす．

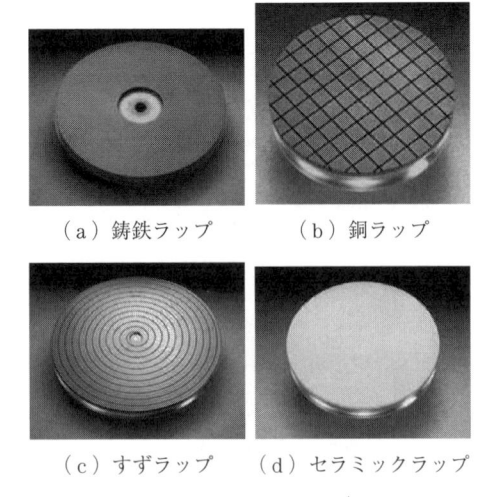

(a) 鋳鉄ラップ　　(b) 銅ラップ
(c) すずラップ　　(d) セラミックラップ

図 5.13　各種ラップ[8]

〔3〕 ポリシング用ピッチ皿　　ピッチ皿 (pitch plate) は，ガラスや石英などの精密光学部品の研磨に 18 世紀から使われはじめ，現在も常用されている研磨工具である．ピッチはアスファルトを精製してつくられる．粘性流動を起こしやすく，時間とともに形状が変化し，工具摩耗量が大きいという短所をもつが，工作物表面にスクラッチを発生させにくく，容易に鏡面化ができるという長所をもつことから，現在でもレンズ研磨にはなくてはならない存在である．通常，レンズ研磨は，レンズ形状に粗加工する**荒ずり** (roughing)，形状精度を上げる**砂かけ** (smoothing)，鏡面を得る**研磨** (polishing) の 3 工程からなり，この最後の研磨工程に**図 5.14** に示すピッチ皿が使用される．レンズを凹形状に磨く場合は，凸形状をした鋼やステンレス鋼製の定盤にピッチを流し込んで成形して使用する．細かな碁盤目状の溝をもつ平面研磨用ピッチ皿を**図 5.15** に示す．表面には研磨液を均一に供給するためにピッチ 3～5 mm の細

196   5. 研磨加工

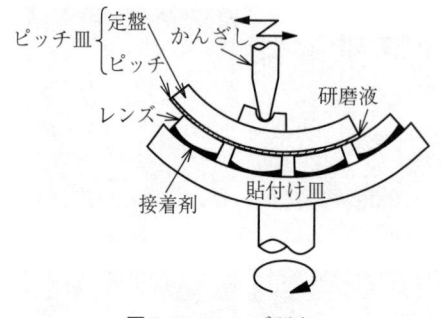

図5.14 レンズ研磨

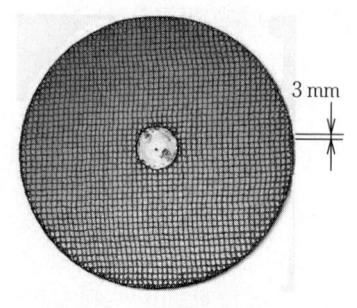

図5.15 細かな碁盤目状の溝をもつ平面研磨用ピッチ皿

かな碁盤目状の溝を設けている。

〔4〕 **研磨布貼付け定盤**　　ピッチは，上述したように温度が高いと粘性流動を起こしやすく，しかも摩耗が早く，周囲のものを汚してしまうという欠点を有する。このため，これに代わる素材として，人造素材であるポリシャ，あるいは研磨パッドと呼ばれる研磨布が用いられている。半導体材料やガラスの精密研磨に用いられる研磨布一覧を**図5.16**に示す。**研磨布**（polishing pad）は，連続発泡系と独立発泡系に大別できる。前者はシリコンウェーハの**最終仕上げ**（final polishing）に用いられるスエードタイプと，シリコンウェーハの**1次研磨**（first polishing），**2次研磨**（second polishing）に用いられる不織布にウレタン樹脂を含浸させたタイプに，後者は精密ガラス研磨に用いられる気泡混入タイプと，石英研磨や半導体CMPに用いられる無気泡タイプに分けられ

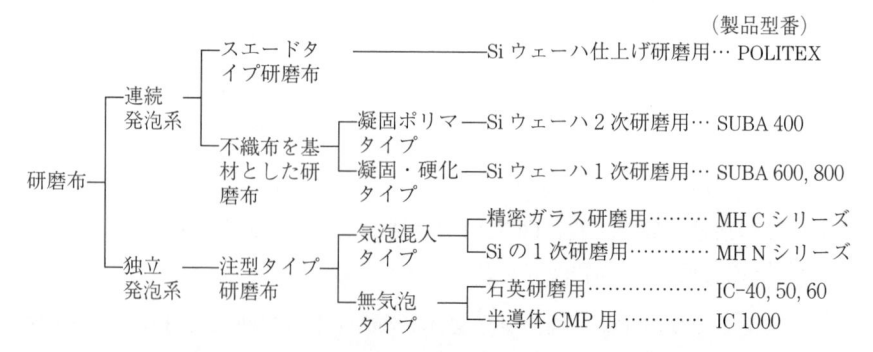

```
                                                              （製品型番）
            ┌─スエードタイプ研磨布────────── Siウェーハ仕上げ研磨用… POLITEX
       ┌連続┤
       │発泡系          ┌凝固ポリマ─ Siウェーハ2次研磨用… SUBA 400
       │   └不織布を基   タイプ
研磨布─┤     材とした研   ┌凝固・硬化─ Siウェーハ1次研磨用… SUBA 600, 800
       │     磨布        タイプ
       │              ┌気泡混入─┬精密ガラス研磨用……… MHCシリーズ
       └独立─注型タイプ─┤  タイプ └Siの1次研磨用………… MHNシリーズ
         発泡系  研磨布  │
                        └無気泡─┬石英研磨用………………… IC-40, 50, 60
                          タイプ └半導体CMP用…………… IC 1000
```

図5.16 半導体材料やガラスの精密研磨に用いられる研磨布一覧

る。図の右端の欄は，製品型番を示している。

研磨布のSEM断面写真を**図5.17**に示す。図（a）に示す独立発泡系の研磨布は，**気孔**（pore）が独立しているため研磨布内部へスラリが浸透しにくく，目詰まりが比較的短時間で起こりやすい。このため頻繁なドレッシングが必要とされる。図（b）に示す連続発泡系では，不織布内へスラリが容易に浸透し，砥粒保持能力に優れ，加工能率も高いが，組織構造的に変形しやすく，形状修正能力に劣る。図（c）に示すスエードタイプの研磨布は，研磨布表面にイソギンチャクの触手のような層をもち，この部分が加工面に軟らかく作用するので，加工変質層のないきわめて高品位な面に仕上げることが可能になる。

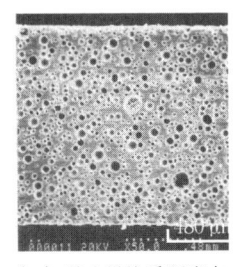

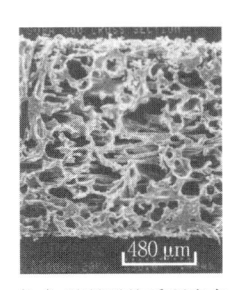

（a）独立発泡系研磨布　　（b）連続発泡系研磨布　　（c）スエードタイプ研磨布
　　　（IC1000）[9]　　　　　　　（SUBA800）[9]　　　　　（Supreme RN）[10]

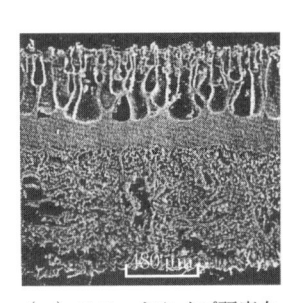

図5.17　研磨布のSEM断面写真

通常，これらの研磨布を両面接着テープでステンレス製や石英製，あるいはセラミック製の定盤に貼り付けて研磨工具とする。**図5.18**は，下部に配置し

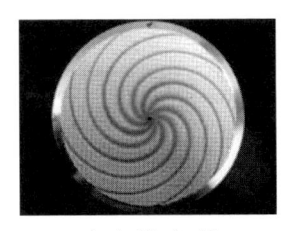

（a）格子状溝　　　　　　　　　（b）複合溝

図5.18　研磨パッド上に掘られた溝

た大口径の工作物を上部から研磨するための小形工具であり，図（a）の研磨布の表面には，スラリをパッド面に均一に供給し，切りくずを排出するためにピッチ5mmの格子状溝が掘られている．図（b）は，工具が高速回転しても研磨液をパッド内に均一に保持，分布させるために，渦巻き状溝に格子状溝を付加した複合溝である[11]．

〔5〕 **研磨工具に生じる目詰まりとドレッシング** 金属ラップを使用している場合，加工時間の増加に伴ってラップ上に工作物の微小な切りくずや粉砕された微細な砥粒が増加する．これらの切りくずや砥粒粉はラップの表面を覆い，研磨能力を低下させる．この現象は研削加工における目詰まりと同じである．この現象を，仕上能率の変化として示したのが**図5.19**である[12]．圧力が高いほど，最初はよく削れて仕上能率は高いが，砥粒が急激に細粒化するので，目詰まりが生じやすく，能率は急激に低下する．このような場合，粗い砥粒を用いて修正リングによりラップし，ラップ表面に埋まった切りくずや砥粒粉を除去するのが一般的である．

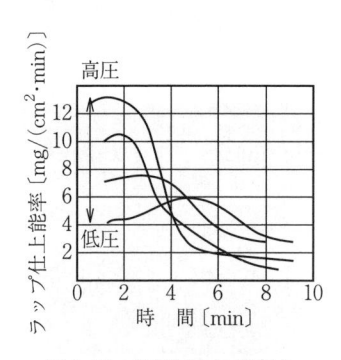

図5.19 加工圧力に依存する仕上能率曲線

研磨布を利用する場合も，研磨時間とともに研磨布上の細かい凹凸に切りくずや砥粒粉が詰まり，目詰まりが進行する．**図5.20**に，ドレッシングを行わないで続けて7枚のシリコンウェーハを研磨した場合の研磨レートの変化を示す．6枚目のウェーハで研磨レートは65%以下に低下している[13]．このため，通常，ウェーハ1枚ごとにドレッシングを行って，加工速度のばらつきを抑

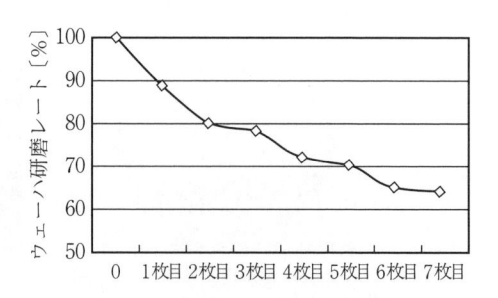

図5.20 加工枚数ごとに劣化するシリコンウェーハ研磨レート

えるのが一般的である。

　硬質クロム面を4時間研磨して目詰まりしたパッド（IC 1000）表面をドレスした結果を図5.21に示す。ドレッシング前は広い面積で目詰まり状態にあるが，ドレッシング後には凹凸の多い清浄な面に回復している。通常，ドレッシングは，ダイヤモンド砥粒を台金の表面に電着したコンディショナを用いて行う。電着以外にもダイヤモンドをろう付けしたコンディショナや，ダイヤモンドを焼結したコンディショナも市販されている。

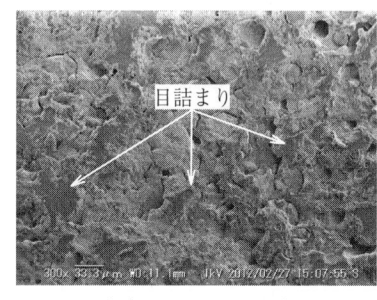

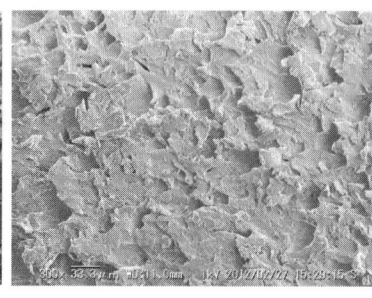

（a）ドレッシング前　　　　　　（b）ドレッシング後
図5.21　ドレッシング前後の研磨パッドの表面状態

5.4　研　磨　仕　上　面

　ラッピングにおいて，湿式と乾式では大きく仕上面性状が異なる。また，メカニカルポリシングでは鏡面が，メカノケミカルポリシングでは，原子オーダの表面粗さが得られる。本節では最初に湿式と乾式ラッピング，メカニカルポリシングによる仕上面性状について述べ，その後，ラッピング，メカニカルポリシング，メカノケミカルポリシングによって得られる仕上面粗さについて説明する。

5.4.1　仕　上　面　性　状
〔1〕　湿式および乾式ラッピング　　5.2.1項で述べたが，ラッピングにお

いては湿式と乾式で切りくず生成機構が異なっている。**図5.22**（a）に示すように，湿式では転動砥粒による切りくず生成が主であり，円弧状切削痕が連続する波打った仕上面となり，乾式では図（b）に示すように引っかき砥粒により移動方向に平たんな擦過痕面が得られる。このため湿式では**図5.23**（a）に示すような方向性をもたない無光沢の梨地面になり，ここに砥粒などが埋め込まれて残ることがある。乾式による仕上面は，図（b）に示すように，砥粒が工作物面をすべって形成されるので，細かい引っかき痕の集まりとなり，砥粒の微細化に伴い光沢のある鏡面，あるいはそれに近い面となる。

（a）湿式ラッピング　　　　（b）乾式ラッピング

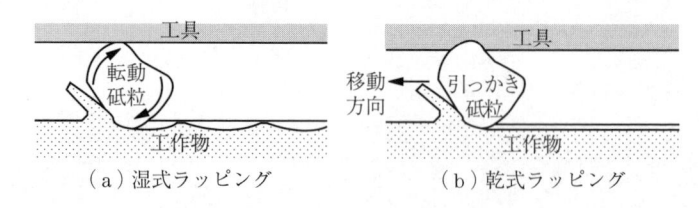

図5.22 湿式および乾式ラッピングにおける仕上面創成の違い

5 mm

（a）湿式ラッピング　　　　（b）乾式ラッピング

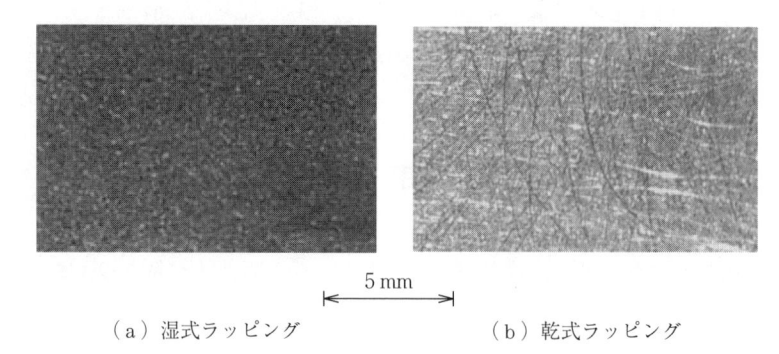

図5.23 湿式および乾式ラッピングにおける仕上面の顕微鏡写真

〔2〕 **メカニカルポリシング**　軟質工具と微細な砥粒が使用されるメカニカルポリシングでは，比較的大きな砥粒は軟質工具への沈み込みが大きく，小さな砥粒は沈み込みが小さくなる。その結果，多数の砥粒が比較的均等に圧力を受けもつことになり，個々の砥粒の切込みが小さくなるので，微小クラックやスクラッチはさらに小さくなり，鏡面仕上げが実現される。

5.4.2 仕上面粗さ

〔1〕 ラッピング　ラッピングでは，図5.24に示すように時間とともに仕上面粗さは向上する。加工初期においては，砥粒の大きさが大きく，仕上面は粗いが，加工が進むにつれて砥粒が粉砕されて微粒になり，仕上面粗さも小さくなり，徐々に一定値に近づく。最後には光沢のある鏡面となる。このときの粗さ曲線の経過を図5.25に示す[12]。

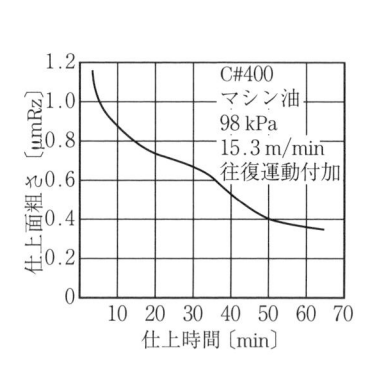

図5.24　仕上時間とラップ仕上面粗さの関係

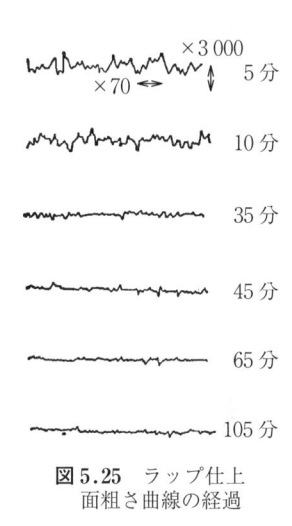

図5.25　ラップ仕上面粗さ曲線の経過

〔2〕 メカニカルとメカノケミカルポリシング　窒化ケイ素（Si_3N_4）や炭化ケイ素（SiC）などの高硬度セラミックは，きわめて加工しにくい素材として知られている。H. Voraらは，窒化ケイ素に対して，ダイヤモンド砥粒を用いてメカニカルポリシングし，さらに，これを酸化鉄により湿式メカノケミカルポリシングした場合の表面粗さの変化を明らかにしている[14]。その結果を図5.26に示す。ダイヤモンド砥粒では100 nmRz程度の表面粗さしか得られないのに対し，メカノケミカルポリシングでは10 nmRz以下のきわめて平滑な面が得られている。

安永らは，サファイアに対して，1 μmのダイヤモンド砥粒を用いたメカニカルポリシングと，サファイアの半分程度の硬さしかもたない粒径3〜5 μm

加工前 ↕100 nm ↔50 μm

(a) ダイヤモンド砥粒による
メカニカルポリシング

加工後 ↕50 nm ↔50 μm

(b) Fe$_2$O$_3$砥粒によるメカノ
ケミカルポリシング

図 5.26 湿式メカノケミカルポリシング仕上面の表面粗さ

の軟質 SiO$_2$ 砥粒を用いて乾式メカノケミカルポリシングを行い，仕上面粗さを比較している[15]。**図 5.27** はその結果を示すもので，図 (a) はポリシングしたままの表面，図 (b) は熱リン酸によりエッチングした表面である。ダイヤモンド砥粒によるメカニカルポリシング

SiO$_2$ (3～5 μm) ポリシング
ポリシャ：石英ガラス

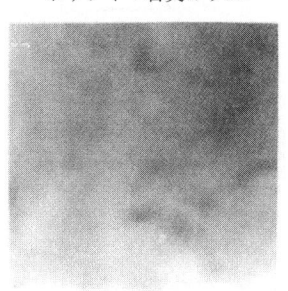

ダイヤモンド (1 μm) ポリシング
ポリシャ：不織布シート

(a) 研 磨 面

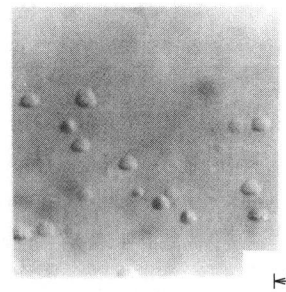

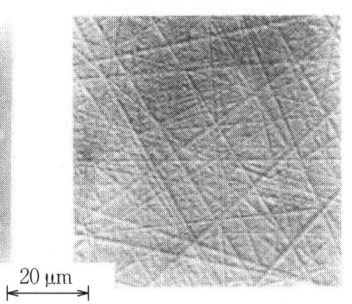

(b) エッチング面 (H$_3$PO$_4$：300 ℃)

図 5.27 微分干渉顕微鏡による乾式メカノケミカルポリシングの仕上面

面(右図)は多くのスクラッチを有しているのに対し,軟質のSiO$_2$砥粒を用いて乾式メカノケミカルポリシングを行うと,スクラッチがまったく見られない(左図)。エッチングを行っても,サファイア内部に存在する転位欠陥が三角状のエッチピットとして現れるだけで,無擾乱の高品位面が得られていることがわかる。

5.5 研 磨 機

工作物形状や研磨方式の多様化に伴い,多種多様な研磨機が開発されてきた。これらを分類したものを図5.28に示す。研磨機は,片面と両面に大きく分類される。さらに,工作物の形状に応じて平面,球面,非球面,円筒面と,平行平面研磨に,運動様式や工具名,制御軸などによって種々の研磨機に分類される。本節では,片面研磨機と両面研磨機に分けて概説する。

```
研磨機 ─┬─ 片面研磨機 ─┬─ 平面研磨機 ─┬─ 荒ずり機,琢磨機        …工作物を押し付け,ラップの直径方向に揺動
        │              │              ├─ 修正リング形研磨機      …円環状工具による研磨中定盤修正
        │              │              └─ ベルト・フィルム研磨機
        │              ├─ 球面研磨機 ─── オスカー式レンズ研磨機   …工具回転に揺動を付加
        │              ├─ 非球面研磨機 ─┬─ XZ同時2軸制御研磨機
        │              │                ├─ XZB同時3軸制御研磨機
        │              │                └─ 同時5軸制御研磨機
        │              └─ 円筒面研磨機
        └─ 両面研磨機 ─── 平行平面研磨機 ─┬─ 2ウエイ式両面研磨機   …上下定盤の回転を停止
                                          ├─ 3ウエイ式両面研磨機   …上定盤のみ回転を停止
                                          └─ 4ウエイ式両面研磨機   …上下定盤を逆回転
```

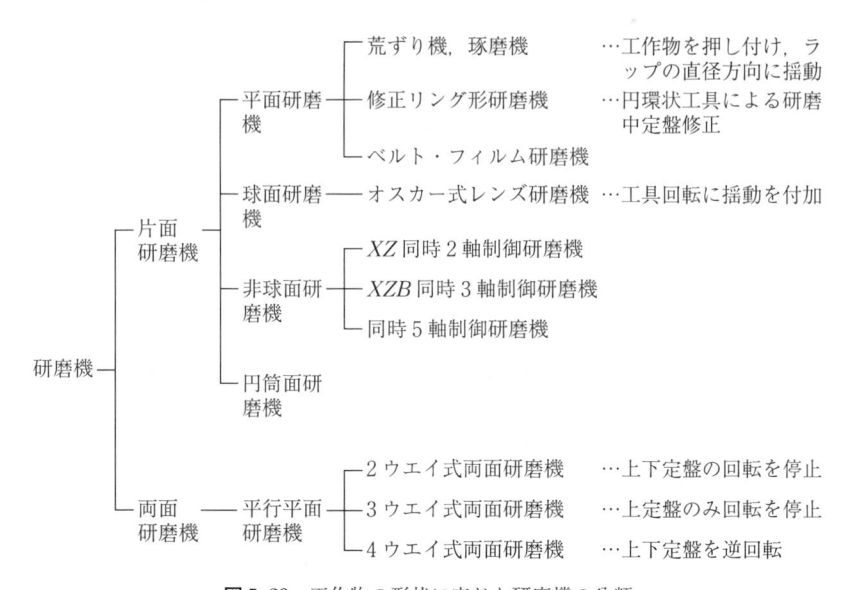

図5.28 工作物の形状に応じた研磨機の分類

5.5.1 片面研磨機

　片面研磨機のなかで最も簡単な構造の荒ずり機や琢磨機は，まさに動力付き「ろくろ」といえる。モータで回転する円板状の上向き工具に研磨剤を供給しつつ，工作物を手で押し付け，工具の半径方向に往復運動させて研磨を行う。図 5.29 に荒ずり機の概観を示す。鋳鉄皿の上で工作物を押し付け，金属やガラス材料を A 系や C 系の粒径 10 数 μm の砥粒を用いて研磨している。一方，琢磨機はフェルトパッドを貼り付けた定盤上で，砥粒に酸化クロムを用いて金属表面を磨き，エッチングして組織観察するためによく用いられる。フェルトパッドを，薄い人造繊維製パッドに換え，ダイヤモンド砥粒を用いるなど研磨資材や条件を変えることによって，硬脆材料など種々の材料の鏡面研磨にも利用できる。いずれの研磨機も手作業が必要であり，作業者の勘や経験で研磨を行っている。

　レンズ研磨機は，上述の研磨装置の手作業を機械操作に置き換えたものであり，平面，球面などのラッピングやポリシングに利用される。図 5.30 はオスカー式レンズ研磨機[16]である。多数の工作物（レンズ素材）を接着した貼付

図 5.29　荒ずり機

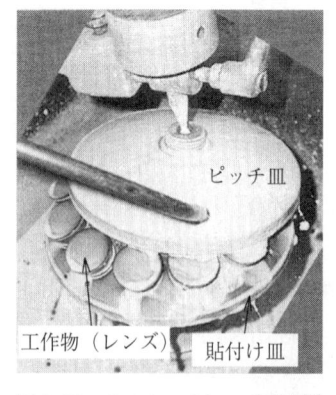

図 5.30　オスカー式レンズ研磨機

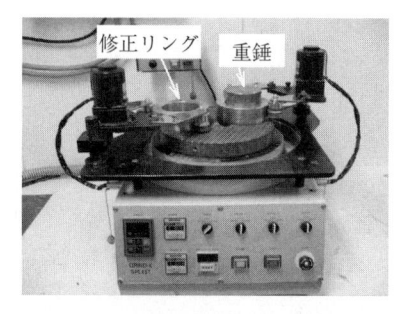

図 5.31　修正リング形研磨機

け皿を低速で回転させ，その上に工具であるピッチ皿をかぶせて連れ回りさせつつ揺動して，多数のレンズを同時に鏡面に仕上げてゆく．

修正リング形研磨機は，**図5.31**に示すように工作物と修正リングを同時に研磨することにより工作物を見掛け上，大口径にして工具の均一摩耗を促し，形状精度の高い研磨を可能にしている．

5.5.2 両面研磨機

両面研磨機は，薄板状の工作物を両面同時に同一条件で加工し，平行平面を得ることを狙った加工機である．工作物は外周に歯形を切った**図5.32**に示す**キャリア**（carrier）と呼ばれる工作物よりも薄い板のなかに収納されて，連れ回りによって回転しつつ研磨される．キャリアは太陽歯車と内歯歯車によって自転と同時に公転する．工作物の両面を同時に研磨するので，上ラップと下ラップの円環状工具面に多数個の工作物をバランスよく配置することが重要である．

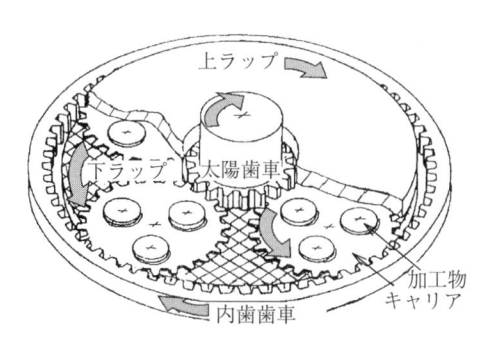

図5.32 両面研磨機の構造

上下ラップを固定状態にし，工作物を遊星歯車のキャリア内に納めて自公転を与えて加工する研磨機が2ウエイ式両面研磨機である．これに対して上下ラップに逆回転を加えた**図5.33**に示す4ウエイ式両面研磨機[17]があり，また，上下ラップの

図5.33 4ウエイ式両面研磨機[17]

片方の回転を止めた3ウエイ式両面研磨機も市販されている。

5.6 各種研磨加工

5.6.1 遊離砥粒による研磨加工

〔1〕 ラッピング　ラッピング (lapping) については，前節までに加工機構や仕上面の特徴などについて詳細に述べた。ここでは，鋳鉄ラップを用いて硬鋼を鏡面仕上げする場合の手順や加工条件について簡単に述べる。通常，硬鋼の荒仕上げには，転動する砥粒が多く，研磨量が大きくなる**図5.34**（a）に示す湿式法を用いる。研磨砥粒としてGC系を用い，軽油を基油としたラップ液に分散させ，$0.1 \sim 0.5$ kPaの圧力でラップする。ラップの回転速度は，通常30〜60 rpmである。工作物全面に均一な梨地面が得られたら，洗浄した後，さらに細かい砥粒を用いて再ラップする。これを繰り返し，目的とする表面粗さをもつ中仕上面が得られたら，余分の砥粒とラップ液を拭い去り，さらに図（b）に示す乾式法でラップすると，光沢のある鏡面が得られる。このとき，圧力は $1 \sim 1.5$ kPaと高くする。ラップ圧力は高いほうが光沢を出しやすいが，高すぎるとラップ焼けを起こすことがある。一般の乾式ラップ仕上げでは，仕上面粗さ Rz は $0.5 \sim 1.0$ μmRzであり，特に精密なラップ仕上げでは $0.1 \sim 0.01$ μmRz程度の鏡面も得ることができる。

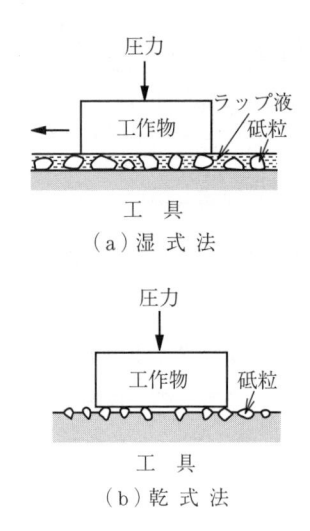

図5.34 湿式および乾式のラッピング

ラッピングは，ブロックゲージなどの平面ばかりでなく，軸などの外面，シリンダなどの内面，レンズや鋼球などの球面，ねじや歯車にも適用されている。

〔2〕 メカニカルポリシング　メカニカルポリシング (mechanical polishing) は，図5.34に示したラッピングと同様な方法で行われるが，表5.1

に示したようにラッピングより小さい，粒径 1 μm 以下の砥粒が用いられ，一般的に，軟質工具が使用される。このため工作物の除去能率はラッピングの 1/100 〜 1/1 000 となり，仕上面はスクラッチの少ない鏡面となり，加工変質層もきわめて小さくなる。ガラスのメカニカルポリシングでは，ピッチ皿とべんがらを用いる加工が古くから行われており，無傷の鏡面が得られている。一般的に，ポリシングでは，ラッピングと比べて圧力は小さく，回転速度は大きい条件が使用される。

メカニカルポリシングは，金属製金型やレンズ，プリズムなどの光学部品，光応用素子や固体レーザヘッドなど，幅広い分野で用いられている。

〔3〕 メカノケミカルポリシング

メカノケミカルポリシング (mechanochemical polishing, MCP) は，機械的作用と化学的作用を複合させることによって，**図 5.35** のシリコン単結晶の研磨に示すように，それら単独の場合と比較して飛躍的に高い加工速度が得られると同時に，無欠陥の高品位面を得ることができる[9]。この際，加工温度を上げることにより，さらに高い加工速度を得ることも可能になる。特殊な半導体デバイスの研磨では 1 kPa 以下の低圧力で加工することが求められることもあり，小径工具による研磨では，加工能率を向上させるために 200 〜 300 rpm の高回転速度が適用されている。

また，ガラスのメカノケミカルポリシングでは，簡単に貼り替えることの

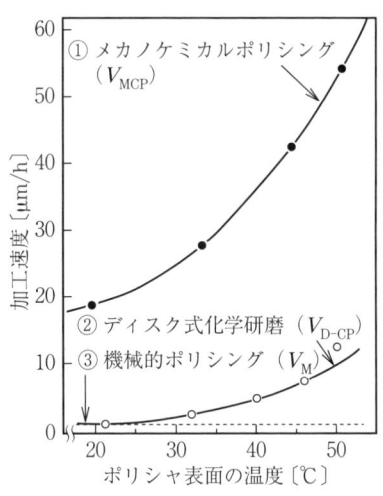

① メカノケミカルポリシング (V_{MCP})
② ディスク式化学研磨 (V_{D-CP})
③ 機械的ポリシング (V_M)

横軸：ポリシャ表面の温度〔℃〕
縦軸：加工速度〔μm/h〕

(注) ① 加工圧力：12 kPa，加工液：1.5 M-KOHaq，砥粒：0.1 μm ZrO_2（砥粒濃度 5 wt%），回転数：90 rpm
② 加工圧力：12 kPa，加工液：1.5 M-KOHaq，砥粒：なし，回転数：90 rpm
③ 加工圧力：12 kPa，加工液：水，砥粒：0.1 μm ZrO_2，回転数：90 rpm

図 5.35 シリコン単結晶の機械的，化学的，複合加工における加工速度の違い

できる両面接着テープタイプの発泡ポリウレタン系繊維ポリシャと酸化セリウムを用いることでメカニカルポリシングと比較し何倍も高い加工能率が達成され，無擾乱面が得られている。

MCPには，ラッピングと同様に湿式法と乾式法があり，5.2.1項で述べたように湿式法では，化学作用により材料表面を変質させて，軟質のポリシングパッドで削り取り，乾式法では，工作物より軟らかい砥粒を用い，固相反応を利用して，極微単位の表面研磨を行うので，いずれも加工変質層のない高品位面を得ることができる。乾式法では，湿式法と比較して硬質な工具が用いられるのでより高い形状精度が得られる。

乾式のサファイア研磨においては，**図5.36**に示すように一般の湿式法と比較して数倍～数十倍の加工量が得られる[16]。

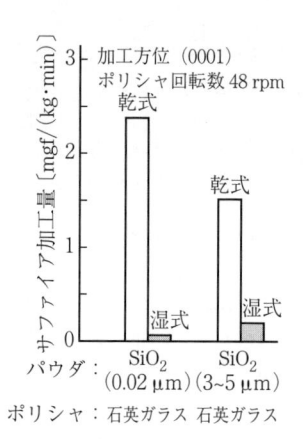

図5.36 乾式と湿式のメカノケミカルポリシングにおける加工量の相違

〔4〕 超音波加工　　超音波加工（ultrasonic machining）は，工具と工作物の間に砥粒を含む加工液を満たし，工具に超音波振動を与えることによって砥粒を加工面に衝突させて加工を行うものである。**図5.37**はその概要を示したもので，振幅拡大ホーンの先端に付けた工具に，振動数が数十kHz，振幅が0.1 mm程度の振動を与えることにより，工具形状どおりの穴加工を行うことができる。なお，超音波加工では工具に砥石が用いられる試みがなされている。この場合，

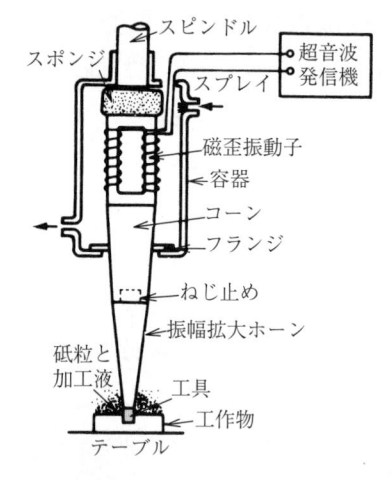

図5.37 超音波加工の方法

超音波援用固定砥粒加工といえるが，近年では遊離砥粒を用いるものが多い．

超音波加工では，加工ひずみや熱の発生が少なく，工作物より軟らかい工具で，金属，非金属を問わず加工できるので，ガラス，水晶，シリコンなどの硬脆材料の穴加工に特に好適である．

〔5〕 **バレル研磨** バレル研磨 (barrel finishing) は，**タンブリング** (tumbling) とも呼ばれ，図 5.38 に示すように，水平またはわずかに傾いた軸をもつ多角形の箱（バレル）のなかに，多数の工作物と**メディア** (media) と呼ばれる研磨剤を入れ，これを低速度で回転させながら，工作物のエッジや表面を滑らかに仕上げる加工法である．バレルの回転に伴い，工作物とメディアが断続的にくずれ落ち，その際，両者の相対運動によって切削作用が行われて加工が進む．メディアとしてはA系やC系の砥粒も使われるが，最近では砥粒を固めた専用のものが広く用いられており，プレス部品やダイカスト鋳物などのバリ取り，エッジ部の丸み付け，表面粗さの向上，表面のつや出しなどに使用されている．この加工法は，大量の工作物を，形状や材質にかかわらず，全面同時に加工でき，熟練を要せず，装置が安価であるなどの長所をもつが，加工能率は低い．

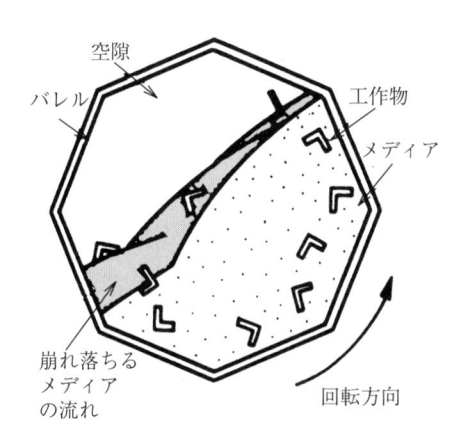

図 5.38 バレル研磨

〔6〕 **噴射加工** 噴射加工 (blasting) は，圧縮空気や機械的な力によって加速した固体粒子（メディア）を工作物に衝突させ，その衝撃力によって材料を除去，あるいは表面処理する加工法である．**表 5.4** に噴射加工の分類を示す．

吹付け加工は，圧縮空気などを利用して，砂や砥粒を高速で工作物に吹き付け，工作物の表面を仕上げたり，清浄化したりする加工法であり，ケイ砂やエ

表5.4 噴射加工の分類

種類		噴射体	機能	用途
吹付け加工	サンドブラスト	ケイ砂,エメリーなど	表面除去,浄化	めっき,塗装下地の仕上げ,鍛造品の酸化被膜除去
	マイクロブラスト	砥粒(A, C系)	表面除去,凹凸形成	微細構造体の製造
	液体ホーニング	砥粒(A, C系)+水	圧縮残留応力を有する滑らかな表面層の創成	仕上面の梨地化,平滑面化,疲労強度の向上
投射加工	グリッドブラスト	ショットを破砕した不定形グリッド	表面除去,浄化	鋳物の砂落とし,バリ取り
	ショットブラスト(ショットピーニング)	鋼球,鋳鉄球	表面硬化層,表面残留応力層の創成	仕上面の加工硬化,疲労強度の向上
	ブラスト研磨	砥粒混入粘弾性メディア	圧縮残留応力を有する鏡面の創成	仕上面の鏡面化,めっき下地仕上げ

メリーなどの砂を用いるものを**サンドブラスト**（sand blasting）と呼んでいる。**マイクロブラスト**（micro blasting）は，さらに微細なメディアを用い，工作物表面をマスクし，マスクされなかった部分のみを削り取る加工法であり，微細構造を硬脆材料の表面に創成することができる。その加工精度は 10 μm 程度であり，多数の穴や形状を短時間で容易に創成できるが，マスクの摩耗もあるので，あまり深いものは形成が困難である。

液体ホーニング（liquid honing）は，微細な砥粒を分散させた水を，圧縮空気により加工物表面に吹き付けて仕上げる加工法である。仕上面は方向性のない梨地状になり，圧縮残留応力を有する表面層を創成できるので，部品の疲労強度や耐摩耗性を高めることができる。

一方，投射加工は，インペラ（羽根車）による機械的な加速によりグリッド（チルド鋳鉄の小球など）を工作物に衝突させて表面層を硬化させ，疲労強度を高めたり，バリを取ったりする加工法である。また，砥粒を混入した粘弾性体メディアを工作物に斜め方向から衝突させ，表面を擦過させることにより鏡面化することも行われている。これらの加工法は，それぞれ**グリッドブラスト**（grit blasting），**ブラスト研磨**（blast polishing）と呼ばれている。ブラスト研

磨に用いるメディアは，粘弾性体の表面に砥粒を付着，あるいは内部に混入させたもので，メディアの平均径は 0.1 〜 2 mm である．

5.6.2　固定および半固定砥粒による研磨加工

〔1〕　ホーニング　　ホーニング（honing）は，円筒内面の真円度，真直度および表面粗さを向上させようとする精密加工法であり，内燃機関，油圧機器のシリンダなどの仕上げに広く用いられている．近年では，この加工法を円筒外面や平面にも適用している．一般に**図 5.39** のように数個の角状砥石をホーニングヘッドといわれる保持具に取り付け，油圧またはばねで砥石に圧力を加え，多量の加工液を注ぎながら，回転と往復運動を行い，工作物を研磨する．

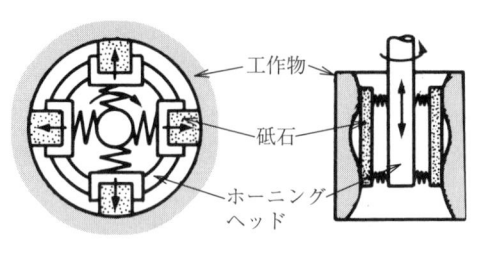

図 5.39　ホーニング

ホーニングは，一般の研削加工に比べ，加工精度，仕上面粗さに優れ，加工面には多数の交さ条痕が残されるため潤滑性がよく，加工変質層も少ない．ホーニングヘッドの回転方向に対する切削条痕のなす角を**交さ角**（cross hatch angle）と呼んでいる．この交さ角は，ホーニングヘッドの回転速度と軸方向の運動速度で決まり，単位時間当りの加工量，砥石の損耗量および仕上面粗さに影響する．粗仕上げでは加工量が最も多くなる交さ角 40 〜 60°が使われ，このとき，砥石の損耗量も多くなる．仕上加工では，交さ角を 20 〜 40°としている．研削加工では 1 800 m/min を超える高速で加工するが，ホーニングでは 30 〜 60 m/min の低速で加工する．ホーニング用砥石の粒度は，研削加工の場合と比べて細かい（#120 〜 #600）ものが用いられ，目的とする仕上げの精粗に応じて使い分けられる．また，粗仕上げには硬い結合力の強い砥石を，最終仕上げには軟らかい砥石を用いる．

ホーニング圧力は加工能率，仕上精度に大きな影響を及ぼすものであり，一

般に圧力を大きくすれば加工能率は高まるが砥石の損耗も多くなる。そこで粗仕上げには 10 kPa 以上，最終仕上げには 4～6 kPa が用いられる。なお，ホーニング用加工液は，通常の潤滑，冷却作用のほか砥石作業面の目詰まり防止の観点から洗浄作用が特に重視され，低粘度の軽油や灯油を基剤とするものが多い。ホーニングの仕上げしろは小さく，その粗さは，粗仕上げで 1 μm 以上であるが，最終仕上げでは 0.5 μm 以下のものが多い。

〔2〕 **超仕上げ**　超仕上げ (superfinishing) とは，**図 5.40** に示すような角状砥石を低い圧力で工作物の表面に押し付け，工作物に回転運動を与えるとともに，回転軸方向に砥石を振動させて工作物表面を仕上げる精密加工法である。超仕上げによれば，ホーニングと同様に加工面は交さ条痕に覆われる。

仕上面は非常に平滑で方向性がなく，加工変質層もきわめて薄いものが短時間で得られる。この加工によって機械部品の耐摩耗性や耐食性も向上する。超仕上げは，円筒外面はもちろん，平面や曲面にも応用されており，ジャーナル，ゲージ類，ころ軸受けのローラ，そのほかの仕上げにも用いられる。

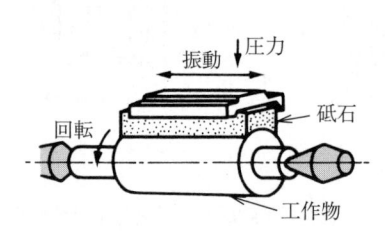

図 5.40 超仕上げの要領

超仕上用の砥石はおもに WA または GC の粒度 #1000 まで（粗加工）および #1000 以上（仕上加工）の普通砥粒が用いられるが，目的に応じてダイヤモンドや cBN 砥粒などの超砥粒も用いられることがある。超砥粒砥石は切れ味がよいため普通砥石と比べて粗さが悪くなる。このため #10000 を超えるものが用いられることもある。硬い工作物には軟らかい結合力の弱い砥石，軟らかい工作物には硬い砥石を選択する。

超仕上げの加工条件は振動振幅 1～4 mm，振動数 10～30 Hz，工作物の周速度は仕上加工で 15～30 m/min，粗加工で 5～10 m/min にする。なお，条痕の交さ角は 30～45°（粗加工），10～20°（仕上加工）となるように，運動条件が選ばれる。超砥粒砥石を用いる場合には，工作物周速度は 100 m/

min 程度，交さ角は10°以下である。

　砥石圧力は，通常1段工程で1～2kPa，2段工程では粗加工で2～5kPa，最終仕上げで0.5～1.5kPaが多用されている。なお，超仕上げによる仕上面は一般にきわめて粗さが小さく（0.1～0.5μmRz），いわゆる鏡面が得られる。これは切削に伴って砥粒切れ刃先端が平たん化されるためである。したがって，砥石圧力は砥粒の脱落が生じない限界以下とすることが肝要であって，軟らかい砥石ほど圧力を小さくする。加工液はホーニングの場合と同じ理由で軽油，灯油を基油としたものを用いる。

〔3〕 **ベルト研削**　**ベルト研削**（abrasive belt grinding）は，研磨布紙加工法のなかでは最も一般的な加工法で，布の片面に接着剤を用いて砥粒を固着した研摩ベルトを工具として用いる。ベルトは500～2000m/minで駆動され，**図5.41**に示すようにゴム製の**コンタクトホイール**（contact wheel）と送りローラの間で加圧して工作物を仕上げる。ベルト研削の特長としては，短時間で滑らかな仕上面が得られること，ベルトは可撓性をもつので曲面が加工できること，作業が簡単で特殊な治具を必要としないことなどと多いが，その反面，高精度の形状創成には適さない。

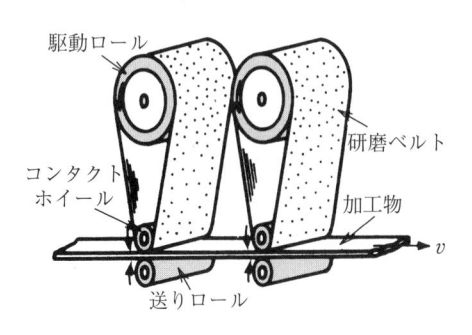

図5.41　ベルト研削

〔4〕 **フィルム研磨**　**フィルム研磨**（film polishing）では，ベルト研削のように可撓性をもつ工具を使用するが，ベルト研削と異なり，**図5.42**に示すように新しいフィルムがつぎつぎと供給される。したがって，仕上面粗さをつねに均一，かつ一定に仕上げることができ，加工能率も一定となる。フィルムには，一般に100μm厚以下のポリエステルフィルムが用いられる。フィルムに固着する砥粒は#320～#15000のW系，C系砥粒が用いられ，特殊用途にはダイヤモンドなども使用されている。また，熱可塑性フィルムに型押しして

細かい凹凸を付け，研磨くずの排出と研磨量の増大を狙った製品も市販されている。このような特長を生かし，フィルム研磨はクランクシャフトのベアリング部や樹脂ローラなどの円筒面，磁気ヘッドやビデオ映像ヘッドなどの曲面仕上げなど，広い分野で用いられている。

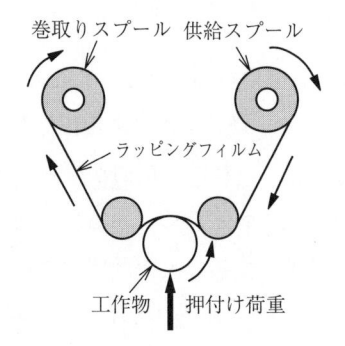

図5.42 フィルム研磨

〔5〕 **バフ仕上げ** バフ仕上げ（buffing）は，**図5.43**に示すように布や革などの柔軟かつ可撓性のある材料でできた**バフ**（buff）の外周面に砥粒を塗り付けて回転させ，これに工作物を押し付けることによって表面を仕上げる加工法であり，バフ研磨とつや出しに分けられる。

バフ研磨は，おもに砥粒の切削作用によって表面を滑らかに仕上げるものであり，微粉末砥粒をバフに膠付け，あるいは接着剤で固着したものを用いる。バフの回転速度は比較的高速で，バフの剛性を大きくして加工量を大にしている。一方，つや

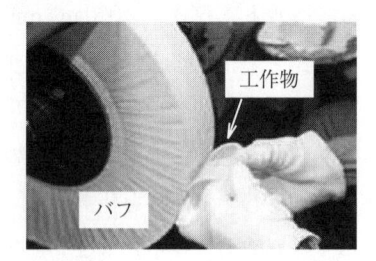

図5.43 バフ仕上げ[18]

出しは細かい砥粒の研磨作用によって光沢のある表面に仕上げるものであり，バフ研磨よりさらに細かい研磨剤を動植物油で固め，これをバフに塗り付けながら加工する。回転速度は低速で，バフの剛性を小さくしてきれいな仕上面を得るようにする。仕上面粗さは数十 nmRz 以下にすることも可能である。

バフ仕上げは，めっきの付着を強固にするための下地加工や，めっき面のつや出しに広く使われ，比較的複雑な曲面をもつ工作物を仕上げることができるが，寸法精度や形状精度をよくすることはできない。バフには布やフェルト，皮革類が用いられ，研磨剤には，エメリー，アルミナケイ石，アルミナ，酸化クロムなどの微粉末が用いられる。

5.7 最近の研磨加工技術

研磨加工技術は，近年の制御技術の進展もあって，急速に加工精度が向上し，滑らかな鏡面を得る研磨技術から高い形状精度を併せて得られる研磨技術へと進歩した。本節では，このなかでも 1960 年以降に急激な発展を遂げた研磨技術について概説する。

5.7.1 プラナリゼーション（平たん化）研磨

近年，超 LSI デバイスは高密度化を図るために多層配線化が進められている。配線のための銅膜と絶縁のための Si 酸化膜（SiO_2）の製膜プロセスにおいて，これらの膜を交互に積み重ねるために平たん性が乱れ，層数の増加に伴ってデバイス表面の凹凸はいっそう大きくなる。そこで現在では，微細凹凸のあるデバイス表面を平たん化するために**プラナリゼーション研磨**（planarization polishing）が適用されている[10]。その加工原理は，**図 5.44** に示すとおりであり，シリカ砥粒などを含んだ液状のスラリ（研磨液）を流しながら，研磨ヘッドに取り付けたウェーハ表面を回転テーブル上の研磨パッドに接触させて研磨するものである。研磨液の化学的作用と機械的作用によりウェーハ表面を平たん化することから，この研磨加工方法は **CMP**（chemical mechanical planarization）とも呼ばれている。デバイスの大容量化

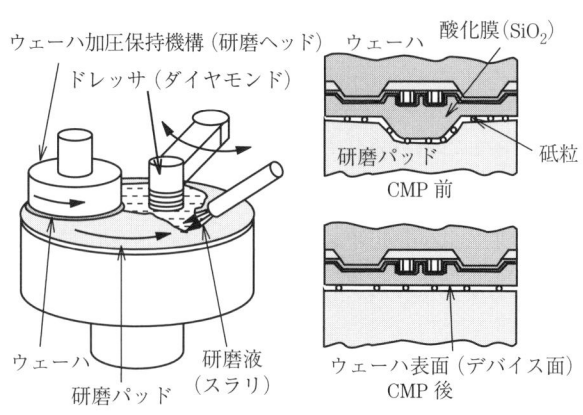

図 5.44 プラナリゼーション研磨の加工原理

216   5. 研 磨 加 工

や高速化のために配線幅は年々微細になり，ウェーハサイズに対する平たん性への要求は年々厳しくなっている．

5.7.2 磁 気 研 磨

図 5.45 に示すように，工作物に磁極を近づけ，磁性砥粒を両者のすきまに満たして工作物を回転させることにより，工作物の表面を研磨加工する方法が**磁気研磨**（magnetic polishing）である[19]．磁性砥粒は，鉄粉などの磁性粉と砥粒を接着剤や溶射により結合することによって製造される．工作物表面は，磁性砥粒が磁場により工作物に一定の力で押し付けられることにより研磨される．この磁気研磨は，いままで手作業で行われることが多かった複雑な形状をもつ部品の研磨やエッジのバリ取りに用いられている．また，通常の手法では工具が届かない細い円管の内面研磨などにも利用されている．

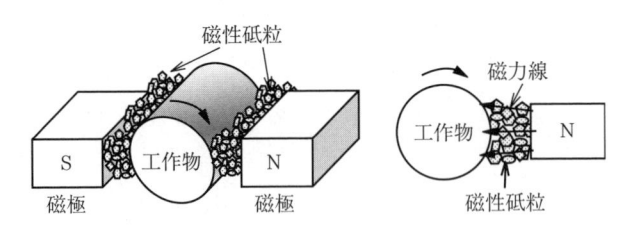

図 5.45　磁性砥粒を用いた磁気研磨の一例

図で示した例以外にも，円筒状の磁極を回転させ，磁性砥粒を工作物に接触させ，この磁極を回転軸に垂直な方向に走査して，表面を研磨することもできる．近年では nm サイズのフェライトを流体に懸濁した磁性流体を用いて研磨する方法も提案されている．

5.7.3　数値制御曲面研磨（非球面研磨）

近年の IT 産業の発展に伴い，ディジタルカメラや DVD のピックアップなどに用いられるマイクロガラスレンズの高精度化が求められており，レンズ形状は球面から非球面に変わってきている．これらの光学ガラスレンズは超硬合金

やSiCなどのセラミック金型を用いたプレス成形により量産されている．プレス成形品の形状精度および面粗度は金型の表面形状に依存するため，金型加工の高精度化が必要である．金型加工では，研削加工により加工物を目標とする形状に対して近似的な形状に前加工した後，仕上加工として**数値制御曲面研磨**（numerical control curved surface polishing）により，目標とする形状精度および面粗度を達成する．

図 5.46 に示すように，数値制御曲面研磨機（非球面研磨機）は，コンピュータによって加工条件に基づく最適な工具経路および各点における工具走査速度を計算して，数値制御（NC）プログラム化し，そのプログラムによって4軸（$X,\ Y,\ Z,\ C$）を同時制御して研磨するものである[20),21)]．この研磨機では，工作物表面に対し一定角度で工具を傾斜させ，加工点に垂直に一定の荷重を与える．また，遊離砥粒を供給しつつ工具に一定の回転数を与えることで前加工された金型表面を研磨する．この研磨法ではPrestonの法則を応用し，多く除去したい場所は走査速度を遅くして工具の滞留時間を長くすることにより，他の場所より多く研磨する．すなわち，工作物の形状を事前に測定し，その形状誤差分布に応じて走査速度を制御することにより，表面粗さを向上するだけでなく，形状精度の向上も図ることができる．

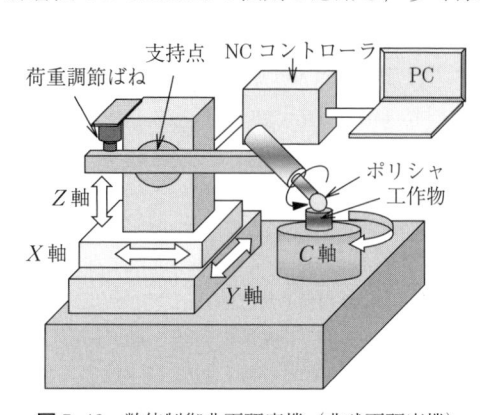

図 5.46 数値制御曲面研磨機（非球面研磨機）

引用・参考文献

1 章
1) 砥粒加工学会 編：砥粒加工技術のすべて，工業調査会（2006）
2) 日本機械学会 編：機械工学便覧 A.基礎編 B.応用編 新版，日本機械学会（1987）
3) JIS B 0105（1977）「工作機械の名称に関する用語」（現在は廃止。改正版が出ている）

2 章
1) W.Kauzmann：Trans. AIME., **143**[†]（1941）
2) S. Timoshenko and J. N. Goodier：Theory of Elasticity, 2nd ed., McGraw-Hill Book Company（1951）
3) F. P. Bowden and K. E. W. Rider：Proc. Roy. Soc. Lond., **154**（1936）
4) J.C. Jaeger：J. Proc. Roy. Soc. N.S.W., **76**（1943）

3 章
1) W. Rosenhain and A.C. Sturney：Engineering, Jan. 30 & Feb. 6（1925）
2) M. Okoshi：Sci. Papers of the Inst., Phys. &Chem. Research, **14**, 272（1930）
3) T.G. Diggs and E.G. Herbert：Proc. I.M.E., London（1928）
4) 星　光一：日本機械学会誌, **41**, 261（1938）
5) 中山一雄：精密機械, **22**, 3（1956）
6) 星　光一：金属切削，工業調査会（1960）
7) N.H. Cook：Trans. ASME, Sir. B, **11**（1963）
8) M.E. Merchant：Journal of Applied Physics, **16**（1945）
9) P.W. Bridgman：Studies in Large Plastic Flow and Fracture, Harvard Univ. Press,（1964）
10) J. Krystof：Bar. Bet. Wiss. Arb. **12**（1939）
11) E. H. Lee and B.W. Shaffer：J. Appl. Phys., **73**（1951）

---

† 論文誌の巻数は太字，号数は細字で表記する。

12) I. Finnie and J. Wolak：Trans. ASME, Sir. B, **85**, 4（1963. 11）
13) M.C. Shaw and I. Finnie：ASME, Sir. B, **77**, 2（1955）
14) S. Kobayashi et al.：Trans., ASME, Sir. B, **82**, 4（1960）
15) 佐田登志夫：日本機械学会論文集, **25**, 154（1959）
16) P.L.B. Oxley：Trans. ASME, Sir. B, **85**, 4（1960）
17) W. Kauzmann：A.I.M.E. Metals Technology, Tech. Pub., 1301（1941）
18) M.C. Shaw and A. Ber.P.A. Mamin：Trans. ASME, Sir. D, **82**（1960）
19) M.C. Shaw：Trans. ASME, Sir. B, **83**（1961）
20) 臼井英治：切削研削加工学（上），共立出版（1972）
21) Jan Kaczmark：Annals of the CIRP, XIII（1966）
22) 臼井英治, 白樫高洋：加工の力学（機械工学基礎シリーズ3），朝倉書店（1974）
23) E.G. Lowen and, M.C. Shaw：Trans. ASME, Feb.（1954）
24) A.O. Schmidt and J.R. Roubic：Tans. ASME, **71**（1949）
25) B.T. Chao and K.T. Trigger：Trans. ASME, **75**（1953）
26) B.T. Chao and K.T. Trigger：Trans. ASME, **80**（1958）
27) K. Gottwein：Maschinenbau, 4（1925）
28) K. Gottwein：DRP Nr. 626759, Klasse 49a, Gruppe, 3602（1936）
29) K.J. Küsters：Diss. TH Aachen（1956）
30) G.S. Reichenbach：Trans. ASME, **80**（1958）
31) M.C. Shaw, N.H. Cook and P.A. Smith：ASME, Research Report, **19**（1958）
32) F. Schwerd：Z. VDI, **9**（1933）
33) G.S. Reichenbach：Trans. ASME, **80**（1958）
34) E. Lenz：Maschinemarkt, **28**（1963）
35) G. Boothroyd：PIME, **177**, 29（1963）
36) J.Shinozuka, A.Basti and T.Obikawa：Trans. of ASME, Sir. B, **130**（2008. 6）
37) 奥島啓弐, 垣野義昭：精密機械, **34**（1968）
38) 由井明紀, 松岡浩司, 奥山繁樹 ほか：砥粒加工学会誌, **54**, 10（2010）
39) G. Boothroyd：PIME, **177**, 29（1963）
40) F.W. Wilson：Machining with Carbide and Oxides, New York, McGraw Hill（1962）
41) 帯川利之, 舟井一浩：生産研究（東京大学）研究速報, **64**, 1（2012）
42) T.Irifune, A.Kurino and S.Sakamoto：Nature, **421**, 599（2003）
43) W. Dawihl：Zeitschrift für Technishe Physik, **21**（1944）
44) 精機学会 編：精密工作便覧，コロナ社（1970）

45) G. Vieregge：Zerspanung der Eisenwerkstoff, Düssldorf, Verlag Stahleisen M.B.H（1959）
46) 金枝敏明，河坂博文：精密工学会誌，**61**，5（1995）
47) 奥島啓弐，岩田一明，益田晃尚：精密機械，**27**，10（1961）
48) 竹中規雄：東大生産技術報告，**1**，6（1951）
49) 松永正久：日本機械学会誌，**75**，636（1972）
50) W. Kranert and H. Raether：Annalen der Physik, 5 Folge, Band 43（1943）
51) G. Beillby：Aggregation and Flow of Solids, MacMillan, London（1921）
52) 垣野義昭，奥島啓弐：精密機械，**35**，12（1969）
53) 貴志浩三，江田　弘：日本金属学会，**35**，9（1971）
54) 浅枝敏夫，小野浩二：精密機械，**20**，6（1954）
55) 米津　栄：改訂　機械工作法Ⅱ，朝倉書店（1980）
56) T.Kitajima, S.Okuyama and A.Yui：Advanced Materials Reserch, **326**（2012）
57) OSG 資料
58) リョウシン興業資料
59) 東芝機械資料
60) 田中克敏，福田将彦，ほか3名：砥粒加工学会誌，**51**，9（2007）
61) H. Suzuki, T. Onishi and and T. Morita, et al.：Annals of the CIRP, **57**, 1（2008）
62) 角谷　均，入舩徹男：SEI テクニカルレビュー，**172**（2008）
63) 社本英二，鈴木教和，森脇俊道，直井嘉和：精密工学会誌，**67**，11（2001）
64) 砥粒加工学会：砥粒加工技術のすべて，工業調査会（2006）
65) 山根八洲男，関谷克彦：精密工学会誌，**70**，2（2004）
66) OSG 資料
67) フジ BC 技研資料
68) 河田圭一，中村　隆，松原十三生，佐藤　豊：精密工学会誌，**69**，9（2003）

4 章

1) G.J.Goepfert and J.William：Mech. Engg., **81**（1959）
2) 蛯名悟志，横川和彦，田辺　実ほか：ABTEC1995 講演論文集（1995）
3) 向井良平，吉見隆行：砥粒加工学会誌，**48**，9（2004）
4) 奥村成史，横川和彦，横川宗彦：砥粒加工学会誌，**41**，12（1997）
5) 佐藤健児：精密機械，**16**，3（1950）
6) 小野浩二：砥粒加工，**3**，2（1966）
7) 小野浩二，河村末久，北野昌則，島宗　勉：理論切削工学，現代工学社（1979）

8) 庄司克雄：研削加工学，養賢堂（2004）
9) 竹中規雄，笹谷重康：機械学会論文集 **26**，163（1960）
10) 砥粒加工研究会 編：砥粒加工技術便覧，日刊工業新聞社（1965）
11) 竹中規雄：機械学会論文集，**18**，74（1952）
12) E. R. Marshall and M. C. Shaw：Trans. ASME, **74**, Jan.（1952）
13) 長谷川嘉雄，奥山繁樹，今井正彦：精密機械，**47**，10（1981）
14) 高沢孝哉：精密機械，**30**，11（1964）
15) 小野浩二：新潟大学工学部研究報告，**6**（1957）
16) E.Salie：Werkst. U. Betrieb, **86**, 2（1953）
17) 渡辺半十：エンジニアリング，**44**，5（1957）
18) G.Werner, MA.Younis：Industrie-Anzeiger, **92**, 70/71（1970）
19) E.N.Masslow：Grundlagen der Theori des Matallschleifens（1952）
20) L.P.Tarasov：Machining Theory and Practice, ASM（1950）
21) G.J.Goepfert and J.L.Wiliams：Mech. Engg. **81**, 4（1959）
22) 小野浩二：研削仕上，槙書店（1962）
23) 吉川弘之：機械学会論文集，**28**，190（1962）
24) C.Rubenstein：Int.J.Mach.Tool Des, res., **12**（1971）
25) S.Malkin and N.H.Cook：Trans. ASME, **96**, 11（1974）
26) 島宗　勉，小野浩二：精密機械，**46**，11（1980）
27) 中島利勝，岡村健二郎，木下輝一：精密機械，**40**，3（1974）
28) 奥山繁樹，河村末久：精密機械，**45**，5（1979）
29) 奥山繁樹，西原徳彦，河村末久：精密工学会誌，**54**，8（1988）
30) 由井明紀：2001年度精密工学会秋季大会学術講演論文集（2001）
31) 庄司克雄，厨川常元ほか：精密工学会誌，**63**，4（1997）
32) 由井明紀：プレス技術，日刊工業新聞社，**30**，1（1992）
33) 例えば，井山俊郎ほか：日本機械学会論文集C編，**67**，654（2001）
34) 例えば，諏訪部仁：機械の研究，**64**，10（2012）
35) 例えば，大森　整ほか：Int. J. Nano Technology（IJNT），**41**，2（2002）
36) 鈴木浩文，堀内　宰ほか：2001年度精密工学会秋季大会学術講演会講演論文集（2001）
37) 鈴木浩文，厨川常元ほか：精密工学会誌，**64**，9（1998）
38) 山本雄士，鈴木浩文ほか：精密工学会誌，**73**，6（2007）
39) 鈴木浩文，鎌野利尚ほか：精密工学会誌，**67**，3（2001）
40) H.Suzuki et.al：Annals of the CIRP, **61**, 1（2012）

5 章

1) F. W. Preston：J. Soc. Glass Tech., **11**（1927）
2) 池田正幸：砥粒加工学会誌, **14**, 12（1970）
3) D. Castillo-Mejia and S. Beaudoin：J. of the Electrochemical Soc., **150**, 2, G96 〜 G102（2003）
4) 河西敏雄, 織岡貞次郎：精密機械, **41**, 11（1977）
5) 宇根篤暢, 餅田正秋：精密工学会誌, **63**, 2（2002）
6) 河西敏雄：高精度平面形状加工に関する研究, 博士論文（1979）
7) 藤野　茂ほか：ガラスの加工技術と製品応用, 情報機構（2009）
8) Engis Japan カタログ：各種ラップ
9) 小林　昭 監修：超精密生産技術体系 第1巻 基本技術, フジ・テクノシステム（1995）
10) 土肥俊郎, 河西敏雄, 中川威雄：半導体平坦化 CMP 技術, 工業調査会,（1998）
11) 吉冨健一郎, 宇根篤暢, 餅田正秋：2012年度精密工学会春季大会学術講演会論文集（2012）
12) 五十嵐正隆：わかり易い機械講座15 精密仕上と特殊加工, 明現社（1973）
13) 小林　昭 監修：超精密生産技術体系 第2巻 実用技術, フジ・テクノシステム（1994）
14) H. Vora, T. W. Orent and R. J. Stokers：J. Amer. Ceram. Soc., **65**, 9, C140 〜 141（1982）
15) 河西敏雄, 安永暢男：精密研磨, 日刊工業新聞社（2010）
16) 砥粒加工学会 編：砥粒加工技術のすべて, 工業調査会（2006）
17) 不二越機械工業カタログ
18) 有限会社サンサン工業カタログ
19) 山口ひとみ, 新村武男：砥粒加工学会誌, **44**, 1（2000）
20) 鈴木浩文, 原　成一, 松永博之：精密工学会誌, **59**, 10（1993）
21) 鈴木浩文, 小寺　直, 島野裕樹：精密工学会誌, **60**, 6（1994）

索　　引

【あ】

圧縮残留応力	210
圧力切込み加工	2, 6
穴あけ加工	104
アブレシブ摩耗	26, 73
アモルファス	69
粗　さ	86
荒ずり	195
アルキメデスらせん	8
アルコール類	25, 83
アルミナ	117, 119
泡消し剤	83

【い】

硫黄快削鋼	79, 111
一次びびり振動	97
一般研磨用微粉	121
一般砥粒砥石	125
移動熱源	30, 32, 34, 58
異方性	88
インコネル	82, 111

【う】

ウィスカー	70
上すべり	173
ウェブ	105
ウォーム研削盤	10
ウレタン樹脂	196

【え】

エアベアリング	109
永久ひずみ	15
液体ホーニング	210
エッチング	202
エメリー	117
エリッド研削法	176
遠心破壊強度	125

遠心力バランス法	129
延性材料	37
延性破壊	19
円柱状スライダ	30
円筒外面研削	134
円筒研削盤	11
円筒内面研削	134
エンドミル	103

【お】

凹凸説	23
大越式結合度試験	123
オスカー式レンズ研磨機	204
オプトエレクトロニクスデバイス	108
オレイン酸	26
温度伝導率	32, 60
温度-ひずみ速度効果	59

【か】

解砕形アルミナ砥粒	119
快削黄銅	79
快削鋼	79
快削添加物	79
回転軸偏心	104
回転バランス	125
界面活性剤	84, 193
外面長手切削	99
改良ピット法	123
化学吸着	25, 83
化学研磨	182
化学蒸着	69
角形砥石	11
拡　散	20
拡散摩耗	73
角フライス	103
過減衰	95

加工硬化	15, 22
加工能率	174
下降伏点	15
化合物層	89
加工変質層	81, 87, 89, 92, 186
加工焼け	89
加工量	188
加振周波数	97
加水分解	121
形削り	102
形削り盤	10
形直し	117, 127
片面研磨機	204
カップ形砥石	11
ガーネット	117
カルボキシル基	26, 83
乾式メカノケミカルポリシング	202
乾式ラッピング	199
環状化合物	83
完全塑性体	59
乾燥摩擦	24
ガンドリル	105

【き】

機械加工	1
機械要素	13
規格番号	126
キー溝	10
気　孔	121, 197
機上測定	109
機上バランス法	129
ギヤマーク	94
キャリア	205
吸着膜	25
境界潤滑	25, 83
境界膜モデル	25

索引

境界摩耗　73
共振周波数　97
強制切込み加工　2, 3
強制びびり振動　93
凝着　20
凝着温度　74
凝着説　23
凝着摩耗　26, 27, 74
鏡面　184, 200
鏡面仕上げ　158
極圧添加剤　83
極限粗さ　165
極性基　25
局部弾性変形　173
局部的熱変形　150, 173
切欠き　19
切りくず　2, 35
　──の生成　185
　──の湾曲　40
切りくず厚さ　41
切りくず温度　150
切りくず流出角　56
切りくず流出速度　42, 56
切込み深さ　36, 41, 54
切り残し　173
亀裂形切りくず　37
切れ刃稜丸み　49
切れ刃の先端角　138, 163
切れ刃の立体的平均間隔
　　164
金属　13
金属石鹸　26

【く】

グラスファイバ　125
クラック　19, 91
グリッド　210
グリッドブラスト　210
クリープ破壊　19
クリープフィード研削　175
クレータ摩耗　40, 72, 75
クロム酸塩　84
クーロン力　13

【け】

経済的切削速度　80
傾斜切削　40, 56
形状番号　126
結合剤　124, 126
結合度　122
結晶粒界　88
ケミカルポリシング　182
ケミカルメカニカル
　ポリシング　3, 182
研削液　129
研削温度　130, 149
研削加工　2, 4, 116
研削仕上面粗さ　158
研削条痕　138
研削抵抗　141, 143, 145
研削砥石　4, 116
研削焼け　156
研削割れ　158
原子間隔　14
原子配列　14
原子密度　13
減衰係数　94
減衰自由振動　95
研　磨　181, 195
研磨液　183, 192
研磨工具　194
研磨剤　117, 183
研磨資材　190
研磨パッド　194
研磨布　196
研磨フィルム加工　6
研磨ベルト　213

【こ】

高圧注水システム　132
光学顕微鏡　138
光輝帯　74
鋼　玉　117
合金工具鋼　68
工　具　2, 184

工具-切りくず接触面温度
　　60, 63
工具系角　99
工具材質　78
工具材料　2, 68
工具寿命　74, 80
工具走査速度　217
工具損耗　71
工具-被削材熱電対法　64
工作機械　2, 4
工作物　2, 35, 184
　──の平均温度上昇
　　149, 151
工作物温度　130
工作物材質　78
交さ条痕　211, 212
格子間原子　15
格子欠陥　49
格子面　13
硬脆材料　13
合成切削力　43
構成刃先　38, 39, 53, 87
後続切れ刃　163
高速度工具鋼　68
光電検知器　66
光導電効果　66
降伏圧力　15, 22, 52
降伏せん断応力　49
降伏点　15
降伏理論　18
鉱　油　26
固相反応　186, 208
固体摩擦　24
固定砥粒　181
固定砥粒加工　2
固定砥粒ラッピング　6
コーテッド工具　69
コーナ半径　77
コーナ摩耗　72
ゴムボンド　125
コランダム　117
転がり式バランス法　129
コンスタンタン線　155

索引

コンセントレーション	126	四塩化炭素	83	親油端	84
コンタクトホイール	213	磁気研磨	216	**【す】**	
コンタリング研削	174	システム剛性	173		
コンディショナ	199	自生作用	116, 122	水酸基	25
【さ】		磁性砥粒	216	垂直応力	43
		自生発刃作用	116	垂直研削抵抗	141
再結晶温度	39	磁性流体	216	垂直すくい角	56
最高使用周速度	126	湿式ラッピング	199	垂直力	43
最終仕上げ	196	脂肪酸	25, 83	水溶性切削油剤	85
再生びびり振動	94	斜軸マイクロ非球面研削法		数値制御曲面研磨	217
最大切込み深さ	104		179	数値制御工作機械	12
最大クレータ深さ	72, 77	射出成形	179	数値制御旋盤	12
最大主応力説	18	修正温度	51	スエード	197
最大せん断応力説	18, 47	修正リング	188, 198	すきま理論	189
最大高さ粗さ	87, 159	修正リング形研磨機	205	すくい角	38, 41, 77
最大谷底高さ	164	集中度	126	すくい面	37
最大砥粒切込み深さ		自由電子	13	ステアリン酸	25, 83
	133, 176	主応力	16, 17	ステップ応答	29
最大逃げ面摩耗幅	77	主応力面	16	砂かけ	195
再焼入れ層	90	主ひずみ	17	スパークアウト研削	173
作業性	82	寿命の判定基準	74	スピードストローク研削	
ざくろ石	117	寿命方程式	75		174
最小仕事の原理	45	潤滑剤	24	すべり線	48
擦過痕面	200	潤滑作用	81	すべり線場の理論	47
サドルタイプ	11	潤滑性	81	すべり面	13
錆止め剤	82	潤滑油	26	スライシング	176
サーメット	69	焼結	68	スラリ	193
作用系角	99	焼散性有機物	125	すり減り摩耗	150
酸化クロム	119, 191, 204	正面フライス	9, 102	寸法効果	49
酸化ケイ素	192	シリカ系スラリ	192	寸法の創成過程	172
酸化セリウム		シリケートボンド	125	**【せ】**	
	3, 190, 192, 208	ジルコニア	119, 192		
酸化被膜	24	ジルコニア系スラリ	192	静圧軸受け	108
酸化防止剤	83	自励振動	96	静止熱源	34
サンドブラスト	210	自励びびり振動	94	静水圧成分	18
残留ひずみ	15	磁歪振動子	109	脆性材料	19, 37
【し】		真実接触	20	脆性破壊	19, 37
		真実接触点温度	33	静電気力	83
仕上寸法精度	141	親水端	84	精密研磨用微粉	121
仕上研削	119	振動切削	109	赤外線サーモグラフィ	67
仕上面	184	シンニング	105	赤外線センサ	67
仕上面粗さ	38, 87, 158	振幅拡大ホーン	109, 208	赤外線ファイバ温度計	66
シェービングカッタ	10	振幅拡大ホーン	208	赤外線フィルム	67

索　引

積層欠陥	15
切削液	81
切削液供給	113
切削エネルギー	44
切削温度	57
切削温度測定	64
切削加工	2, 4, 35
切削機構	35, 55
切削工具	2, 35
切削主分力	43
切削断面積	44
切削抵抗	44, 53
切削熱	57
——の流入割合	62
切削背分力	43
切削比	42
切削油剤	81
接触機構	20
接触弧長さ	135, 137
接線研削抵抗	141
セミドライ加工	113
セラミック	70, 124
セリア系スラリ	192
繊維強化セラミック	70
旋　削	98
センタレス研削	125
せん断エネルギー	44
せん断応力	14, 16, 43
せん断角	38, 41, 45
せん断形切りくず	36
せん断仕事	57
せん断速度	42
せん断強さ	14
せん断ひずみ	16, 42
せん断ひずみエネルギー説	18
せん断面	38
——の平均温度	58
せん断面温度	63
旋　盤	8

【そ】

層間絶縁膜	192

総形工具	8
総形切削	99
総形フライス	103
相当応力	18
粗研削	122
組　織	123
塑性変形	22
塑性理論	17

【た】

ダイオード	66
耐凝着作用	81
耐凝着性	82
耐衝撃性	125
ダイシング	176
体心立法格子	13
対数ひずみ	17
耐摩耗性	210
ダイヤモンド	71, 119, 191
滞留時間	217
対流熱伝達	28
楕円振動切削	110
多気孔砥石	125
琢磨機	204
多結晶	15
多結晶ダイヤモンド	71, 112
多刃工具	4, 116
多層配線化	215
脱　落	167
立削り盤	10
立軸回転テーブル形	
平面研削盤	11
立旋盤	8
縦弾性係数	16, 20
縦ひずみ	16
ターニングセンタ	12
タービンブレード	176
単一刃工具	4
炭化ケイ素	117, 201
炭化ケイ素質砥粒	117
弾性回復	15
弾性限度	15

弾性接触	20
弾性理論	15
単石ダイヤモンドドレッサ	
	128
炭素工具鋼	68
炭素繊維強化プラスチック	
	112
タンブリング	209

【ち】

チゼル	105
チタニウム	111
窒化ケイ素	201
チッピング	72, 73, 77
チップブレーカ	40, 101
チップポケット	127
チャック	97
鋳鉄ラップ	194, 206
稠密六方格子	13
超 LSI	215
超音波加工	6, 208
超音波振動	110, 208
超硬合金	68
超高速研削	175
長鎖状脂肪酸	26
超仕上げ	6, 212
超精密研削	122
超精密工作機械	108
超精密切削	107
超耐熱合金	70, 176
超砥粒	119
超砥粒ホイール	126
直立ボール盤	8
直角ノズル	131
チルド鋳鉄	70
沈降試験法	122

【つ】

ツルーイング	117, 127
連れ回り空気流	131

【て】

出口バリ	93

索　　　　引　　227

テーパ削り	99
テーブル形横中ぐり盤	9
転位	14
転位密度	90
電解インプロセス　ドレッシング	177
添加剤	82
電気抵抗試験法	122
点欠陥	15
電着砥石	125
転動	185
転動砥粒	200
天然砥粒	117
テンパーカラー	156
天びん式バランス法	129

【と】

砥石構成の3要素	121
砥石寿命	137
砥石寿命時間	170
砥石の5因子	121
同時研削切れ刃数	143, 144
投射加工	210
特殊加工	1
独立発泡系	196
ドライ加工	114
トラバース研削	141
砥粒	2, 117
人造の――	117
――の種類	121
砥粒加工	2
砥粒切込み深さ	133
砥粒切れ刃	116, 138
砥粒切削断面積	135
砥粒切削点温度	150
砥粒率	123
ドレッシング	117, 127, 197
ドレッシング条件	158

【な】

内面研削盤	11
中ぐり	99, 106

流れ形切りくず	36, 100
流れ形切削	41
斜め刃工具	98
鉛快削鋼	79
難削材	112

【に】

ニアドライ加工	114
膠付け	214
乳化	84
乳化形	85

【ね】

ねじれドリル	8, 105
ねじれ刃	103
ねずみ鋳鉄	194
熱拡散率	32
熱間静圧プレス	68
熱起電力	64
熱検知器	66
熱硬化性樹脂	125
熱伝達	27, 28
熱電対挿入法	65
熱伝導	27
熱の流入割合	33
熱変態	90

【の】

ノーズ摩耗	72

【は】

廃液処理	86
ハイスピード　ストローク研削	176
バイト	98
破壊強度	19
破壊現象	19
歯車研削盤	10
歯車シェービング盤	10
破砕	167
刃先形状表示法	99
刃状転位	14
バックラッシュ	104

バニシ作用	91
羽根車	210
バフ仕上げ	6, 214
破面	20
パーライト	78
パラフィン	25
バランシング	129
バリ	93, 210
負の――	93
貼付け皿	204
バリ取り	216
バレル研磨	6, 181, 209
半固定砥粒	6, 181
半固定砥粒加工	2

【ひ】

ピエゾ振動素子	110
比加工量・圧力比	188
光透過沈降法	122
光ファイバ	66
非球面	178
非球面形状	109
非球面研磨機	217
比研削エネルギー	147
比研削抵抗	144, 146
比工具摩耗量・圧力比	188
ひざ形立フライス盤	9
ひざ形横フライス盤	9
被削材	2
被削性	79
ひずみ増分説	17
ひずみ速度	51
ひずみ速度効果	47
比切削抵抗	44
比せん断エネルギー	147
ビッカース硬さ	111
ピッチ	195
引張残留応力	91, 158
引張強さ	111
ビトリファイドボンド	124
ピーニング効果	91
びびり振動	88, 93
びびりマーク	88

標準的切削速度	99	
表面張力	84	
平削り	102	
平削り盤	9	
平フライス	102	
疲労強度	210	
疲労破壊	19	

【ふ】

フィードバック制御	108	
フィードバックびびり振動		97
フィルム研磨	213	
フェルトパッド	204	
複合加工	2	
複合加工機	12	
複合材料	13, 112	
輻射温度計	66	
腐食摩耗	26, 74	
不水溶性切削油剤	84	
付着すべり	96	
物理吸着	25, 83	
物理蒸着	70	
フライス	102	
ブラスト研磨	210	
プラナリゼーション研磨		215
フランク摩耗	72	
プランジ研削	132	
フレッチング摩耗	26	
ブレード	176	
フレネル形状	180	
ブローチ切削	107	
分級法	122	
噴射加工	6, 209	

【へ】

平均切りくず断面積	135
平均切れ刃間隔	134, 139, 160
平均砥粒間隔	139
平均粒径	122
平面研削	133

ベルト研削	6, 213
べんがら	192
変形領域	38

【ほ】

ポアソン比	16, 20
放射熱伝達	28
放射率	67
防錆	130
防腐剤	83
母性原理	4
ホーニング	6, 211
ホブ	10
掘り起こし力	55
ポリシャ	5, 194
ポリシング	183, 184
ポリシング盤	12
ボロメータ	66

【ま】

マイクロブラスト	210
マイクロミーリング	147
マグネシアボンド	125
摩擦角	43
摩擦係数	23, 43, 51
摩擦仕事	30, 57
摩擦面温度	30, 154
摩擦力	20, 43
マザーマシン	4
マシニングセンタ	12
摩滅摩耗	137, 150
摩耗	20, 26
摩耗平たん面積	148, 169

【み】

ミスト供給	114
未変形切りくず長さ	135

【む】

無次元長さ	32, 59
むしり形切りくず	37

【め】

メカニカルケミカルポリシング	182
メカニカルポリシング	181, 200, 206
メカノケミカルポリシング	3, 182, 186, 201, 207
目こぼれ	127, 170
目立て	117, 127
目立て作業	125
メタルボンド	125
目つぶれ	127, 170
目詰まり	127, 170, 197
メディア	209
面心立方格子	13

【も】

モールの応力円	16

【ゆ】

遊星歯車	205
遊離砥粒	5, 12, 184
油性	25
油性剤	83
油膜付き水滴	115

【よ】

揺動研磨	190
横切れ刃角	77
横軸角テーブル形平面研削盤	10
横弾性係数	16
横バリ	93
横フライス	103

【ら】

ラウリン酸	83
ラジアルボール盤	8
らせん	8
らせん転位	14
ラッピング	6, 183, 201, 206

索　引　229

ラップ液	206	リニアスケール	108	冷風研削	132
ラップ材料	194	リーマ	106	レーザセンサ	108
ラップ仕上げ	194	硫化マンガン	53	レジノイドボンド	125
ラップ定盤	188	粒　径	121, 184	レビンダ効果	82
ラップ盤	12	流体潤滑	24	レンズ研磨	195
ラバー砥石	125	粒　度	121	レンズ研磨機	204
		両面研磨機	205	連続切れ刃間隔	134, 160
【り】		臨界減衰	95	連続発泡系	196
立体ひずみ	55	【れ】		【わ】	
立方晶窒化ホウ素	70, 119, 191	冷却作用	81	ワイヤソー	177

【数字】

1 次遅れ系　29, 153
20 min 寿命切削速度　79, 111
2 次元切削　16, 35, 37,
3 次元切削　55
3 面摺り合わせ法　187
60 min 寿命切削速度　79

【A】

Archard の式　27
A 系砥粒　117, 191

【B】

Beilby 層　90

【C】

cBN　70, 119, 191
CFRP　112
CMP　3, 182, 215
Coulomb force　13
Coulomb の法則　23, 51
CVD　70
CVD ダイヤモンド工具　71
C 系砥粒　117, 191
C 砥粒　118

【D】

DLC　69

【E】

electrolytic in-process dressing　177
ELID 研削法　177
EP 剤　83
extreme pressure additives　83

【F】

Fourier の法則　28

【G】

GC 砥粒　118

【H】

HIP　68

【I】

InAs 素子　67
InSb 素子　67

【M】

MCP　3, 182, 207
Merchant　45
　——の第1方程式　46
　——の第2方程式　46
Mises の降伏条件　18
Mises の相当応力　18
MQL　113, 130

【N】

Newton の法則　28
Ni 基超合金　111

【P】

PbS セル　66
Preston の式　27
PVD　70

【T】

Ti 6Al 4V　111
Tresca　21
　——の条件　18
T 溝フライス　103

【V】

van der Waals 力　25, 83

【W】

WA 砥粒　117

【X】

X 線応力測定法　92

―― 著者略歴 ――

奥山　繁樹（おくやま　しげき）
1970年　防衛大学校（機械工学専門）卒業
1975年　防衛大学校理工学研究科（造兵機械工学専門）卒業
1979年　大阪大学研究生（1982年3月まで）
1981年　工学博士（大阪大学）
1984年　陸上自衛隊幹部学校技術高級課程修了
1986年　防衛大学校助教授
1994年　防衛大学校教授
2013年　防衛大学校名誉教授

宇根　篤暢（うね　あつのぶ）
1969年　大阪大学工学部精密工学科卒業
1971年　大阪大学大学院工学研究科修士課程修了（精密工学専攻）
1971年　日本電信電話公社入社
1985年　工学博士（大阪大学）
1985年　NTT LSI研究所 主幹研究員・グループリーダー
1993年　NTTアドバンステクノロジ出向
1996年　防衛大学校教授
2012年　防衛大学校名誉教授

由井　明紀（ゆい　あきのり）
1978年　山梨大学工学部機械工学科卒業
1978年　株式会社岡本工作機械製作所入社
1989年　千葉大学大学院自然科学研究科博士課程修了，工学博士
2000年　防衛大学校助教授
2011年　防衛大学校教授
2019年　神奈川大学教授
　　　　現在に至る

鈴木　浩文（すずき　ひろふみ）
1983年　大阪市立大学工学部機械工学科卒業
1985年　大阪市立大学大学院工学研究科修士課程修了（機械工学専攻）
1985年　三菱電機株式会社生産技術研究所入社
1996年　東北大学助手
1997年　博士（工学）（東北大学）
1998年　防衛大学校講師
2000年　豊橋技術科学大学助教授
2003年　神戸大学助教授
2008年　中部大学教授
　　　　現在に至る

機械加工学の基礎
Fundamentals of Machining Technology

© Okuyama, Une, Yui, Suzuki　2013

2013年8月8日　初版第1刷発行
2021年2月25日　初版第6刷発行

検印省略

著　者　奥　山　繁　樹
　　　　宇　根　篤　暢
　　　　由　井　明　紀
　　　　鈴　木　浩　文
発行者　株式会社　コロナ社
　　　　代表者　牛来真也
印刷所　萩原印刷株式会社
製本所　有限会社　愛千製本所

112-0011　東京都文京区千石4-46-10
発行所　株式会社　コロナ社
CORONA PUBLISHING CO., LTD.
Tokyo Japan
振替00140-8-14844・電話(03)3941-3131(代)
ホームページ https://www.coronasha.co.jp

ISBN 978-4-339-04632-8　C3053　Printed in Japan　　　（柏原）

〈出版者著作権管理機構 委託出版物〉
本書の無断複製は著作権法上での例外を除き禁じられています。複製される場合は，そのつど事前に，出版者著作権管理機構（電話 03-5244-5088，FAX 03-5244-5089，e-mail: info@jcopy.or.jp）の許諾を得てください。

本書のコピー，スキャン，デジタル化等の無断複製・転載は著作権法上での例外を除き禁じられています。購入者以外の第三者による本書の電子データ化及び電子書籍化は，いかなる場合も認めていません。
落丁・乱丁はお取替えいたします。